本书为2010年教育部人文社会科学研究西部和边疆地区项目
（项目批准号：10XJA770009）的结项成果

内蒙古自治区荒漠化防治史

于　永等◎著

科学出版社
北　京

内 容 简 介

内蒙古自治区成立后，随着经济建设的加强，农牧业生产存在违反规律以及人口成倍数增加的现象，脆弱的生态环境因不堪重负而荒漠化，严重地制约了生产的发展和生活水平的提高，迫使人们不得不认识荒漠化，以及防治荒漠化的必要性。受不同时期内蒙古地区荒漠化状况、对荒漠化的认识程度、宏观政治环境的影响，内蒙古自治区防治荒漠化的政策和措施经历了经济恢复时期的“以防为主、治理为辅”阶段、大规模建设社会主义初期和探索时期的“以治为主、以防为辅”阶段、改革开放以来的“防治并用”阶段。西部大开发战略实施以前，防治效果主要表现在荒漠化的防治区范围内，呈现局部逆转、总体恶化态势；西部大开发战略实施后，历经十余年，防治效果溢出了荒漠化的防治区范围，呈现“整体遏制、局部逆转”态势。

本书适合环境史、林业史方向的研究者参阅。

图书在版编目（CIP）数据

内蒙古自治区荒漠化防治史 / 于永等著. —北京：科学出版社，2018.11

ISBN 978-7-03-059492-1

Ⅰ. ①内…　Ⅱ. ①于…　Ⅲ. ①沙漠化－防治－历史－内蒙古

Ⅳ. ①P942.260.73

中国版本图书馆 CIP 数据核字（2018）第 258255 号

责任编辑：王　媛 / 责任校对：贾娜娜

责任印制：张　伟 / 封面设计：科地亚盟

编辑部电话：010-64011837

E-mail:yangjing@mail.sciencep.com

科学出版社出版

北京东黄城根北街 16 号

邮政编码：100717

http://www.sciencep.com

北京虎彩文化传播有限公司印刷

科学出版社发行　各地新华书店经销

*

2018 年 11 月第　一　版　开本：720 × 1000　1/16

2019 年 6 月第二次印刷　印张：15

字数：269 000

定价：87.00 元

（如有印装质量问题，我社负责调换）

序　言

到目前为止，有关内蒙古自治区荒漠化问题的研究成果、研究领域主要集中在以下四个方面，一是有关内蒙古自治区全部或者某一盟（市）、旗（县）局部地区荒漠化现状的认识；二是内蒙古自治区全部或者某一盟（市）、旗（县）局部地区荒漠化成因的分析；三是宏观的或者微观的有关荒漠化治理对策的建议；四是对内蒙古自治区防治荒漠化的反思。其中 90%以上的成果都集中在荒漠化的现状、成因和对策建议三个方面。张自学主编的《二十世纪末内蒙古生态环境遥感调查研究》成书于 2001 年，不仅系统地报告了截止到 2000 年内蒙古自治区生态环境现状，也分析了其环境恶化的原因，并提出了对策。

关于内蒙古荒漠化问题的现状，各类成果都是通过遥感或者调查统计数据得出的结论，没有太大的研究空间，即使有差异，也不过是或区域的差异，或类别的差异，或时间的差异。

关于成因分析和对策建议，由于不同地区、不同类型、不同时期的荒漠化的原因不尽相同，对策也不可能一样，所以研究空间非常大，成果也最多。

关于内蒙古自治区防治荒漠化反思的成果最少。诸如《新中国成立初期内蒙古防治荒漠化的斗争》《内蒙古自治区防治荒漠化政策的效果分析》《内蒙古荒漠化防治政策的历史回溯及新思考》等，都属于该方面的研究。该类成果简明扼要地勾画了内蒙古自治区防治荒漠化的政策变迁，对某一时段中共内蒙古自治区委员会和政府率领全区人民防治荒漠化的工作做了介绍，以举例说明的方式阐述了对内蒙古自治区五十余年防治荒漠化政策的效果的估价。该方向研究的成绩和不足都是显而易见的。其成绩是拓宽了内蒙古自治区荒漠化研究的领域，引导感兴趣的学者继续该方面的研究。其不足是该领域的研究刚刚起步，成果的数量不足，制约了该领域研究的深度和广度。

研究内蒙古自治区防治荒漠化的历史，既具有现实意义又具有理论意义。从现实意义来看，1947 年 5 月 1 日内蒙古自治政府成立，迄今七十余年。半个多世纪以来，随着内蒙古自治区经济、社会的迅猛发展，生态环境也发生了很大变化。1998 年的沙尘暴，内蒙古环境恶化问题引起了国人高度的重视。很多不了解内蒙古情况的人诘问内蒙古为什么不保护环境？为什么不治理环境？实际情况是，从内蒙古自治政府成立起，中共内蒙古各级组织和政府就率领内蒙古各族人民不断与环境恶化做斗争。虽然不同时期防治荒漠化工作的力度不同，但是该项工作从没有停歇过。把内蒙古自治区人民在中国共产党和政府领导下，与荒漠化顽强斗争的历史写出来，不仅能够消除误解，还能够鼓舞人民与荒漠化进行斗争的士气。从理论意义看，研究内蒙古自治区防治荒漠化七十余年的历史，从中总结经验教训，可以给我们现在和今后的防治荒漠化工作理论提供启迪。

本书对以下三个问题进行了比较系统的阐述：一是内蒙古自治政府成立以来，中共内蒙古各级组织和政府对内蒙古环境问题以及荒漠化问题的认识；二是中共内蒙古自治区委员会和内蒙古自治区政府制定的防治荒漠化的政策及政策制定的背景；三是内蒙古自治政府成立以来，内蒙古各地采取的防治荒漠化的措施及其效果。

本书以马克思主义理论为指导，在广泛收集史料的基础上，对内蒙古自治区防治荒漠化的历史，以时间为经，以专题为纬，按照历史问题发生的因果顺序做全面梳理。思想认识是行动的指南，不同时期对荒漠化问题的不同认识是政府制定防治荒漠化政策及其政策变迁的前提，所以本书首先要对不同时期中共内蒙古自治区委员会和内蒙古自治区政府对荒漠化问题的思想认识进行梳理，弄清对荒漠化问题的思想认识以及产生该思想认识的原因，弄清思想认识变化的轨迹以及变化的原因。在弄清不同时期对荒漠化问题思想认识的基础上，本书阐述了中共内蒙古自治区委员会和内蒙古自治区政府的荒漠化防治政策及政策的变迁。政策的执行需要具体化为各项措施，才能付诸实践。例如“封山育林”是一项防治荒漠化的政策，但是封山育林需要实行相应的措施，这是防治荒漠化政策执行层面的历史，是更加具体细微的历史，也是作者要着力刻画的内容。

我们的研究路径是首先收集、查阅内蒙古自治政府成立以来有关防治荒漠化的各类文献资料，既包括公开发表的资料和公开出版的读物，也包括各档案馆和相关机构的各种类型的尚未公开的资料。在查阅资料的基础上，确认内蒙古自治区防治荒漠化的几个典型，通过实地走访调查，获得感性认识。通过对资料反复阅读、分析，勾画出内蒙古自治区防治荒漠化的历史过程。

本书的基本观点是：内蒙古自治区的环境恶化和荒漠化状况有一个演变的过程，中共内蒙古自治区各级组织和政府对内蒙古环境及荒漠化问题的认识也有一个从模糊到清晰，从一般认识到不断重视的过程。受各种因素影响，不同时期中共内蒙古自治区各级组织和政府采取的防治荒漠化的政策和措施不一样，随着内蒙古荒漠化问题的严重化，防治荒漠化的政策力度也在不断加大。内蒙古自治政府成立以来，中共内蒙古自治区各级组织、政府和广大人民群众从来没有放弃同荒漠化做斗争，只是不同时期的表现形式和力度不一样。七十余年的防治经验教训告诉我们，认真采取防治荒漠化的措施，坚持不懈地开展防治荒漠化工作的地区，恶化的环境能够得到逆转。

目　录

第一章　1947～1952年内蒙古自治区的荒漠化防治工作

1947 年 5 月，内蒙古自治政府在兴安盟王爷庙（今乌兰浩特）成立。内蒙古自治政府[①]是中国共产党领导下建立的第一个自治区政权，比中华人民共和国的成立还早了两年多。

内蒙古自治政府成立后，今内蒙古东部的其他地区也相继获得解放。内蒙古自治政府面临的首要任务是巩固解放区，扩大解放区，逐渐恢复经济，支援全国其他地区的解放战争。

从全国的角度看，1952 年以前是国民经济恢复时期。从内蒙古自治区的角度看，1949 年以前的核心工作是支援解放战争，1949 年到 1952 年的核心工作是恢复国民经济。无论是支援解放战争，还是恢复国民经济，工作的核心都是发展生产。

当时，今内蒙古地区的行政区划大体上分东西两部分：东部是内蒙古自治政府［内蒙古自治政府成立之初，辖区为呼伦贝尔、纳文慕仁、兴安、锡林郭勒、察哈尔等 5 个盟，1949 年将原属热河省的昭乌达盟（1983 年改称赤峰市）和原属辽北省的哲里木盟（1999 年改称通辽市）划归内蒙古自治政府］；西部是绥远省政府。内蒙古地区东西部的总人口约 600 万人，相当于今内蒙古自治区人口的 1/4。当时的人口数量对环境没有形成压力，环境的总体状况比较好。在这种情况下，无论是东部的内蒙古自治政府，还是西部的绥远省政府，对环境问题都还没有什么认识。当时所开展的荒漠化防治工作，都是从有利于农牧业生产、维护蒙汉民

---

① 1947 年 5 月始称内蒙古自治政府，1949 年底中央人民政府批准改名为内蒙古自治区人民政府。《内蒙政报》（1954 年改称《内蒙古政报》）于 1950 年 3 月刊载的公文开始署名内蒙古自治区人民政府。

族团结角度进行的。荒漠化防治工作的重心在于“防”，“治”的工作比重还不够大。

第一节　内蒙古自治政府成立时的环境状况

20 世纪 40 年代末，从部分地区看，已经出现了严重的水土流失和沙化。据乌兰察布盟兴和县原副县长李生江讲：“解放前，兴和县到处是荒山秃岭，风沙弥漫，水土流失严重。”①到中华人民共和国成立时，昭乌达盟敖汉旗“天然原生植被几乎毁坏殆尽，全旗仅存稀疏林地不足 16 万亩”②。但是，从整体看，今内蒙古自治区大部分地区的生态环境还比较好。

在 1949 年前后，毛乌素沙地沙化面积近 1.29 万平方公里，仅仅是 20 世纪 70 年代中期毛乌素沙地沙化面积（4.11 万平方公里）的 1/3。③科尔沁草地总面积为 4.2332 万平方公里，在 20 世纪 50 年代初，草地沙化面积仅占总面积的 12.5%，到 1989 年，科尔沁草地沙化面积占总面积的 77.6%。④在 20 世纪 50 年代，浑善达克沙地的流动沙丘面积占浑善达克沙地总面积的 2.3%，到 20 世纪 80 年代末，流动沙丘面积是总面积的 13%。⑤在 20 世纪 50 年代，乌海市沙漠化土地占该地区面积的 4%，20 世纪 70 年代达到 35%。在 20 世纪 50 年代，锡林郭勒盟西苏尼特旗北部沙化面积占土地面积的 5%，20 世纪 70 年代达到 21.7%。在 20 世纪 50 年代，额济纳旗南部古鲁乃湖盆地沙化面积占土地面积的 24.1%，到 20 世纪 70 年代，沙化面积已经占土地总面积的 48.5%。⑥

目前，额济纳旗是众所周知的沙化、草场退化最严重的地区，但是 1944 年董正均调查时，该地区还分布着大面积的原始森林。“额济纳河两岸，南由狼形山南之察汗套环及老树窝起，北至河口，更沿东西河及其支流两岸，直达居延海滨。

---

① 李生江：《愚公移山 抓好林业》，《内蒙古林业》（呼和浩特）1982 年第 3 期，第 16 页。

② 李双临主编：《敖汉绿海》，赤峰：内蒙古科学技术出版社，1999 年，第 3 页。

③ 吴薇：《近 50 年来毛乌素沙地的沙漠化过程研究》，《中国沙漠》（兰州）2001 年第 2 期，第 164 页。

④ 林年丰、杨洁：《中国干旱半干旱区的环境演变与荒漠化的成因》，《地理科学》（长春）2001 年第 1 期，第 25页。

⑤ 彭羽：《民族地区生态规划——内蒙古浑善达克生态恢复研究》，北京：中国环境科学出版社，2009 年，第 6 页。

⑥ 内蒙古自治区计划委员会国土办编：《内蒙古自治区沙漠化防治规划》（内部资料），呼和浩特，1987 年，第 18页。

以及东南境古尔乃湖滨，均满布天然森林。其分布面积，距水远者达十里余，近者仅半里，全面积约九千方市里，以胡杨、红柳及梭梭为主”；其中胡杨林至少有二千方市里，红柳林六千方市里，梭梭林一千方市里。[①]九千方市里折算成常用单位是 22.5 万公顷，或 337.5 万亩。即使到了中华人民共和国成立初期，仍是“大面积的柽柳、胡杨、梭梭等天然次生林生长比较旺盛，林草丛生，树叶稠大，沙枣果实累累”的地区。[②]在 20 世纪 50 年代，阿拉善盟有梭梭林 100 万公顷，到 1981 年减少了 52.02%。[③]

1949 年，锡林郭勒盟草原理论载畜量是每百亩草场 9.7 只羊，大约相当于 20 世纪 80 年代中期理论载畜量的 2 倍。1949 年每羊单位可以占有 77.1 亩天然草场，1990 年只有 15.7 亩。[④]

1949 年，呼伦贝尔盟（2001 年改称呼伦贝尔市）有耕地 226.3 万亩，大部分集中在岭东的扎兰屯、阿荣旗和莫力达瓦达斡尔族自治旗，耕地总面积中 90%以上是山根子地，坡度在 3～5 度丘陵漫岗子上，耕地上部有大面积的次生林保护，涵养水分能力很强，“基本上没有水土流失”。至于新巴尔虎左旗、新巴尔虎右旗、陈巴尔虎旗和鄂温克族自治旗等牧区，1947 年以前没有工业，牲畜只有 70 余万头（只），“整个草原生态环境很好，只有些少量的水土流失”。大兴安岭林区，从 1898 年开始大量采伐，到 1947 年的 49 年的时间里，“由于外国人掠夺式的采伐，原始林区资源遭到破坏，生态环境发生变化，局部地区造成土壤侵蚀，且热量变化引起的冻融对土壤的侵蚀也有发生，这是呼伦贝尔水土流失的开端”[⑤]。

中华人民共和国成立初期，伊克昭盟（2001 年改称鄂尔多斯市）乌审旗、鄂托克前旗、鄂托克旗等地分布有 1000 余万亩的柳湾林，仅鄂托克前旗就有 320 万亩。柳湾林内的树种有乌柳、沙柳、酸刺，林下是苔草、沙草及一些豆科、禾本科等多种优良牧草组成的植物群落，是蒙古牛栖息的天然牧场。伊克昭盟境内的天然柳湾林到 20 世纪 80 年代初已经荡然无存，全盟仅余 150～160 万亩。[⑥]

---

① 董正均著，杨镰、张颐青整理：《居延海》，北京：中国青年出版社，2012 年，第 67—68 页。

② 苏和：《必须把林业放在首位》，《内蒙古林业》1982 年第 6 期，第 9 页。

③ 内蒙古自治区计划委员会国土办编：《内蒙古自治区沙漠化防治规划》（内部资料），呼和浩特，1987 年，第 28页。

④ 刘志刚、王英舜等编著：《内蒙古锡林郭勒盟牧业气候区划》，北京：气象出版社，2006 年，第 68 页。

⑤ 呼伦贝尔市水利局编：《呼伦贝尔水利志》（内部资料），海拉尔，2011 年，第 122—125 页。

⑥ 吴剑雄、刘桂蓉：《关于毛乌素沙区天然柳湾林生态系统的保护与恢复问题》，《中国沙漠》1983 年第 2 期，第 44 页。

第二节 1947～1952年党和政府对内蒙古环境问题的认识

从1947年到1952年内蒙古自治政府（1949年12月改称内蒙古自治区人民政府）及各地方政府制定的工作方针和任务可以看出，政权建设、发展生产等，是这一时期中共内蒙古自治区委员会和内蒙古自治政府时时刻刻思考的头等大事。由于环境问题没有进入领导的视野，因此在历年的工作计划和工作总结中，很少有关于环境问题的内容。

1948年1月1日，内蒙古自治政府主席乌兰夫总结了1947年的工作成绩，明确了1948年的工作任务。1947年的成绩有四个方面：第一，成立了内蒙古自治政府；第二，内蒙古人民自卫军积极参加大反攻；第三，内蒙古自治区蒙汉人民在反奸清算、分配土地的斗争中开始翻身，进一步加强了蒙汉两个民族人民的团结；第四，内蒙古共产党工作委员会宣告成立。在总结1947年工作的基础上，提出了1948年的工作方针。1948年的工作方针是“配合全国大反攻，打倒蒋介石，实现耕者有其田，使贫困农牧民彻底翻身”。为了实现这个总方针，需要完成的具体任务是：第一，实现平分土地，彻底消灭封建制度。第二，发扬内蒙古骑兵的英勇善战精神与骑术特长，坚决、勇敢、大量地歼灭敌人。第三，提倡工业生产，繁荣商业贸易，发展自治区的木材、食盐、粮食、牲畜皮毛四大特产的生产，以繁荣内蒙古人民的经济，增加政府财政收入，改善工人、职员及其他劳动人民的生活。第四，实行财经统一，建立健全合理的制度。第五，加紧支援前线。第六，继续培养大批工、农、牧民与知识青年干部，大力提拔工、农、牧民新干部和确实经过改造考验的干部。第七，发展解放区的文化教育，加强防疫、灭疫工作。第八，统一力量，统一步调。[①]无论是1947年的工作总结，还是1948年的工作计划，都与解放战争形势密切相关，那就是巩固新生的解放区革命政权，进一步夺取全国政权，这是社会主要矛盾，是核心工作。环境问题在当时关注还不够，因

① 乌兰夫：《一九四八年我们的任务》，《乌兰夫文选》上册，北京：中央文献出版社，1999年，第75—78页。

此在 1947 年的工作总结和 1948 年的工作计划中，都没有相关表述。

为了完成恢复生产、发展经济、支援解放战争的光荣任务，《内蒙古日报》从舆论宣传角度进行了动员，发表了名为《努力完成我们的任务把内蒙古自治区工作提高一步》的社论。《内蒙古日报》是中共内蒙古自治区委员会和内蒙古自治区人民政府的机关报，是党和政府的舆论阵地，是人民群众了解党和政府方针政策的窗口，承担着解释、宣传党和政府的方针、政策的任务。其社论相当于党和政府的对广大人民群众的"宣言"。因此从《内蒙古日报》的社论也可以了解中共内蒙古自治区委员会和内蒙古自治区人民政府当时对于环境问题的认识。该社论与环境相关的文字有两部分，分别是关于森林和关于开荒的描述。关于森林的描述是："我们最大的国营企业是林业。内蒙兴安岭有雄厚的林业资源，我们要用大力采伐木材，以适应国家工矿交通建设的需要。一九四九年我们已完成采伐各种木材三十二万立方米的任务，一九五〇年采伐木材的任务是四十万立方米。我们必须坚决依靠工人，加强生产管理的计划性和组织性与技术的指导，克服生产管理中的严重浪费，克服一切困难，努力完成今年的生产任务。"①关于开荒的相关描述是："内蒙古自治区有百分之八十以上的人口属于农业人口，农业经济是内蒙国民经济主要的组成部分。从一九四八年、四九年两年中内蒙东部地区相继解放后，我们即开始转到恢复与发展农业生产，提出努力发展生产支援解放战争的口号，经过提倡开荒、精耕细作、劳动互助、发放农业水利贷款贷粮、奖励劳模等各种办法和措施，二年来无论在扩大耕地面积、提高粮食产量、改进耕种技术均有一些进步和收获。例如兴安、呼纳两盟一九四七年耕地面积为四、一四七、三三〇亩，四八年增至四、四六七、三三〇亩，增加约百分之十，一九四九年耕地面积增至四、八二八、〇〇〇亩，增加约百分之八。现内蒙古自治区耕地面积已达一千四百四十万亩，将恢复到'八一五'以前的水平。"②社论关于森林和开荒的观点是基于大力发展生产的目的，因此既没有关于环境状况的评价，也没有关于环

① 《努力完成我们的任务　把内蒙古自治区的工作提高一步》，转引内蒙古自治区人民政府秘书处编：《内蒙政报》（1954 年改称《内蒙古政报》）1950 年第 1 卷第 5 期，第 31 页。（由于 1950 年版的《内蒙古日报》找不到原文，均采用 1950 年版《内蒙政报》全文转载的相关内容，下同。）

② 《努力完成我们的任务　把内蒙古自治区的工作提高一步》，转引内蒙古自治区人民政府秘书处编：《内蒙政报》1950 年第 1 卷第 5 期，第 30 页。

境保护的倡议。

1950 年 10 月，内蒙古自治区人民政府主席乌兰夫总结了中华人民共和国成立一年来，在中央人民政府领导下内蒙古的建设工作。乌兰夫主席认为一年来内蒙古建设工作取得了以下几个方面的成绩：第一，农业方面，播种 1400 余万亩，另外开荒 59.858 万亩，呼伦贝尔盟、兴安盟、昭乌达盟扩大水田 22.482 万亩，呼、兴、哲、昭四个盟施肥面积较 1949 年增加了 1/2，抗御了各种自然灾害，保证了 110 万吨的粮食生产任务。第二，牧业方面，坚决执行了恢复与发展牧业的方针，锡、察、昭三个盟的牲畜数量达到了“停止下降，争取上升”的目标，呼、纳、兴、哲四个盟的牲畜数量达到了增殖 15%的目标。第三，林业生产方面，完成了 40 万立方米的采伐任务，在林业经营及护林方面较 1949 年有了进步，具体表现是依靠工人进行民主管理，开始实行合理采伐，降低伐根，利用梢头木，保留母树等；“今后将更要加强严防火灾，充实林业机构，以护林为主，并有计划的育林，合理经营，克服浪费”。第四，工商合作社方面的工作。第五，文教方面的工作。第六，卫生方面的工作。第七，基层政权建设工作。第八，军事方面的工作。[①]在这些成绩里面，与环境有关的工作有两部分，一是农业方面的开荒，二是林业生产方面的采伐。如果没有条件限制，这两方面工作均属于对自然环境的破坏，谈不上荒漠化防治。这说明在中华人民共和国成立后的 1949 年 10 月至 1950 年 10 月的一年间，内蒙古自治区人民政府对生态环境问题依然没有什么认识，政府也无暇顾及生态环境问题。可贵的是，在这个总结里，乌兰夫主席提出今后要加强严防火灾，以护林为主，并有计划的育林意见。

1950 年 10 月 2 日，察哈尔盟政府总结了中华人民共和国成立后一年时间内察哈尔盟的工作成绩。该文从以下几个方面总结了察哈尔盟的工作：第一，政治方面，召开了全盟首届各界人民代表会议。第二，生产建设方面，1950 年牲畜数量增殖 35%；在“灭狼保畜”的口号下，1950 年打狼 1346 只，比 1949 年增加了 272 只；打新井、修旧井，使全盟井的数量达到了 3805 口；能完成每头牲畜 50 斤草的打草任务。此外还进行了食盐运输，牲畜防疫，成立了生产合作社和运销合作

---

① 乌兰夫：《在中央人民政府领导下内蒙古一年来的建设工作》，内蒙古自治区人民政府办公厅编：《内蒙政报》1950 年第 2 卷第 3 期，第 32—34 页。

社。第三，文化教育方面，实现了全盟适龄儿童的 32%入学。第四，卫生防疫方面，培训了 30 余名防疫员，防止了鼠疫的发生，初步改变了草原的卫生状况。[①]从总结的内容上看，工作有四大项：政治、经济、文化教育、卫生，没有环境保护方面的工作，也没有草原建设方面的工作。

地处绥东的绥蒙政府在 1949 年春提出一般性的奖励开荒政策，结果出现了陶林第三区白音布拉村和小朝意胡村的老乡未经蒙民同意，在镶蓝旗第二苏木政府大南沟行政村天牛群北边的蒙人牧场草滩开荒二百多亩的事件，引起当地蒙民的不满。为了保护蒙民牧场，慎重处理蒙汉民纠纷，绥远省人民政府（1949 年 6 月由绥蒙政府更名）下令："凡汉人在蒙人牧场草滩开荒者，应事先取得蒙人同意，并须酌情给以相当租价，不受春耕生产布告中免租规定之限制。"[②]这个命令规定的开垦牧场需得到蒙人同意，反映出地处绥东解放区的绥远省人民政府[③]没有意识到开垦牧场对环境的影响。

1950 年 6 月，绥远省人民政府根据乌兰察布盟（2003 年改称乌兰察布市）政府反映的现象，就保护牧场问题下发了指示。该指示指出：据乌兰察布盟政府报告，武东县库伦图一带汉族农民硬要开垦四子王旗牧场，理由是"政府号召大生产，你们的地为什么荒着不让开？"这种意见还得到了区、村干部的支持，最后被四子王旗政府阻止，没能实现开垦牧场的目的。驻扎在绥北和绥西的某些部队，却强行开垦了达尔罕旗牧场，强行开垦了乌拉特西公旗的蓿萲滩，挖掉蓿萲根，开成农田，还到乌拉山林区大量砍伐林木。针对上述现象，指示指出：乌拉山林区是绥远省境内仅有的林区之一，为三公旗（乌拉特东公旗、乌拉特中公旗、乌拉特西公旗）之公产；蓿萲为制造农具的重要原料，察绥各地需要甚大，为西公旗的一项大收入。武东县硬要开垦牧场，仅仅只是从农民利益出发，没有照顾蒙古牧民利益，也违反了政府关于"保护牧场"的政策。绥西、绥北某些部队强垦

① 《一年来的察盟牧业区》，内蒙古自治区人民政府办公厅编：《内蒙政报》1950 年第 2 卷第 4 期，第 20—21 页。

② 《为规定汉人在蒙人牧场草滩开荒手续的令》，绥远省人民政府秘书厅编印：《绥远省人民政府法令汇编》第二集（内部资料），1949 年 12 月，第 13 页。

③ 地处绥东解放区的绥蒙政府于 1949 年 6 月改名为绥远省人民政府。绥远"九一九"和平起义后，地处绥东的绥远省人民政府于同年 12 月底进入归绥，与绥远"九一九"和平起义后的绥远省人民政府合并为新的绥远省人民政府。

牧场、强垦蓿荄滩，破坏蓿荄、砍伐林木的行为，不但侵犯蒙古族权利，也有损农林生产。[①]从绥远省人民政府下发的指示可以看出，对于开垦牧场、砍伐林木，主要是从损害蒙古族权利、违反民族政策角度认识其危害，而不是从生态环境角度认识其危害。

1950 年 5 月 23 日发行的《绥远行政周报》转载了《人民日报》5 月 17 日发表的《重视森林，保护森林》的社论。社论从重视森林、保护森林入手，指出历史上的统治阶级对森林没有建设，导致现在林地仅占领土 5.18%。据苏联研究，森林面积占到土地总面积的 30%，并适当分布，才能够调节气候，保持水土，免除灾害。水有利于农田则称为水利，水不利于农田则称为水灾。中国的河流经常成为水灾的原因就是因为遍地荒山，没有青草，没有树林，山上的土壤没有遮蔽，毫无保障，满山沙土任凭雨水冲刷，导致河道不断被淤阻，堤防经常溃决，耕地被淹没。沙的危害更甚于水。水有进有退，沙则只进不退。新疆、甘肃、宁夏、绥远、察哈尔、内蒙古及陕北一带有绵延数千里的沙碛，风沙向东南侵袭，掩盖了大庙（新民县），埋没了宁夏磴口的电杆，吞没了无数民房。仅仅陕北靖边到府谷一带，平均每年有两万亩良田被沙埋没。沙的灾害只有培植森林才能解除。“如果没有森林，就没有良好的水利；没有良好的水利，就没有可靠的丰收。”[②]《人民日报》社论对森林与环境的关系、环境与人民生产生活的关系，做了比较准确的阐释，对生态环境问题的认识比较深刻。

从 1951 年开始，从中央人民政府到内蒙古自治区人民政府，对环境问题的认识程度均有了很大的提高。

1951 年 2 月 2 日，中央人民政府政务院通过了《关于一九五一年农林生产的决定》，1951 年 2 月 25 日发行的《内蒙政报》第 3 卷第 2 期及时进行了转发。该决定指出：1950 年的增产任务已经胜利地完成了，全国粮食较 1949 年增产了 10.8%，皮棉增产了 58.9%，其他特产、家畜均有显著增产。要求 1951 年全国农林要在 1950 年的基础上继续增产。具体增产指标是粮食增产 7.1%，棉花增产 36.9%。为完成 1951 年的增产任务，要求已经完成土地改革的老解放区生产普遍

---

① 《绥远省人民政府指示——关于民族政策几个问题》，绥远省人民政府办公厅编：《绥远行政周报》（归绥，今呼和浩特）1950 年第 5 期，第 17 页。

② 《重视森林，保护森林》，绥远省人民政府办公厅编：《绥远行政周报》1950 年第 1 期，第 20—21 页。

超过战前水平；去冬今春完成土地改革的地区生产接近战前水平；只实行减租未实行土地改革的地区生产超过 1950 年的水平。在山地要求树立“吃山养山”长期建设的观点。为完成 1951 年的增产任务，要求贯彻以下政策：“五、实行山林管理。严禁烧山和滥伐，划定樵牧区域，发动植树种果，推行合作造林。为了保持水土，还应分别不同地区，禁挖树根草根。对保护培育山林和植树造林有显著成绩者，人民政府应给以物质的或名誉的奖励。公有荒山荒地，鼓励群众承领造林，造林后，林权归造林者所有。六、奖励兴修水利，因兴修水利而提高产量，属于群众自己出资合作兴办者，其产量提高部分五年以内不改订常年应产量，亦不增加公粮负担，属于国家出资兴办者，其产量提高部分，三年以内不改订常年应产量，亦不增加公粮负担。垦种生荒免纳公粮三年至五年；但绝对禁止开山荒和陡坡。已开之山荒，必须修成梯田。应反复向干部和群众说明，开山荒和陡坡，是有害全体的，‘山地开荒，平原遭殃’，是决不能够提倡的。”并根据 1950 年的经验，提出必须进行“治河修堤、开渠挖塘、打井车水，防治蝗、螟、蚜等虫害和黑穗、黄疸等病害，封山育林，营造水源林、护岸林、防风沙林”。[①]

内蒙古自治区人民政府制定的 1951 年的具体任务和政策方针是：第一，继续大力发展农、牧、林业生产，作好合作贸易工作，同时加强现有的小型工业的领导和管理，并有计划地调查搜集有关建设工业方面的材料。第二，加强各族各阶层人民的团结，坚决镇压反革命，进一步巩固人民民主专政。第三，开展大规模的卫生防疫和治疗梅毒运动。加强文化建设，发展民族语言文字。提出“农业生产的总方针是以精耕细作为主，不再奖励开荒”。“在牧业区要贯彻‘自由放牧，增畜保畜’的方针。”在半农半牧区，把此前执行的“农牧并重”的方针，修改为“保护牧场禁止开荒”的方针。半农半牧区的生产方针之所以做出调整，原因是“内蒙地区交通不便，农产粮食很难外运，土质条件宜于发展牧业，在整个中国经济的分工上，牧业经济亦占一定比重，不可缺少。加以经营牧业，对群众有实际利益，因为牲畜皮毛销路好，价格提高，群众已有‘多种一垧地不如多喂一头牛’的说法。过去几年，由于我们干部中有‘重农轻牧’思想，半农半牧区曾经开了很多荒地，如再继续下去，牧场将遭严重破坏，会损害牧民利益，而又因土

① 《中央人民政府政务院关于一九五一年农林生产的决定》，内蒙古自治区人民政府办公厅编：《内蒙政报》1951 年第 3 卷第 2 期，第 59—61 页。

质关系，开荒之后也不能尽成良田，对农民生活也不利。同时农牧生产的矛盾，也反映了历史上所遗留下来的民族纠纷，今天应该予以解决”。内蒙古林业生产方针是“以护林为主，同时完成采伐任务”。“护林的中心问题是防火”，“今后林业工作的成绩，主要从护林育林上来考察”。①

从 1951 年中央人民政府的工作计划来看，提出了“吃山养山”这种可持续发展的理念，认识到开山荒和陡坡有害，主张水土保持、保护山林、兴修水利等，说明环境保护的觉悟有了很大提高。内蒙古自治区人民政府的工作计划也隐约地有了对环境保护的认识，只是这种认识感觉有些朦胧。之所以说有些朦胧是因为内蒙古自治区 1951 年工作计划中的“农区不奖励开荒”“半农半牧区禁止开荒”的直接原因不是为了保护环境，而是基于农牧民的眼前利益，即交通不便，生产的粮食运不出去，而皮毛销路好，价格高，同时在政治上的意义是为了解决开荒引起的牧场狭隘导致的蒙汉民族纠纷。就是说，不开荒的原因是出于农牧民经济利益的考虑，是出于蒙汉民族团结的政治考虑，不完全是出于环境保护的需要。

1951 年 2 月 27 日，绥远省人民政府发出《关于保护林木的指示》，在解释为什么要制定该项政策时，阐述了保护林木与环境的关系，以及保护环境与生产的关系。该指示指出：“查各市、县、旗护林工作，虽较前有了进步，但有些地区的林木，如大青山、乌拉山、蓿荄滩、凉城龙胜之间的蛮汉山等地的天然林及各地的人工林，现仍有滥伐、盗伐、烧山等严重破坏现象发生。因而使国家和人民的财富遭受了甚大损失，更重要的是水土保持、防风、防沙等保护农业耕作的有利基础直接遭受到损害，此种情况如不改变，不但不能贯彻中央‘护林为主’的林业方针，反会造成严重的恶果。”②但是，稍后发布的《关于严禁开垦蒙民牧场的命令》（1951 年 4 月 16 日公布）则又忽略了环境问题。从这个命令的内容看，其“严禁开垦牧场”的原因与东部的内蒙古自治区人民政府的认识基本相同。该命令指示：“省府为了保护牧场，发展蒙民牧业，早于去年二月二十八日以农建字第一号生产布告中已明确规定：‘牧场不得调剂动用。新垦蒙地者须经盟自治政府（或直属旗之旗政府）许可并取得手续。’但曾有些县份，单纯为了发展农业生产，以

① 乌兰夫：《在伟大爱国主义旗帜下为丰产增畜巩固祖国而奋斗》，内蒙古自治区人民政府办公厅编：《内蒙政报》1951 年第 3 卷第 4 期，第 7—9 页。

②《关于保护林木的指示》，绥远省人民政府办公厅编：《法令汇编》（内部资料）第四集，归绥，今呼和浩特，1951 年，第 110—111 页。

致在奖励农民开荒时，仍有随便开垦蒙旗牧场的现象，使蒙民牧业生产受到影响，这样是不对的。”①

1951年4月7日的《内蒙古日报》社论，对农区不开荒的原因做了补充解释。社论指出：农区不开荒是“根据内蒙的实际情况提出的。内蒙目前的耕地面积，已接近于内蒙劳动力所能耕种的饱和点，因之就应该着重于改进耕作法以提高产量，不必再奖励开荒”。半农半牧区禁止开荒，一是因为牧区开荒缩减了牧场，损害了牧民的利益，引起蒙汉民族纠纷；二是因为“大部分半农半牧地区土质不好，不能成为良田，开荒之后变为轮荒地，随开随撂，沙荒增多。这不但破坏了牧场，也未增加农民多少利益，反而使气候水利条件变坏，对农牧民将来的长远利益大有损害”②。社论对半农半牧区禁止开荒原因的补充解释，其对环境问题的认识比政府的工作计划高出了一个层次，已经上升到环境问题的高度，认识到开荒导致土地沙化（沙荒），使气候水利条件变坏。

第三节　1947～1952年内蒙古防治荒漠化的政策与措施

早在1947年5月1日内蒙古自治区人民代表大会通过的《内蒙古自治政府施政纲领》的第十条和第十一条，就曾经提出“保护牧场”，“提倡造林，保护森林，施行有计划的采伐”的施政方针。③从1947年到1952年内蒙古自治区政府对环境的认识状况看，这个时期对环境的认识不够深刻，因此这条施政纲领缺少认识基础，具有宣传的成分。这个时期的环境保护政策和措施基本上不是基于对环境的认识，而是基于发展生产的主观需要和解决蒙汉民族经济纠纷问题采取的，客观上起到了保护环境的作用，因此仍可以称其为防治荒漠化的政策与措施。

---

①《关于严禁开垦蒙民牧场的命令》，绥远省人民政府办公厅编：《法令汇编》（内部资料）第五集，归绥（今呼和浩特），1952年，第23页。

②《正确执行政策，完成1951年的工作任务！》，内蒙古自治区人民政府办公厅编：《内蒙政报》1951年第3卷第4期，第15—16页。

③《内蒙古自治政府施政纲领》，内蒙古自治政府办公厅编：《内蒙古自治政府公报》1948年第1卷第1期，第7页。

一、保护牧场的政策与措施

“保护牧场”的方针在实践中一度受到“开荒政策”的严重冲击。为了恢复经济、发展生产，1948 年 5 月 5 日，内蒙古共产党工作委员会和内蒙古自治政府联合发文，明确提出“奖励垦荒”，“争取多开荒，增产粮食”，为此制定了奖励开荒办法：“凡增开生荒或开一年以上撂荒者（种轮歇地者不在此限），第一年免征全部公粮，第二年免征三分之二，第三年免征三分之一，并确定开荒之土地属于开荒者所有，不得加以分配。”[①]在半农半牧区执行“采取群众自愿和依据自然条件发展农牧业，并须保护牧场”的政策，即“农牧并重”政策。[②]林业和牧业收益与农业收益比较，周期长、风险大，听任“群众自愿”发展农牧业，“依据自然条件”和“保护牧场”的意图往往会落空。1949 年 2 月 28 日，内蒙古自治政府曾经发布《关于处理邻区群众越境开荒问题的指示》，对开荒政策做了一些限制，但是仍允许开荒。[③]1949 年 8 月，乌兰夫在内蒙古自治政府地委书记联席会议上谈到内蒙古农业如何发展时，强调要通过增加单位面积产量和耕地面积的方法来提高粮食产量。[④] 这意味着要继续开荒。

1949 年，内蒙古自治政府哲里木盟、昭乌达盟、兴安盟、呼纳盟等四个盟的粮食生产任务是在每垧 1500 斤的基础上，增产粮食 21 万吨。完成增产的方法是精耕细作和开荒 20 万垧。结果兴安盟和呼纳盟两个盟开荒 36421 垧[⑤]，完成开荒任务的 4/3，哲盟开荒 141275 垧，昭盟开荒 22667 垧，均超额完成开荒任务，总计开荒 200363 垧。1949 年，兴安盟耕地面积为 325000 垧，呼纳盟 157800 垧，哲

---

① 《内蒙古共产党工作委员会、内蒙古自治政府关于确定地权发展生产通告》，内蒙古自治政府办公厅编：《内蒙古自治政府公报》1948 年第 1 卷第 1 期，第 10 页。

② 《在内蒙古干部会议上的总结报告提纲》，乌兰夫革命史料编研室编：《乌兰夫论牧区工作》，呼和浩特：内蒙古人民出版社，1990 年，第 8 页。

③ 《关于处理邻区群众越境开荒问题的指示》，内蒙古自治政府秘书处编：《内蒙古自治政府公报》1949 年第 1 卷第 4 期，第 12 页。

④ 内蒙古党委政策研究室、内蒙古自治区农业委员会编印：《内蒙古畜牧业文献资料选编》第 2 卷综合（上册）（内部资料），呼和浩特，1987 年，第 19 页。

⑤ 1 垧为 10 亩。参见内蒙古党委政策研究室、内蒙古自治区农业委员会编印：《内蒙古畜牧业文献资料选编》第 2 卷综合（上册）（内部资料），呼和浩特，1987 年，第 19 页。

盟 724500 垧，昭盟 189000 垧，共计 1396300 垧。平均每垧产量 1600 斤，合计产粮约 110 万吨。[①]

根据 1949 年的粮食生产情况和农村劳动力、农村耕畜数量情况，内蒙古自治区人民政府提出的 1950 年粮食生产任务是 124.1 万吨，增产的具体办法是通过精耕细作增产 3.3744 万吨，通过开垦旱田 54500 垧，增产 4.0387 万吨；开垦水田 4550 垧，增产 0.7962 万吨。要求兴安盟开旱田 16000 垧、水田 1000 垧；呼纳盟开旱田 6000 垧、水田 1500 垧；哲里木盟开旱田 15500 垧、水田 2000 垧；昭乌达盟开旱田 17000 垧、水田 50 垧。[②]内蒙古自治区人民政府的生产计划是东北人民政府生产计划的组成部分。1950 年东北人民政府制定的年度生产任务是生产粮食 1800 万吨（增产 34 万吨），扩大棉麻特产作物 33 万垧，为此采取的措施除了要求提高生产技术外，要求开荒 47 万垧。[③]内蒙古自治区人民政府计划 1950 年开垦旱田 54500 垧，开垦水田 4550 垧，是东北人民政府开荒 47 万垧的一部分。

具体村落的开荒能够更准确地反映当时大开荒的状况。据时人对布特哈旗东德胜嘎查的调查，土地改革前有耕地 571 垧 4 亩 3 分地，经过 3 年的大生产，现有 835 垧 3 亩 5 分，增加了 263 垧 9 亩 2 分。[④]耕地面积增加了近 1/2。

1948 年秋，中共中央发起第二次察绥战役。战役结束后，绥蒙解放区的辖区扩大为丰镇、集宁、陶林、兴和、凉城、龙胜 6 个县，和林、武东、清水河、归绥 4 个县的部分地区，以及正红、正黄、镶红、镶蓝 4 个旗，人口近 70 万。1949 年 6 月 13 日，根据华北人民政府的决定，绥蒙区改为绥远省，绥蒙政府改为绥远省人民政府。1949 年“九一九”和平起义后，绥远全境获得解放。12 月 31 日，起义后的绥远省人民政府与原设在绥东解放区的绥远省人民政府合并为新的绥远省人民政府。

---

① 《1949 年农牧业生产总结与 1950 年农牧业生产计划（草案）》，内蒙古自治区人民政府秘书处编：《内蒙政报》1950 年第 1 卷第 3 期，第 32 页。

② 《1949 年农牧业生产总结与 1950 年农牧业生产计划（草案）》，内蒙古自治区人民政府秘书处编：《内蒙政报》1950 年第 1 卷第 3 期，第 37—38 页。

③ 《东北人民政府关于 1950 年农业生产的指示》，内蒙古自治区人民政府秘书处编：《内蒙政报》1950 年第 1 卷第 2 期，第 45 页。

④ 布特哈旗委员会：《东德胜嘎查的农村调查报告》，内蒙古自治区人民政府办公厅编：《内蒙政报》1950 年第 2 卷第 5—6 期，第 21—22 页。

无论是 1949 年 6 月成立的绥远省人民政府，还是 12 月合并后的绥远省人民政府，所面临的形势和任务与内蒙古自治政府成立时的情况基本相同，一方面要民主建政，另一方面要努力恢复生产、发展生产。为了恢复和发展生产，提出了扩大耕地面积、提高耕种技术的解决措施。

为了扩大耕地面积，多打粮食，位于绥东的绥蒙政府早在 1949 年春即提出“奖励开荒，规定三年不交公粮，不交租”[①]。该规定对汉民在蒙地开荒没有明确指示，出现了汉民强行开垦蒙民牧场、草滩的问题，引发了一些纠纷。为此，1949 年 9 月 21 日，位于绥东的绥远省人民政府又发布《为规定汉人在蒙人牧场草滩开荒手续的令》，指示为保护蒙民牧场，慎重处理蒙汉纠纷起见，规定：“凡汉人在蒙人牧场草滩开荒者，应事先取得蒙人同意，并须酌情给以相当租价，不受春耕生产布告中免租规定之限制。”[②]

绥远和平起义后，面临着百废待兴的局面。1950 年，政务院给绥远省下达 16 亿斤的粮食生产任务。为了迅速恢复生产，也为了很好地完成中央的任务，新生的绥远省人民政府提出了五条切实可行的措施，其中“奖励垦荒”政策就是一条重要的生产奖励措施。具体内容是：“开公荒者，地权归开荒人。如系生荒，免交公粮三年。熟荒（轮歇地除外）免征公粮二年。开私荒者，除免征公粮年限，与开公荒者相同外，并依同样的年限免租。但使原耕地荒芜，而另行开荒者，荒芜之原耕地，仍按通产量负担，另开之荒地不免公粮。新垦蒙地者，须经盟自治政府（或直属旗之旗政府）许可并取得正式手续。”[③]为了切实保证完成农业生产，绥远省人民政府制定了 1950 年度农业生产计划，做了非常具体的部署。其中提出归绥市等 28 个市、县、旗，必须播种 24.7723 万顷（每顷为 100 亩），开荒 0.8865 万顷。[④]1951 年，绥远省延续了 1950 年的奖励垦荒政策，在 3 月 9 日公布的生产布告中规定：“仍执行开生荒免征公粮三年，开熟荒免征公粮二年的规定，但绝

① 《绥东解放区一年来的工作报告》，绥远省人民政府秘书厅编印：《绥远省人民政府法令汇编》第二集（内部资料），1949 年 12 月，第 118 页。

② 《为规定汉人在蒙人牧场草滩开荒手续的令》，绥远省人民政府秘书厅编印：《绥远省人民政府法令汇编》第二集（内部资料），1949 年 12 月，第 13 页。

③ 《为积极动员努力参加农业生产提示问题五项的布告》，绥远省人民政府办公厅编：《绥远省人民政府法令汇编》第一集（内部资料），1950 年 4 月，第 165 页。

④ 《绥远省 1950 年度农业生产计划》，绥远省人民政府办公厅编：《绥远省人民政府法令汇编》第一集（内部资料），1950 年 4 月，第 175—179 页。

对禁止开山荒陡坡和牧地。其有荒废原耕地，希图抢荒逃避负担者，按情节轻重予以处分。”[①]与 1950 年奖励开荒政策不同的是，绝对禁止开陡坡和牧场。

在奖励开荒政策推动下，1949 年绥东掀起了群众性的开荒热潮，“自动租牛、朋伙、换工，甚至有的地方为争荒而发生纠纷，据统计：兴和压荒一〇九六四四亩，每人平均一亩多。个别地区，如武东四区全区一六六八六人，压荒五五一〇〇亩，每人平均三亩多。全绥东开荒六十万亩”。[②]1950 年绥远省播种面积达到了 2500 万亩，绥东老解放区播种面积比 1949 年普遍增加了 10%以上，有的地区如陶林增加了 24%。绥西各县作为新解放区，播种面积基本上维持了 1949 年的规模，只有部分地区播种面积较 1949 年有了增加；增加最多的是固阳县，增加了 15.2%；伊克昭盟扎萨克旗的部分地区增加幅度甚至达到了 30%。“增加的面积大部分是由于开荒。”[③]绥远省农林厅厅长在 1950 年 6 月 28 日召开的绥远省人民政府第 24 次行政会议上报告指出：“群众了解开荒奖励办法后，一般的都行动起来，贫雇农阶层表现的［得］更为积极，固阳贫农石习保等二十人，共开了五七六亩荒，五原中农郭树增也开了五一亩荒，武川、清（水）河等县几个区村共开生荒二六三五三亩，绥西五临安等六个县，共开荒地八五〇余顷。”[④]

政府的鼓励，形成了内蒙古自治区历史上第一次开荒高潮。1947～1951 年，内蒙古自治区耕地净增 1319 万亩，相当于增加了 1/3。开荒面积大于净增耕地面积，所以平均年开荒高于 400 万亩。

把开荒与沙化绝对等同起来是不恰当的。在有水利条件的地方扩大耕地面积，发展农业生产，有助于内蒙古自治区经济的发展。问题是基于内蒙古特殊的自然条件，不加约束的开荒政策会导致群众的滥垦。对于这个问题，当时人们已经有所认识。1950 年，昭乌达盟开荒 19.5 万余亩，除了 0.7 万亩的水田外，其他都是旱田。1951 年，昭乌达盟人民政府在总结 1950 年农牧业生产情况时认为：“由于

---

① 《绥远省人民政府生产布告》，绥远省人民政府办公厅编：《绥远省人民政府法令汇编》第四集（内部资料），1951 年 5 月，第 105 页。

② 《绥东解放区一年来的工作报告》，绥远省人民政府秘书厅编印：《绥远省人民政府法令汇编》第二集（内部资料），1949 年，第 118 页。

③ 《绥远省人民政府六月份工作综合报告》，绥远省人民政府办公厅编：《绥远行政周报》1950 年第 8 期，第 1 页。

④ 《张立范厅长关于农林工作的报告》，绥远省人民政府办公厅编：《绥远行政周报》1950 年第 8 期，第 5 页。

昭盟交通不便，商品粮少，自然气候等原因，不应无限制号召开荒。”[①]针对昭乌达盟在开荒过程中开垦了牧场的现象，1950 年 11 月 26 日《内蒙古日报》发表短论《纠正乱垦牧场错误！》，文章指出：昭乌达盟开垦牧场 1.8 万亩，这种不断发生的乱开牧场的现象，既违反经济政策，也违反民族政策。要求“昭乌达盟人民政府对于这种偏向，应立即予以纠正”[②]。《内蒙古日报》的社论表明开荒政策的风向即将发生变化，政府拟采取有效措施保护牧场。

东部的内蒙古自治区和西部的绥远省先后于 1950 年[③]和 1952 年[④]停止奖励开荒政策，转而实行“保护牧场，禁止开荒”政策。

1951 年 1 月 24 日，乌兰夫在中共中央内蒙古分局（扩大）干部会议上做了《关于生产、统战和民族工作》的报告。针对内蒙古自治区发展生产的几个问题，明确了内蒙古自治区人民政府对相关政策的调整：其一是“农业生产不以开荒为主，以精耕细作为主”。“对于在农业区开荒并不禁止”，但是将过去的开荒“三年内不征、少征公粮”的奖励政策，变为不奖励了，即“照征公粮”。农业区不奖励开荒的原因有三：一是现有耕地面积已经接近劳动力所能负担耕种面积；二是内蒙古土质多沙，三是内蒙古地区交通不便。其二是把在半农半牧区实施的“农牧并重”改为“保护牧场，禁止开荒”的政策。[⑤]可以看出，内蒙古自治区政策变化的力度是非常大的。

为了贯彻“保护牧场，禁止开荒”政策，内蒙古自治区人民政府针对半农半牧区的以下三种情况，制定了相对应的具体措施。第一种情况是在农田牧场交错地区，如果原来就有农场和牧场的界限，只要稍作调整即可划定。但农牧交错比较复杂的地区，则需特别慎重。在划定的农业区内，虽然主要任务是提高单位面积产量，但在农业区也还可以适当地划定牧场，以发展农业区的畜牧业。另一方面，小块荒地不影响牧业生产而又为发展农业所需，经过批准也可以开垦。第二

---

① 《昭盟 1950 年的农牧业生产总结》，内蒙古自治区人民政府办公厅编：《内蒙政报》1951 年第 3 卷第 1 期，第 105 页。

② 《纠正乱垦牧场错误！》，内蒙古自治区人民政府办公厅编：《内蒙政报》1950 年第 2 卷第 5—6 期，第 49 页。

③ 参阅乌兰夫：《关于生产、统战和民族工作》、《内蒙古自治区畜牧业的恢复发展及经验》，《乌兰夫文选》上册，北京：中央文献出版社，1999 年，第 167 页、第 250 页。

④ 《绥远省人民政府布告》，绥远省人民政府办公厅编：《法令汇编》第六集（内部资料），1953 年，第 343 页。

⑤ 乌兰夫：《关于生产、统战和民族工作》，《乌兰夫文选》上册，第 167—169 页。

种情况是在农区包围少数牧户或牧区包围少数农户地区，应该采取的办法是：第一，在自愿的原则下，帮助发展农业使之成为农民，或帮助发展牧业使之成为牧民；第二，如果自愿迁移，政府予以帮助；第三，划定范围保护起来，不能因为人少地少或牲畜少而忽视。第三种情况是在农牧交错比较复杂的半农半牧区，应采取：一、如果土地条件发展农业无前途，就采取措施慢慢发展牧业，不再扩大农田，随着群众的农业收入减少，就会自然减少农田面积，不可采取强迫命令办法。二、在农业无大前途、牲畜又少的地区，要长期发展，但是也要划定农场、牧场面积，并应注意研究在此种地区农田、牧草轮种问题，最好使轮种地不要成为沙荒。三、在农牧两种生产都占很重要地位、农牧两种经济又都可以发展的地区，可以把农田、牧场固定起来，试种苜蓿，实行农田牧草轮种。①

同时，从观念上清除“重农轻牧”思想。继1950年11月26日，《内蒙古日报》发表《纠正乱垦牧场错误！》的短论，1951年2月3日又发表《哲盟开始纠正重农轻牧思想》的文章，指出“去年年终，哲盟第一届党代会在总结土改以来的农牧业生产中，反映出‘重农轻牧’的生产政策偏向”。因此党代会决议要求各地在拟定1951年的生产计划时，要根据各地农牧业生产条件和将来发展前途，“区划纯农、半农半牧、纯牧村屯，合理确定牧场，拨让牛道，严禁盲目开荒。这一措施，是完全适合哲盟现实客观情况的，因而也是正确的”②。《内蒙古日报》从对昭盟的批评和对哲盟的表扬两个方面，宣传了内蒙古自治区人民政府的“严禁开荒，保护牧场”的政策。

绥远省确定的1952年农牧业生产方针是：“进一步贯彻农、牧并重的方针，坚决保护牧场、牧群。在土改复查中继续完成牧场划定工作。在半农半牧区实行‘禁止开荒、保护牧场’的政策。”③鉴于许多地区干部群众误解生产政策和民族政策，不断出现开垦牧场、破坏牧场的现象，1952年4月5日，绥远省人民政府下达关于保护牧场的指示，要求各级政府贯彻：“一、应向群众普遍深入地进行‘农

① 乌兰夫：《内蒙古自治区畜牧业的恢复发展及经验》，《乌兰夫文选》上册，第261—262页。

② 云灵：《哲盟开始纠正重农轻牧思想》，内蒙古自治区人民政府办公厅编：《内蒙政报》1951年第3卷第3期，第70—71页。

③《关于绥远省今后任务和当前工作的报告》，绥远省人民政府办公厅编：《法令汇编》第六集（内部资料），1953年，第11页。

牧并重’与民族团结的教育，向农民说明农业生产与牧业生产都是重要的，种地开荒，不许破坏牧场；更要说明蒙汉人民是一家，蒙（古）族牧民依靠在牧场放牧为生，为了加强民族团结，就必须保护牧场。二、必须维护政府的法纪，凡于解放后强垦的牧场，原则上均应封闭，其对牧业妨害不大或闭地困难太多，群众要求不闭或缓闭者，必须呈请省人民政府批准，始得变更，今后如发现破坏牧场行为，必须依法严惩。三、在土地改革地区，尚未完成的调整牧场工作，必须按照既定方针，认真完成。牧场划定以后，必须严守农、牧地界，保护牧场，不准破坏。这是巩固与扩大土改成果的重要环节之一。四、关于搂草问题，一九五一年由于农牧区均遭旱灾，畜草均感困难。因此，原则上应就地解决，不准越境强搂。个别地区如确有严重困难，需要邻区帮助者，必须经过双方协商，群众同意，并经省人民政府批准，始得由邻区暂时划定地区，准其搂草。如不经过上述手续，而擅自越境强搂，即以违法乱纪论处。”[①]6 月 25 日，针对集宁县公安局劳改队和前集宁区专属公安处劳改队于5月中旬开垦东四旗中心旗[②]霸王河行政村东园子自然村南梁牧场现象，绥远省人民政府对集宁县（今集宁区）和前集宁区专员公署提出严厉批评，命令“领导劳改队开垦牧场的负责同志应做深刻检讨，并向当地蒙民群众当面承认错误，已开牧场地，立即封闭，交还蒙民放牧，以促进民族团结，发展牧业生产”[③]。

1952 年 7 月 26 日，绥远省人民政府布告，决定废除 1950 年颁布的奖励开荒政策。布告解释了政策变化的原因，明确了政策的界限。布告指出：“解放以后，我省为了恢复抗战前耕地面积，增加生产，解决民食，曾于一九五〇年颁布了开荒奖励政策。二年多来，荒芜土地大部恢复，新开荒地很多。但有些地区开了山荒陡坡及牧场，山洪为患牧草不生，这不但影响了平地生产，也妨碍了牧畜业的发展。根据我省农牧并重及目前耕地面积与农业人口对比，应以精耕细作，改进

---

① 《绥远省人民政府关于保护牧场的指示》，绥远省人民政府办公厅编：《法令汇编》第六集（内部资料），1953 年，第 79 页。

② 1949 年 3 月，绥蒙政府在集宁成立绥东四旗，即察哈尔右翼正黄、正红、镶红、镶蓝四旗蒙旗办事处；1950 年 1 月，绥远省人民政府撤销绥东四旗办事处，建立以察哈尔右翼正红旗为中心的东四旗中心旗（盟级建制），并将察哈尔右翼镶蓝、镶红两旗合为察哈尔右翼镶蓝镶红联合旗。

③ 《绥远省人民政府为禁止集宁县公安局劳改队及前集宁区专署公安处劳改队开垦牧场的命令》，绥远省人民政府办公厅编：《法令汇编》第六集（内部资料），1953 年，第 80 页。

技术，提高单位面积产量为主要方向。因此，经省府委员会研究，并报请中央核准，决定如下：一、为了适当的利用土地，凡已开的山荒地，须根据地的坡度，适于耕种的耕种，适于放牧的培养牧草，适于造林的造林，以保持经久利用。平川地区除有足够水利条件，适当的开辟一部分，及牧业区为了以农养牧须有领导的开辟一定亩数外，一般不得盲目开荒。应集中精力，提高单位面积产量。已划为牧场地区，要严格保护倍植［植被］，不得再行开辟。二、一九五〇年所颁开生荒免交公粮三年，开熟荒免交公粮二年的奖励规定，除在本布告公布以前所开荒地继续执行外，此项奖励政策，自公布之日起一律停止。”[①]

绥远省农牧交错地区违反政策、开垦牧场的现象比较突出。据绥东四旗牧民代表会会议代表反映，绥东的凉城、集宁、陶林、丰镇等县农牧交错地区，对于土地改革时已经划为牧场应封闭的耕地，非但不予封闭，而且还继续扩大开垦面积。具体违规开垦的有：镶蓝镶红联合旗第二区小庙子行政村 1951 年土地改革时划出牧场 40 余顷，1952 年被凉城县六苏木行政村汉族农民开垦了 4 顷多。陶林县第二区地房子和义发泉村，1952 年开垦了镶蓝镶红联合旗白喇嘛滩克勒孟村牧场 2 顷多。集宁县第一区汉族农民开垦了中心旗马莲滩牧场 1 顷左右，土地改革时已经决定封闭，但是 1952 年春又种上了庄稼；该区二十号地将马莲滩北营子牧场开垦了 30 多亩；1951 年三甲窑子开了牧场，土地改革时决定封闭，1952 年又种上了庄稼。1952 年中心旗的毫赖沟被集宁、丰镇的跑青户开垦牧场 4 顷多；后格稍营子西北被本旗汉族农民开垦了 6 顷多牧场；下什拉营子从 1950 年开始开垦牧场 15 平方公里[②]，土改时决定封闭，1952 年春又种上了庄稼。1949 年至 1951 年这 3 年的时间里，中心旗红旗庙拉八沟村喇嘛坟地被集宁第一区开垦了 20 余顷，双合义沟村蒙民坟地也被开垦，倒拉忽洞村在 1949 年至 1951 年这 3 年的时间里被陶林县第四区开垦牧场 10 余顷，这三个地区不仅拒绝封闭已经开垦的牧场，而且还扩大开垦面积。正黄旗的三道湾自 1950 年到 1951 年被陶林县第四区开垦庙地 70 余顷，华庙子行政村面沟自然村在 1950 年到 1951 年开垦庙地 7 顷，到 1952 年上述两个地区拒绝封闭耕地且继续开垦；灰腾梁大牧场仍在大面积开垦。[③]

---

① 《绥远省人民政府布告》，绥远省人民政府办公厅编：《法令汇编》第六集（内部资料），1953 年，第 343 页。

② 每平方公里等于 15 顷，每顷等于 100 亩。

③ 《绥远省人民政府为认真检查处理开垦牧场事件的通报》，绥远省人民政府办公厅编：《法令汇编》第六集（内部资料），1953 年，第 80—81 页。

绥远省人民政府认为上述违反政策破坏牧场的行为，不仅妨害了牧业生产，而且影响了民族团结。为了贯彻政策，整饬政纪，决定于1952年9月派检查组分赴凉城、集宁、陶林等地，协同有关各县、旗，检查、纠正乱垦牧场的问题。要求检查组到达后，各有关县、旗及区必须按级指派负责干部，深入区、村，查明情况，作如下处理：第一，1950年2月28日（农建字第1号）布告颁发后，未经旗政府许可被开垦的牧场一律封闭；对于1951年4月16日（民地字第56号）《关于严禁开垦蒙民牧场的命令》发出后，被开垦的牧场，除一律封闭外，并应查明情况，分清责任，有关系的负责干部，写出书面检讨，报省政府议处；区、村干部由县人民政府负责作适当处理，报省政府备查。土地改革时按照1952年1月3日（民地字第13号）指示划定的牧场，原则上均应于1952年秋季一律封闭，如因封闭耕地过多影响现耕农民生产生活过大，必须异地调拨土地安置者，亦按1952年1月3日（民地字第13号）指示的精神，由旗、县双方协商，拟定在土改复查时调拨房地的具体计划，报省政府核查备案；迁移有困难须补助者，一并拟定计划，报省政府批准后，由省核拨补助。第二，检查组帮助区、村干部就地召开农牧民代表会议，由区、村干部当众检讨贯彻执行政策不力的错误，并在代表中对团结互助的民族政策及重农轻牧的错误思想，展开讨论进行批判，以便经代表将政策贯彻传达到群众中去。第三，农牧交错有关各县均应就此事件进行通报，及其他有关民族政策的文件，组织县区干部进行学习，检查思想；各县秋季的人代会，亦应就“保护牧场”“农牧并重”的有关民族的生产政策作专题讨论，并组织代表传达到群众中去。①

1952年10月28日，针对1951年2月28日公布的《绥远省人民政府护林布告》第四条和第五条的内容，绥远省人民政府发布《关于严禁破坏山林陡坡的补充指示》，规定：第一，普遍禁止垦山烧荒、掘树根、剥树皮、刨草根草皮等破坏行为，以达到“有林护林，无林护草，无草护山”的目的。第二，凡宜林的荒山、荒滩、荒地严禁滥垦，如个别地区因耕地过少，必须开垦山地者，须经县人民政府批准，在坡度较小的山地（坡度25度以下）做合理开垦。第三，已开陡坡，坡度超过25度者坚决退耕造林；25度以下的坡耕地，一律修作梯田，垒成基堰，或

① 《绥远省人民政府为认真检查处理开垦牧场事件的通报》，绥远省人民政府办公厅编：《法令汇编》第六集（内部资料），1953年，第81—82页。

实行带状耕种，有条件的地区改做果园；已开山荒、林地，可以逐步修成梯田，已经荒芜的山地应立即还林；靠近森林易于造林的已开荒地亦应逐步造林。[①]

二、保护森林与植树造林的政策与措施

东部的内蒙古自治政府和西部的绥远省政府对森林的保护和植树造林均制定了一些政策，并不断采取有效的措施。

1947 年 5 月 1 日，内蒙古自治政府成立时，在财政经济部下设置了内蒙古林矿总局。1948 年 11 月 15 日，改为内蒙古林务局，隶属内蒙古自治政府工商部，下设阿尔山、扎兰屯、牙克石、布西四个林务分局，具体负责森林采伐、运输和林区营林工作；农村牧区造林工作由农牧部负责。[②]

在这个时期，乱砍滥伐和森林火灾是毁坏森林最严重的现象。1949 年 5 月 6 日发生的阿尔山特大森林火灾是解放战争期间内蒙古自治区最大的一次森林大火。内蒙古公安总队、警卫团在铁路林工的配合下，奋战至 5 月 14 日天降大雪后才将大火扑灭。此次火灾过火面积达 9000 平方公里，森林资源损失巨大。[③]所以杜绝乱砍滥伐和防火成为保护森林最重要的工作。围绕着这两个问题，内蒙古自治政府根据中央人民政府和东北人民政府的相关指示，结合内蒙古地区的实际情况，制定并不断调整相关政策，采取了多种措施。

1949 年 6 月 14 日，内蒙古自治政府工商部发布《关于护林防火问题的命令》，不到一个月，7 月 6 日，又发布《关于加强防火工作的指示》；7 月 28 日，转发《东北解放区森林保护暂行条例》。8 月 10 日，内蒙古林务局发出通知，要求各林务分局建立健全防火组织，并将组织及实行情况进行报告。[④]1949 年 11 月，内蒙古自治政府发布关于保护森林问题的第一号《布告》。《布告》规定：内蒙古境内的森林，除依土地法取得林木所有权者外，均归国有，并统一由内蒙古林务机关经营管理；凡党政机关、部队、团体、公私营企业以及私人一律禁止采伐森林和在林

---

① 《绥远省人民政府关于严禁破坏山林陡坡的补充指示》，绥远省人民政府办公厅编：《法令汇编》第六集（内部资料），1953 年，第 344 页。

② 《内蒙古林业发展概论》编委会：《内蒙古林业发展概论》，呼和浩特：内蒙古人民出版社，1989 年，第 316 页。

③ 内蒙古自治区地方志编纂委员会办公室编：《内蒙古大事记》，呼和浩特：内蒙古人民出版社，1997 年，第 434 页。

④ 《内蒙古林业发展概论》编委会：《内蒙古林业发展概论》，第 317 页。

区收买木材；公私燃料一律严禁烧成材、砍幼树等毁坏森林的行为；在林地开荒和采集副产品者，须经林务机关许可；加强林区防火组织，禁止放火、玩火、烘火等；对护林防火有卓越成绩者奖励，不遵守规定有损害森林行为者惩罚。①

1950 年 1 月，东北人民政府召开东北地区第一次林务行政会议，会议总结认识到，由于历年采伐量与不合理的采伐方式所造成的损失，以及各种灾害与破坏的损失，东北地区森林每年的采伐量与损失量实际已经超过了生长量，“东北的木材资源森林的面积与木材的蓄积量是在逐年减少着。由于森林的被破坏与森林的逐年减少，对于我们国家的资源财富，与将来大规模经济建设，以及对于气候的影响与水患来说，都是一个严重问题。这种情况应引起我们极大的注意，并努力设法改变这种情况”。为此，会议提出东北林政方针是：第一，保护现有的森林；第二，在已经采伐过和被破坏的林区，采取人工和自然的办法，加速森林恢复；第三，建立合理的采伐制度；第四，划分林区，确定林权。②

1950 年 1 月 31 日，内蒙古自治区人民政府根据东北人民政府的指示，下发了《关于彻底保护森林严防滥伐盗伐的通知》。“通知”规定：第一，任何机关、部队、团体、公私营企业，以及木商非经工商部批准，不得到林区收购各种木料。第二，任何机关、部队、团体不得采伐收购木材作为机关生产。第三，在各林区及民户当中，存积 1948 年前的陈材，统一由内蒙古商业局收购。如有违反上述通知，一经查获，除了没收木材外，予以纪律处罚。③

1950 年 2 月 28 日至 3 月 9 日，中央人民政府林垦部（11 月改为林业部）在北京召开了第一次全国林业业务会议，确定林业工作方针和任务是：“普遍护林，重点造林，合理采伐和合理利用。”④

鉴于 1949 年春阿尔山森林大火的经验教训，1950 年 3 月 16 日，内蒙古自治区人民政府向各盟市旗县人民政府和内蒙古林务局及分局下达了《关于春季防火指示》，对森林防火工作做了非常具体的规定。指示指出：“现在又到山火发生的

---

①《内蒙古林业发展概论》编委会：《内蒙古林业发展概论》，第 318 页。

②《东北人民政府农林部第一次林务行政会议总结》，内蒙古自治区人民政府秘书处编：《内蒙政报》1950 年第 1 卷第 2 期，第 53—54 页。

③《关于彻底保护森林严防滥伐盗伐的通知》，内蒙古自治区人民政府秘书处编：《内蒙政报》1950 年第 1 卷第 2 期，第 56 页。

④《内蒙古林业发展概论》编委会：《内蒙古林业发展概论》，第 318 页。

季节，根据去年山火烧毁广大森林的惨痛经验，今年需要我们特别提高警惕，严密注意，切实执行防火工作，方能达到保护森林的目的。”为此做出了十条具体规定：（1）各级政府在防火期间，要制定具体办法配合一切工作，深入宣传动员组织群众进行护林和防火工作，以期展开群众性的防火运动。（2）林区及林区附近各级政府须建立防火组织，划分防火地带界线，指定或选举专人负责；林区群众均有保护森林，消灭火灾、虫灾的义务。（3）在防火期间内（春季由3月1日至6月末，秋季由9月1日至11月末）严禁入山狩猎，经许可者需携林区公安局之入山证明。（4）在林管区内统一由林区公安机关制定及印发入山证，其他党政军机关、群众团体均无权印发入山证；如有必须进入林管区内者，须携带当地努图克（区）以上政府及公安机关的介绍信和证明，到林区公安机关取得入山证方可入山，否则不得入山。（5）凡进入林区者，不论任何人不准无故引火、吸烟弄火。（6）进入林区必须引火时，如打小宿、篝火、做饭等，须事先报告林区公安机关，等火完全熄灭再行离开。（7）如有发现山火者，必须立即向当地政府或林务机关报告，或鸣钟集群，各持消火工具，急速前往扑救。（8）火车通过森林地区，不准往外扔火，烟囱必须带罩，应在车站停车时掏灰清炉，不准于林区行驶中清炉。（9）山火发生后，必须调查原因，对肇事者应立即缉拿，送交公安机关予以惩处。（10）凡对保护山林、防火工作有卓著成绩者予以奖励；凡引火烧山，非法入山，破坏森林者就地拘捕，经查明属实，除依法惩办外，并需赔偿损失。①

在上述政策的指导下，各地广泛地开展了防火护林运动。在林区，普遍地修建了“望火楼”，一进入防火期，就日日夜夜有人守卫和瞭望。防火既是林业干部和工人的主要任务之一，也是当地党政部门及人民群众的重要任务。不仅在林区工人中建立防火小组，在居民中也普遍成立了防火小组。1951年，仅喜桂图旗就成立了33个防火大队，45个基干马队，76个供给队，拥有5799人。阿尔山林区也开办了护林防火短期训练班。1952年4月开始，派出飞机在内蒙古林区上空巡查火警。②

1950年3月19日，中央人民政府林垦部发布《关于春季造林的指示》，要求

---

①《关于春季防火指示》，内蒙古自治区人民政府秘书处编：《内蒙政报》1950年第1卷第3期，第31页。

② 秋浦：《民族政策的辉煌胜利——十年来的内蒙古自治区》，呼和浩特：内蒙古人民出版社，1957年，第90页。

各地利用春耕前的农闲时间造林，除了发动群众普遍地一般地造林外，还应该在山荒、沙荒犯风地区，沿河沿海，沿公路铁路，选择重点有计划地营造防护林。其认为“封山育林为绿化荒山、涵养水源、防止水灾的治本方法，山区村庄，应尽可能有计划的普遍的推行”①。接受中央人民政府林垦部的指示，内蒙古自治区人民政府农牧部制定的1950年林业工作计划，要求在农业区“每人保证栽活两棵树，并有计划的造村林，禁止乱伐加强对树木的保护”②。

根据中央1950年8月4日的指示，同年8月19日，内蒙古自治区人民政府发布《为保护山林的命令》。命令的内容有三项：第一，陡坡禁止开荒，提倡封山造林。第二，严禁烧山与乱伐山林，应在保护山林的条件下有计划的采伐林木。第三，由省府明令保护山林，禁止盲目烧山开荒。③

中华人民共和国成立初期，绥远省面临的生态环境形势与内蒙古自治区面临的生态环境形势基本相同，破坏森林现象也比较严重。据1950年初绥远省人民政府总结，“虽然原则上指示各市、县、旗加强护林工作，但没有定出具体的护林条例及重点区的护林组织与机构，事实上许多地区发生了严重的破坏情形”。凉城县地主赵牛锁有100多亩林地，1950年春季砍去了20多亩。归绥县四区徐家沙梁地主徐福安在政府发动群众植树造林之际，将小场圐圙村的树砍伐3000余株，还将徐家沙梁村五道渠外约70亩的杨树林砍伐净尽。大青山、乌拉山及包头河套（柽柳）一带天然林区，因为过去没有妥善的保护抚育办法与机构，经常遭到天然灾害及附近驻军群众砍伐的破坏，林木损失至为严重。④凉城六区脑包村南房子王姓地主偷伐500多株树藏在山沟里，第四区模花村的地主假借盖房名义砍伐了5万余株，约有10顷面积。与破坏森林、乱砍滥伐相对应的是森林保护政策还停留在原则上，没有具体的行之有效的措施。据绥远省农林厅1950年6月份对本省情况的总结，“护林工作可以说没有展开，有些地方虽然也成立

①《中央人民政府林垦部发布关于春季造林的指示》，内蒙古自治区人民政府秘书处编：《内蒙政报》1950年第1卷第3期，第12页。

②《1949年农牧业生产总结与1950年农牧业生产计划（草案）》，内蒙古自治区人民政府秘书处编：《内蒙政报》1950年第1卷第3期，第41页。

③《内蒙古自治区人民政府为保护山林的命令》，内蒙古自治区人民政府办公厅编：《内蒙政报》1950年第2卷第2期，第48页。

④《绥远省春季造林工作报告》，绥远省人民政府办公厅编：《绥远行政周报》1950年第1期，第15页。

了护林委员会，或护林小组，实际起的作用不大，少数县旗，甚至连这样组织形式还没建立起来”[①]。

在1950年2月召开的绥远省农业生产水利会议上，绥远省人民政府主席董其武提出1950年全省至少要增植100万株树的任务。会议拟订了1950年绥远省林业工作的具体生产任务：“广泛宣传植树造林，机关学校每人植树两株，群众植树造林由县政府有重点的确定具体任务，分春秋两季发动植树造林运动。”[②]为了支持绥远省的林业事业，1950年中央给绥远省核拨了林业事业费小米170万斤，为绥远省林业建设提供了经费保障。[③]

1950年春季，绥远省开展了颇有声势的春季造林运动。3月初开始布置工作，确定春季造林指标是植树122.5万株。各市、县、旗分别召开了生产会议，有的召开了人民代表大会，具体决定了各区村应该和能够承担的植树造林的生产任务。结果各村镇认领的造林任务普遍超过了计划任务。各市、县、旗在清明节前进行了动员宣传工作，纠正群众对植树造林工作存在的不正确的认识，同时明确了树苗的来源，“凡有树苗地区，可就地取苗，按时栽植，苗木困难的地方，可向临近采办，已设有苗圃的县旗尽先由苗圃供给”。利用报纸、杂志、标语、集会讲演、电影、广播等方式，进行植树造林的动员宣传工作，还编印了植树浅说和造林要点，发给各地政府并转发给群众参考。参与造林的有15个市、县、旗。[④]

归绥市作为省府城市，在1950年春季造林运动中严格按照上级的规定办事，属于比较认真执行的地区。从1950年3月中旬开始，绥远省农林厅与归绥市政府开始筹备植树造林工作，召开了春季植树造林筹备会，决定旧城的机关、团体、学校、群众由归绥市政府领导，新城的机关、团体、学校、群众由省农林厅组织。植树造林用的树种有杨树、柳树、榆树等三种。栽种的数量为全年植树造林任务的一半，即12万株，新、旧城各栽种6万株。树苗由归绥市政府和绥远省农林厅分别准备。植树时间为1950年4月5日至4月25日。4月25日以后进行检

---

① 《绥远省春季植树造林工作总结》，绥远省人民政府办公厅编：《绥远行政周报》1950年第9期，第8页。

② 《杨副主席在农业生产水利会议上关于农牧业生产问题的报告》，绥远省人民政府办公厅编：《绥远省人民政府法令汇编》第一集（内部资料），1950年，第277页。

③ 《绥远省春季植树造林工作总结》，绥远省人民政府办公厅编：《绥远行政周报》1950年第9期，第7页。

④ 《绥远省春季造林工作报告》，绥远省人民政府办公厅编：《绥远行政周报》1950年第1期，第13—14页。

查。植树地点，旧城在龙泉公园附近，新城在省农林试验场附近。工具自备。由省农林试验场派技术人员担任指导。种完后组成检查评议委员会分别检查评比。会后，将各单位的造林地点按照各单位的人数划定，新城购买了 10.5 万株树苗，旧城购买了 6.4 万株树苗，4 月 5 日在旧城斯生堂召开了由 800 余人参加的植树造林动员大会，发动各机关进行竞赛，放映电影，演唱秧歌，出壁报，刷标语，进行广泛宣传。4 月 6 日开始挖坑，陆续进行栽植。13 日基本栽完。旧城在 15 日，新城在 21 日，进行了检查并布置浇水保护事宜。归绥市 1950 年春季造林工作准备充分，宣传到位，组织周密，超额完成了任务，且超额了 50%以上。检查工作也做得非常仔细：发现煤铁公司参加筹备会的同志回单位后没有传达会议精神，人民银行商业厅栽树草率，土默特中学把树苗放在坑里两天没有栽，供销总社应栽 400 树苗结果少栽 59 株，军委会军区政治部的杨树条子没有修理剪枝即栽下。[①]

1950 年 5 月 13 日，绥远省人民政府农林厅下发了《关于采购榆钱大量播种的通知》，规定无价发给群众榆钱，利用公私荒地就地大量播种；不论公私荒地，经谁播种林权归谁所有，如果群众合作播种，归合作团体所有；所造树木，应发动群众有组织的培育保护。同时还下发了《播种榆籽的方法》。[②]

为了制定绥远省的营造防护林计划，中央林业部派出第一期林业调查队到绥远。绥远省农林厅派遣了四名林业干部予以配合。调查队 5 月 16 日从省会出发，赴五原、安北、临河、晏江、包头等县，以及乌兰察布盟、伊克昭盟各旗及黄河两岸进行为期两个月的调查。[③]

1950 年 5 月 16 日，中央人民政府政务院发布《关于全国林业工作指示》，指出："我国现存的森林面积约占领土百分之五，木材产量，向感不足，对天然灾害之袭击无法保障。而大部分地区对森林的破坏和滥伐行动，迄未停止。"我们当前林业工作的方针，应以普遍护林为主，严格禁止一切破坏森林的行为。其次在风沙水旱灾害严重的地区，只要有群众基础，并具备种苗条件，应该有计划地造林。

① 《归绥市春季造林工作总结》，绥远省人民政府办公厅编：《绥远行政周报》1950 年第 1 期，第 15—16 页。

② 《省府农林厅关于采购榆钱大量播种的通知》，绥远省人民政府办公厅编：《绥远行政周报》1950 年第 1 期，第 22 页。

③ 《张立范厅长关于农林工作的报告》，绥远省人民政府办公厅编：《绥远行政周报》1950 年第 8 期，第 7 页。

提出了1950年的计划，封山育林4312万亩，其中西北4300万亩，东北12万亩；采集树种362万余斤，育苗4.9亿余株，造林（包括植树造林、播种造林、插木造林）177.1842万亩，采伐木材405.7382万立方米。[①]

东部的内蒙古自治区人民政府的《内蒙政报》和西部的绥远省人民政府的《绥远行政周报》均全文转发了中央人民政府政务院发布的《关于全国林业工作的指示》。

在中央政策指导下，1951年8月2日至10日，内蒙古自治区人民政府在张家口召开内蒙古自治区第一届林政会议。会议明确了内蒙古林业工作方针和任务是：（1）普遍护林，要进一步加强防火工作的宣传教育；组织以猎民为主的护林员，在容易发生火灾的地方、林区边缘出入要道口，设立护林站，设专业护林员；有重点的建立防火设施，如防火道、望火楼、扑火工具等，对烧荒要严格禁止，严禁乱砍滥伐。（2）有重点地造林。哲里木盟、昭乌达盟以保安林为主，特别是有计划地发动群众营造哲里木盟防护林带、西辽河两岸护岸林、昭乌达盟西拉木伦河水源林。（3）封山育林。（4）健全机构，明确领导关系。[②]

与治理工作相比，预防工作力度要大得多。无论是内蒙古自治政府还是绥远省人民政府，都比较重视护林和封山育林工作。封山育林就是把荒山、荒沙、荒滩封禁保护起来，借助天然下种更新和萌芽更新能力，培育成有林地或灌木林。封山育林的好处是用工少，成本低，见效快，能形成比人工林更为稳定的森林生态系统，方法简便易行。内蒙古自治区成立初期，政府财力有限，再加上紧张的"支前"工作和巩固政权工作，尚无力也无暇进行大规模的生态治理工作。此时，内蒙古人口较少，对自然的压力较轻，封山育林是当时最合适的选择。从1949年到1952年底，内蒙古自治政府、绥远省人民政府自行制定和转发上一级的有关护林方面的指示、通知、规则、条例等共16件，平均每年有4件。绥远省1952年封山育林87万余亩，差不多是造林面积（22万亩）的四倍。[③]

1951年1月16日，《内蒙古日报》发表社论指出，内蒙古自治区在森林保护

---

① 《中央人民政府政务院关于全国林业工作的指示》，内蒙古自治区人民政府秘书处编：《内蒙政报》1950年第1卷第5期，第1页。

② 《内蒙古林业发展概论》编委会：《内蒙古林业发展概论》，第320页。

③ 张立范：《全省农牧林业爱国丰产运动模范代表会议总结报告》，绥远省人民政府办公厅编：《绥远行政周报》1953年第134期，第8页。

方面做了很多工作，但是由于长期遭受日伪毁灭性的砍伐摧残，人民群众形成了“靠山吃山”、不爱护森林的习惯，以及某些干部的片面的群众观所引来的滥采滥伐，特别是火灾蔓延，已经使有些林场的成材林木破坏殆尽，站杆倒木遍地皆是。若长此以往，数十年后，不但国家建设的木材无从取给，且因森林破坏、气候失调，水旱风沙灾害必将频袭，对内蒙古农牧业经济的发展影响甚巨。“故贯彻护林方针，实为林业建设的头等重要的大事。”[①]呼吁广大人民群众响应政府的号召，积极行动起来保护森林。

1951 年 2 月 27 日，绥远省人民政府下达《关于保护林木的指示》，内容共六条：第一，凡保安林（防风、防沙、防洪、护堤、护岸、护路）、经济林，及古迹名胜的公私林木，均由各级人民政府及护林机构妥善保护，严禁破坏。第二，任何部队、机关、团体或群众，如需砍伐公有林木，须经当地县（旗）人民政府提请省主管林业机关核准，方可采伐，不得借口采伐；事先请准采伐者，必须有计划地实行“看树作材”“量才使用”的合理采伐，并须支付树价；采伐后，由该管政府或机关补植更新。严禁无组织无计划的乱伐乱砍。关于私有林木，如因建设等必须采伐时，亦须先经当地区、村政府核准，合理的疏伐或间伐。少数地主或不法分子故意破坏林木时，应予严处。第三，现有林区一律实行封山，使原有林木得以保持和发展；封山区不得放牧、开垦；宜林荒山，均应逐步造林或封山育林；严格禁止放火烧山。第四，已经开垦的宜林荒山，非必须者，应逐步退耕还林，并尽可能不再开垦荒山与林争地。第五，必须通过各种会议在群众中加强护林工作的宣传和教育，使群众认识到护林的重要；尤其是对于放牧、打猎、采药、打柴等在林区或靠近林区的从事副业生产的群众，应使其懂得“靠山必须养山”以维持长远利益的道理，反对“坐吃山空的滥伐乱砍”；应组织护林委员会或小组，以便彻底实现护林工作。第六，应结合其他工作随时检查护林工作，以便及时发现问题和吸取经验，促进护林工作的贯彻。[②]2 月 28 日，又公布了《绥远省人民政府护林布告》，内容与《关于保护林木的指示》基本相同，但是关于禁止开垦陡坡、保护林木的态度更加坚决。布告规定“封禁的山林地区，不得放牧、开垦；宜于

---

①《爱护国家森林资源大力开展护林运动》，内蒙古自治区人民政府办公厅编：《内蒙政报》1951 年第 3 卷第 2 期，第 57 页。

②《关于保护林木的指示》，绥远省人民政府办公厅编：《法令汇编》第四集（内部资料），1951 年，第 111 页。

造林的荒山或立坡，也都禁止开垦，以便保持水土，防止风沙”；林区或靠近林区的放牧、打猎、采药、打柴的人民，要有“吃山养山”的长远规划，不得有乱砍、挖根、烧山等行为。①

为了更好地保护现有林木，1951 年 4 月 21 日，中央人民政府下发了《关于适当处理林权，明确管理保护责任的指示》。5 月 24 日，绥远省人民政府转发了中央指示并针对绥远的具体情况做了补充。中央指示的基本精神是：第一，正在进行土地改革的地区，把地主的森林和一般的大森林收归国有。第二，尚未进行土地改革的地区，把大森林提前收归国有，由专署以上政府成立专门的林业机构配合地方政府进行管理，予以保护。零散的森林其所有人的成分显系地主者或森林遭到乱砍滥伐者，应由县人民政府指定区村政府代管，以防止砍伐，待土改划定成分后再依法处理。第三，在已经完成土改的地区，尚未明确划定林权的森林，其较大者应明令公布为国有财产，由当地人民政府和林业机关负责管理保护，零散山林由当地政府根据实际情况确定林权，由县人民政府颁发林权证。第四，西北、西南、中南等少数民族地区的森林，一般的仍按其旧有的管理习惯不变，但政府应领导他们加强对森林的保护抚育。第五，在收归国有的森林面积中，夹有小块农民私有林时，应适当地调剂割换。绥远省人民政府补充了三条意见：（1）我省林木奇缺，为了发展林业，保证建设的需要，特规定凡在五十市亩以上之地主森林（天然林或人工林），应即提前收归国有，由盟、专署农林机构负责协同当地县、旗人民政府实行管理保护。地主森林面积虽在五十市亩以下三十市亩以上者，以及一般风、沙、水渠之防护林，亦应本此精神由盟、专署拟定保护及管理计划，报省核办。凡非地主成分之森林，仍依本省前颁奖励造林办法办理。（2）合于上列规定之森林在以往减租反霸调地当中，如有已经分配给群众者，应根据上述精神，重新研究办理。（3）蒙旗地区的森林应根据政务院第四项指示精神，按照具体情况，发动与组织有关方面，加强管理保护。②

1951 年 3 月至 8 月，据不完全统计，绥远省发生严重破坏森林的行为有十九次之多，其中烧荒、吸烟、烤火及匪特放火引起的火灾与原因不明的火灾有十二

① 《绥远省人民政府护林布告》，绥远省人民政府办公厅编：《法令汇编》第五集（内部资料），1952 年，第 141页。

② 《关于对各地林权处理及管理责任的命令》，绥远省人民政府办公厅编：《法令汇编》第五集（内部资料），1952 年，第 23—24 页。

次，烧毁草山 148 平方公里，破坏山林 1593 亩，相当于 1951 年绥远省造林育苗任务的 1.5 倍。为了加强护林工作，1951 年 9 月，绥远省人民政府下达了《关于加强秋季护林防火的指示》，规定了具体的防火措施："一、秋冬两季，向为山区及山区附近群众进行副业生产的时期，必须正确掌握生产与护林相结合的政策，反对片面生产和只顾眼前小利益的错误观点，克服'砍几株树没有啥，山林面积大的很，十年九烧，烧一点没关系'的麻痹思想。要教育农村干部和群众认识：'吃山必须养山'的长久利益及'没有良好的森林，就没有可靠的丰收'的科学道理，切实健全护林组织，普遍进行护林防火的宣传动员。二、为了防止火灾，秋天野草枯黄时期，开地时禁止烧荒，祭坟烧纸要加强管理，离开火场前必须负责熄灭火源，防止引起林木火灾。三、每年十月至次年五月为防火紧要时间，林区内放牧、打猎、采药及打柴等须向区级以上政府实行登记，凭许可证始得入山，必要时并得禁止入山。由区政府具体掌握，入山后的一切燃火行为应一律禁止。四、必须提高警惕，防止反革命分子潜伏林内，破坏国家森林资源的特务活动。五、各地政府或群众发现伐木毁林等破坏情况，应即查明事实向上呈报，对护林防火有成绩者，应给以物质或精神之奖励；对火灾及滥伐情形，应追究责任，按其情节给以适当教育或处分；对反革命分子放火烧山破坏林木者，应予以严厉处分。"[①]

鉴于晋、冀、察等省的私商木贩在绥远省还没有木材管理规定的时候，纷纷潜来绥远省的兴和、武川、托县、归绥、和林、清水河等地，向内地贩运木材，引起的盗砍滥伐现象，1951 年 10 月，绥远省人民政府下发《关于防止破坏林木紧急措施的命令》，要求向绥远省境内贩运木材，必须取得省农林主管机关执照，否则即属于违反政策，各级政府、林业机构和人民有权检举。[②]《关于防止破坏林木紧急措施的命令》从市场交易渠道堵住了保护森林工作的漏洞。

1952 年，护林和造林政策进一步趋于完善。

1952 年 2 月 16 日，中央林业部指示，要求各地积极开展封山育林和植树造林工作。明确规定了"谁种归谁"政策和"民造公助"方针。在中央林业部的指示

---

① 《关于加强秋季护林防火的指示》，绥远省人民政府办公厅编：《法令汇编》第五集（内部资料），1952 年，第 142 页。

② 《关于防止破坏林木紧急措施的命令》，绥远省人民政府办公厅编：《法令汇编》第五集（内部资料），1952 年，第 143页。

下，同年 2 月 27 日，西部的绥远省人民政府制定了《绥远省林权划分办法》，目的是确定森林所有权，明确林木的管理经营职责。绥远省把林权分为国有林、村有林、私有林、合作林和团体林五种。国有林包括天然林，人民政府依法没收的汉奸、战犯、地主、恶霸及其他反革命分子的森林或征收庙宇、寺院、祠堂、教堂的面积在 50 亩以上的森林，已经由各级人民政府管理的森林，与国防、保安、名胜古迹有关经确定划归各级人民政府管理的森林。村有林包括天然林中面积较小不足 50 亩的森林，人民政府依法没收的汉奸、战犯、地主、恶霸及其他反革命分子的森林或征收庙宇、寺院、祠堂、教堂的面积不足 50 亩的森林，经全村人民植树造林或封山抚育成林者。私有林是指在土地改革中私人依法取得的林木和私人投资经营及依法承领荒山荒地营造的森林。合作林是指政府与群众合作营造的森林、群众与群众合作营造的森林、资本家投资与政府或群众合作营造的森林。团体林是指经政府划归工矿、交通、企业、机关、学校及其他公共团体经营的森林和公营的工矿、交通、企业、机关、学校及其他公共团体营造或购买的森林。不同种类的森林管护的主体不同，国有林由本省林业主管机关统一管理经营，各级人民政府负责保护；村有林、私有林、合作林、团体林由森林所有者负责管理经营，受林业机关与当地政府指导；村有林、私有林、合作林、团体林均须经过测量，埋定界标，并由政府发给所有证，受法律保护，其收益除村有林须用于该地区山林事业及村中公益事业外，其余种类森林的收益归森林所有者所有。蒙旗地区的森林原属蒙旗管辖者，仍由蒙旗人民政府依法管理经营，但须受林业机关督导。[①]同月，公布了《绥远省护林暂行办法（试行）》，较一年前公布的《关于保护林木的指示》更加具体，更加严格。办法规定：凡有关护路、护岸、护堤、防风、防沙、防洪等保安林，及风景林行道树等，均应妥善保护，绝对禁止砍伐。除公有林由省林业主管机关、私有林由业主申请当地政府批准后进行合理适当而必需的采伐更新外，其他任何机关、部队、团体或个人，不得以任何理由擅行采伐。采伐林木时，必须采伐及龄的树木，采伐椽木应选择郁闭过度的被压木。采伐季节为每年的 10 月下旬至次年的 4 月上旬，其余时间禁止采伐。采伐时斧锯并用以免多损木材。采伐及运输时不得损坏临近树木及幼苗。天然林更新应遵循从

① 《绥远省林权划分办法》，绥远省人民政府办公厅编：《法令汇编》第六集（内部资料），1953 年，第 350—351页。

山下渐次向山顶间伐疏伐方式，山顶不可采伐过度，以便树木自热下种更新。采伐迹地须及时清理以防起火，凡炊灶及烤火和吸烟后的烟头必须熄灭。在有条件的林区实行封山育林，封禁面积须是全部面积的4/5。采取分段分区轮流封禁的方式，非封禁区须规定割草樵采时间。各县旗应根据行政区划或当地实际情况，划分若干林区，设护林委员会及护林小组，护林机构由主要领导任主任。各级护林组织应该发动群众，切实保护公私林木，严禁包山砍伐、滥伐盗伐、烧山开荒、在林地遗留火种、攀折幼枝、私自放牧、擅自烧炭，以及其他破坏林木的行为。各县旗护林委员会每年须召开两三次会议，讨论或检查工作，把工作总结报省林业厅，省林业厅须随时派人检查护林工作。对于护林工作有突出成绩者采取口头、登报、颁发奖状或通令嘉奖等形式进行表扬。因护林工作损失财物或致伤残牺牲者，政府须予以补助或抚恤。凡违反护林相关规定情节轻微者由林业组织或林业机构给予相应处分，情节严重者移送司法或公安机关依法惩处。有林地区的护林组织可以拟定护林公约经大会通过施行。①

1952年8至10月份，绥远省人民政府又先后通过了《绥远省国有林育林费征收暂行办法》（8.14）、《绥远省人民政府关于1952年秋季开展群众性造林工作的指示》（9.26）、《绥远省人民政府关于严禁破坏山林陡坡的补充指示》（10.28）、《绥远省农林间作试行办法》（10.30）等几个有关植树造林和保护林木的文件。

针对森林采伐、造林、育苗、防火、灭火等林业有关事项，1952年1月14日，内蒙古自治区人民政府颁发了《内蒙古自治区国有林采伐暂行条例》《内蒙古自治区火灾报告制度》《内蒙古自治区护林防火委员会组织办法》《公私合作造林暂行办法》《内蒙古自治区林区扑火补助办法》《奖励育苗造林暂行办法》等文件，形成了包括育苗、造林、采伐、保护等成体系的林业政策。为了防止水土流失，《内蒙古自治区国有林采伐暂行条例》第九条规定保安林、生长于险峻陡坡、基岩裸露地区不易造林的森林和树种林不准采伐。《内蒙古自治区护林防火委员会组织办法》规定：林区的盟旗（县）、努图克（区）设立护林防火委员会，负责护林防火的部署、检查、总结、上报、宣传教育、灭火等工作。《奖励育苗造林暂行办法》

---

①《绥远省护林暂行办法（试行）》，绥远省人民政府办公厅编：《法令汇编》第六集（内部资料），1953年，第347—349页。

第二条规定："凡不能耕种之公有宜林荒山、荒地，除指定由专业机关直接经营造林者外，私人、团体、学校及造林合作社均得依照法定手续，向当地人民政府承领并定期造林。"对于经营大面积荒山、荒地，育苗造林有特殊成绩者，发动群众育苗造林有显著成绩者，私人或合作育苗造林有显著成绩者，对育苗造林技术有特殊贡献者，政府以精神或物质的方式进行奖励。公营苗圃及私营和合作经营的苗圃，在没有收益前免征农业税；以耕地私营或合作经营苗圃，有收益之年征收该耕地常年产量的 3 成农业税；不能耕种的荒山荒地种植一般林木免征农业税；耕地防风林林网所占耕地免征农业税。[①]

1952 年 3 月 21 日，内蒙古自治区人民政府又公布了《内蒙古自治区国有森林管理暂行条例》，从采伐、采薪烧炭、采副产物、狩猎、垦荒、林区居民、林区通行等方面做出了规定。对于林区垦荒和向林区移民做了严格的限制，第六章规定"为保持林地及防水保土，林区一般限制开荒，确有开垦之必要时，须经该林区所在地旗（县）人民政府批准。但在 20 度以上坡地禁止开荒"。"国有森林内绝对禁止开荒。""国有林区及其边缘地区，严禁伐木开垦、放火烧荒及一切足以损害森林与造成山火的行为。"第七章规定"限制向国有林区移民，禁止向国有森林内移民"。[②]

1952 年 2 月 21 日，中央人民政府林业部发出了《关于 1952 年春季造林育苗工作的指示》。根据该指示，3 月 31 日，东部的内蒙古自治区人民政府发出《为公布关于 1952 年春季造林育苗工作的指示》，指出：造林是战胜旱、涝、风、沙等四大灾害的治本办法之一，决定在哲盟营造防护林带，在昭盟营造水源涵养林，在锡盟和察盟进行试点造林，在呼盟和兴安盟与农、牧、水利相结合进行大片造林。还规定造林分公私合作造林、公营造林、个体造林三种形式，谁造谁有。克服"年年造林，树木不增加"的严重现象。[③]规定了各盟造林和育苗计划：全区

---

① 《内蒙古自治区国有林采伐暂行条例》《内蒙古自治区火灾报告制度》《内蒙古自治区护林防火委员会组织办法》《公私合作造林暂行办法》《内蒙古自治区林区扑火补助办法》《奖励育苗造林暂行办法》，内蒙古自治区人民政府办公厅编：《内蒙政报》1952 年第 5 卷第 1—6 期合编，第 146—150 页。

② 《内蒙古自治区国有森林管理暂行条例》，《内蒙政报》1952 年第 5 卷第 1—6 期合编，第 156 页。

③ 《为公布关于 1952 年春季造林育苗工作的指示》，内蒙古自治区人民政府办公厅编：《内蒙政报》1952 年第 5 卷第 1—6 期合编，第 138—139 页。

1952年造林任务是3500垧，哲里木盟2090垧，昭乌达盟800垧，兴安盟340垧，察哈尔盟160垧，呼纳盟90垧，锡林郭勒盟20垧，要求造林成活率达到80%以上；全区育苗44垧，其中哲里木盟14垧，昭乌达盟9垧，兴安盟10垧，察哈尔盟5垧，呼纳盟4垧，锡林郭勒盟2垧；全区采集树种41.1404万斤，其中呼纳盟3821斤，兴安盟18.1533万斤，哲里木盟12.2万斤，昭乌达盟10.405万斤。①

三、整治河道的政策与措施

1945年8月10日，日军派人扒开了西辽河苏家堡大坝，造成人为水灾。1947年七八月份，哲里木盟和昭乌达盟大雨成灾，西辽河发生大洪水，苏家堡屯南1.5公里的西辽河大堤决口，冲毁15公里的河堤，淹没耕地40万垧。刚刚成立的内蒙古自治政府于11月份组织人力物力抢修西辽河大坝，堵塞决口，一直到11月26日，才完成了堵口的任务，并修建了17公里的顺河堤。②

1948年3月，西辽河凌汛，1947年修筑的堤坝再次被冲毁。1948年6月，在当地驻军的支持下，西辽河大堤苏家堡堵口工程全部完工。1947年11月、1948年3月和1948年6月对西辽河大堤的三次整修，共计新修河堤9公里，补修旧堤7.5公里，修筑苏家堡堵口坝1200米及调水坝400米。③赶在大汛之前完成了复堤堵口任务。

1948年7月，绰尔河、归流河、洮儿河等均告泛滥，发生了近二十年未曾有的水灾。为了治理绰尔河，1949年1月6日，由嫩江省和内蒙古自治区共同组建了扎赉特、泰来绰尔河治水委员会，1月12日开工，5月16日完工，历时4个多月，拦截河道2处，改河道2处，挑流工程40余处，护岸工程5处。④解决了扎

---

①《1952年度各盟造林计划表》《1952年度各盟苗圃恢复及育苗新设计划表》《1952年度各盟采集树种子计划表》，内蒙古自治区人民政府办公厅编：《内蒙政报》1952年第5卷第1—6期合编，第140—142页。

②《内蒙古自治区志·水利志》编纂委员会编：《内蒙古自治区志·水利志》，海拉尔：内蒙古文化出版社，2007年，第35—36页。参阅刘葆林：《建国前后哲盟兴建的三大防洪工程》，《哲里木史志》（内部刊物）1986年第3期，第66页。

③《内蒙古自治区志·水利志》编纂委员会编：《内蒙古自治区志·水利志》，第36页。

④《内蒙古自治区志·水利志》编纂委员会编：《内蒙古自治区志·水利志》，第36—37页。

莱特旗、泰来、景星各旗县连年水灾之患。

哲里木盟境内贯穿有辽河、清河、洪河、杜赉河、教来河、新开河等河流。辽河上游奈曼旗大树屯至科尔沁右翼中旗的门达一带，地势低洼，加上堤防不牢，每年春夏都会发生不同程度的水患。1949年哲里木盟发生了30年不遇的大水灾，全盟受灾行政村233个，占全盟893个行政村总数的26%；水淹耕地13.7863万垧，受涝耕地3.7894万垧，两项合计17.5757万垧。其中遭灾最严重的是通辽县，全县共378个村庄，有315村被淹；全县农村4.0197万户中有2.541万户被淹；庄稼10.0861万垧，有7.8749万垧被淹。为了抗御洪水的侵袭，哲里木盟组织了大量劳动力加固堤防，仅1949年秋季，哲里木盟就组织了139.7144万人工，巩固防洪大堤。全盟每个劳动力平均出工7个多（哲里木盟劳动力人数为18.7283万人）。[①]在防洪工作中，哲里木盟党政干部组织群众不分昼夜，不避风雨，与洪水进行了艰苦的斗争。[②]

为了根治水患，内蒙古自治政府建立并强化水利机构，加强对水利工作的领导。1948年9月，辽北省在哲里木盟成立了第一工程处，全面负责西辽河复堤堵口等工作。辽北省撤销后，1949年7月1日，内蒙古自治政府以该处为基础成立了内蒙古西辽河水利局。1949年12月23日，内蒙古自治政府公布了《修正内蒙古西辽河水利局组织暂行章程》，规定内蒙古西辽河水利局在行政上受哲里木盟政府领导，在业务上受内蒙古自治政府农牧部领导，在技术上受东北水利总局领导，负责西辽河流域和西拉木伦河流域的治水、防汛、利水事宜。[③]

西辽河连年泛滥，每年抢修均系临时举措，虽耗费了大量的人力和物力，但是收效不大。1950年开始全面地有计划地修筑堤坝，前后共动员429.5473万个民工，加上准备及运输器材的杂工合计600余万民工，新筑堤坝与修补旧堤共1115.8公里，其中哲盟是主要施工区，新筑堤坝613.6公里，每个劳动力平均出河工40余天，内蒙古军区指战员亦协助工作，经过大奋战，基本上完成了1950年的防汛

① 《哲盟生产救灾工作总结》，内蒙古自治区人民政府办公厅编：《内蒙政报》1950年第2卷第1期，第39—40页。

② 《1949年农牧业生产总结与1950年农牧业生产计划（草案）》，内蒙古自治区人民政府秘书处编：《内蒙政报》1950年第1卷第3期，第34页。

③ 《修正内蒙古西辽河水利局组织暂行规程》，内蒙古自治区人民政府秘书处编：《内蒙政报》1950年第1卷第1期，第52页。

任务，是西辽河历史上首次全面地有组织有计划地修筑。[①]

为了解决西辽河下游水患，1950 年 4 月还启动并完成了台河口分流工程。西拉木伦河、老哈河、教来河都是西辽河重要的支流。西拉木伦河和老哈河都在台河口汇入西辽河，在汛期则加重了西辽河下游的负担。台河口分流工程是拆除台河口流入台布根河的拦河坝，修建流入西辽河的拦河坝，把西拉木伦河导入其故道台布根河，汇入新开河，与西辽河呈半圆形东流，在双辽再汇入西辽河。

苏家堡堵口工程、西辽河防洪堤工程以及台河口分流工程，是内蒙古自治区成立初期哲里木盟整治西辽河的三大防洪工程。[②]

与此同时，西辽河上游的昭乌达盟也于 1950 年兴修堤防 313 公里，比原计划多完成了 246.2 公里。[③]

1951 年中央人民政府水利部制定的 1951 年水利建设的方针与任务中，关于内蒙古自治区的水利建设任务是“内蒙（古）自治区的水利事业，以西辽河水系为重点。一九五一年应在现有基础上重点加强堤防、险工，保证一九四九年最大洪水位大堤不生溃决。为兼顾防洪与灌溉的治本工程，应争取测勘研究上游支流老哈河的石门子水库。此外，松花江水系呼纳盟之雅鲁河、兴安盟之洮儿河等水道之防洪排水淤灌各项工事，可量力择要办理，西辽河西拉木伦河流域内的防沙保土工作，亦可酌量试办”[④]。

黄河流经内蒙古段，经常发生水患，夏季发生水汛，春季和秋季发生凌汛，严重地威胁着沿岸人民的生产和生活。1949 年秋汛时，仅黄河内蒙古段，就有五百余处决口，造成严重的水灾，淹没农田 4600 余顷。针对绥远省的具体情况，1950 年绥远省人民政府水利局制定了水利工作的中心任务：第一，兴修后套四首制第一期黄杨闸永固工程。第二，修建霸王河民阜渠工程。第三，培修黄河左岸防洪堤及乌梁素海防洪堤，在防洪保堤的原则下，计划利用 3 年的时间，将黄河左右

---

① 齐永存（哲盟地委书记）:《西辽河今年筑堤修坝及防汛工作总结初步的意见》，内蒙古自治区人民政府办公厅编：《内蒙政报》1950 年第 2 卷第 5—6 期，第 47 页。

② 刘葆林:《建国前后哲盟兴建的三大防洪工程》,《哲里木史志》（内部刊物）1986 年第 3 期，第 66 页。

③《昭盟 1950 年的农牧业生产总结》，内蒙古自治区人民政府办公厅编:《内蒙政报》1951 年第 3 卷第 1 期，第 105 页。

④《中央人民政府水利部关于水利工作 1950 年的总结和 1951 年的方针与任务》，内蒙古自治区人民政府办公厅编：《内蒙政报》1951 年第 3 卷第 2 期，第 69 页。

岸的全部堤工，配合调整后套工程全部完工。1950 年先选择黄河左岸及乌梁素海重要地段的防洪堤进行加固培修，重点是堵复 1949 年和 1950 年的决口，包头至萨拉齐县右岸的堤工由萨县府领导民众自行堵修决口和培修险段。第四，绥西岁修工程计 189 处，急需完成岁修的有 47 处，重要的有 76 处，可以缓修的有 66 处。[①]与此同时，绥远省人民政府水利局还制定了黄河左岸防洪堤施工细则。[②]

黄杨闸是联合三个大干渠的进水总闸，进水量为每秒 140 立方米，计划修成后灌溉 2.8 万顷地，是全国最大的一个灌溉闸，新闸本身重量 7200 万斤以上，主要功用是控制进水，既要防洪还要防旱。该闸是由中央水利部批准兴修的工程，水利部和黄河水利委员会均派遣专家协助工程建设。1950 年 1 月呈报工程计划，3 月底领到了工程款，5 月 27 日正式开工建设。[③]从立项到开工，速度非常快。

民阜区在丰镇和集宁两县交界地方，引用霸王河水，预估可以浇地两千顷。1948 年即开始测量霸王河水量，1949 年冬水利部专家进行了实际测量，1950 年 1 月绥远省水利局王文景局长亲自带领专家到实地进行调研，因为对水量没有准确地把握，决定由霸王河流量站获得翔实的资料后，再做最后的决定，或 1950 年秋季动工或延至 1951 年动工。[④]

防洪堤工程是 1950 年绥远省一个特别大的水利工程。工程的内容是修建黄河左岸、五加河南岸和乌梁素海西岸总计约 695 华里的河堤，土方约 291 万多方。1950 年 1 月即做出计划，与军区各军师负责人达成初步协议，邀请军区派士兵承担，拟培修黄河防洪堤工程。3 月 20 日，黄河渡口堂结冰坝，但是没有引起周围政府和居民的足够注意，没有进行防范，最后溃坝造成包头萨拉齐县严重的水灾。考虑到黄河防洪堤坝的险况，3 月底水利部批准该项工程，4 月 15 日水利部下拨工程款后，绥远省水利局与军区签订承修合同，5 月 10 日正式开工，截止到 5 月 27 日，除乌梁素海防洪堤外，各段防洪堤全部动工。参加兴修防洪堤的士兵有 3000

① 《绥远省人民政府水利局 1950 年度工作计划纲要（草案）》，绥远省人民政府办公厅编：《绥远行政周报》1950 年第 1 期，第 10 页。

② 《绥远省人民政府水利局黄河左岸防洪堤施工细则》，绥远省人民政府办公厅编：《绥远行政周报》1950 年第 1 期，第 12 页。

③ 《王文景局长关于水利工作的报告》，绥远省人民政府办公厅编：《绥远行政周报》1950 年第 4 期，第 4 页。

④ 《王文景局长关于水利工作的报告》，绥远省人民政府办公厅编：《绥远行政周报》1950 年第 4 期，第 4—5 页。

多人。士兵人数没有达到计划人数，为了不影响工期，绥远省水利局又决定将乌梁素海防洪堤改为培修旧堤，当地县政府组织当地人民自修。黄河伸入宁夏段的防洪堤由绥远省出资，磴口县政府作保，宁夏驻军代修。包头和萨县两段防洪堤，发动当地人民群众自修，以补兵工不足。[①]到8月上旬，黄河左岸防洪堤工程基本竣工，实际完成土方303万立方米，初步建成长约200公里的堤防。[②]

1951年绥远省水利工作计划是继续完成黄杨闸工程，筹建四首制第二闸工程，完成渠道岁修任务，施筑黄河择要护岸工程，继续兴修黄河防洪堤，加强防汛工作，举办民阜渠灌溉工程等。2月份成立了“绥远省人民政府水利局黄河防洪堤工程处”。[③]

1952年绥远省的河道整治工作取得了显著的成绩。5月，历时2年的黄杨闸工程竣工。5月10日举行了竣工典礼，黄杨闸更名为解放闸。黄杨闸是矗立在河套灌区黄河边上的第一座大型钢筋混凝土闸，是连接黄济渠、杨家河、乌拉河三大干渠的渠道工程，可以起到引水灌溉和分洪的作用。到12月底，绥西河套灌区水利岁修工程取得了空前的成绩。168项水利工程自4月中旬开工，完成土方420立方米，超过中华人民共和国成立前任何一年完成的数量，比1950年和1951年两年的总数还多20%。[④]

第四节 1947～1952年内蒙古防治荒漠化的效果

“禁止开荒，保护牧场”方针的制定和落实，收到了良好的效果。例如，1954年，绥西地区划定了农牧场界限，基本上停止了开荒、打柴等破坏牧场行为。[⑤]哲里木盟科尔沁左翼后旗乌兰敖都村一个村就封闭耕地一千多亩。[⑥]从耕地变动情况

① 《王文景局长关于水利工作的报告》，绥远省人民政府办公厅编：《绥远行政周报》1950年第4期，第5页。

② 内蒙古自治区水利局水利史志编纂办公室编《内蒙古水利大事记》（内部资料），1992年，第52页。

③ 内蒙古自治区水利局水利史志编纂办公室编《内蒙古水利大事记》（内部资料），1992年，第53页。

④ 《内蒙古自治区志·水利志》编纂委员会编：《内蒙古自治区志·水利志》，第43—44页。

⑤ 《坚决贯彻保护牧场发展牧业政策，绥西畜牧业生产迅速发展》，《内蒙古日报·绥远日报联合版》（呼和浩特）1954年2月20日，第1版。

⑥ 《科左后旗半农半牧区乌兰敖都村农牧相互支援生产获得很大提高》，《内蒙古日报·绥远日报联合版》1954年2月10日，第1版。

来看，全区耕地 1954 年的年底较年初减少了 3 千公顷。[①]

林业方面“由于采取了普遍护山护林，重点封山封滩，有计划地大力育苗造林，抚育幼树等措施，四年来，林业生产也得到了很大的发展。截至一九五三年的上半年，封山育林一百九十七万四千八百余亩，造林育苗四十一万一千七百余亩，以成活率百分之四十八计，约为十九万七千六百余亩，较解放前的人工林增加了百分之一百三十八，同时在‘谁种归谁’的方针下完成零星植树三千九百五十四万余株，并建立了群众性的护林组织四千零七十个，使滥砍滥伐烧山烧滩的现象大为减少”[②]。1950 年，昭乌达盟封山育林 1 万公顷。1951 年起，全区各盟市普遍开展了这项工作。[③]

护林防火工作效果明显，1952 年春季，内蒙古林区几乎杜绝了山火，比 1951 年春季减少了 89.3%，燃烧林地面积减少了 94.7%。阿尔山林区在 1951 年曾经发生三次山火，损失幼树 23 万棵，经过加强防火教育和组织工作后，1952 年只发生了一次草原火灾。[④]

1950 年春季绥远省造林情况是：归绥市全年计划 12 万株，完成 18.36 万株，超额二分之一以上。凉城县全年计划 34 万株，超额 15 万株。萨拉齐县全年计划 10 万株，完成 11.21 万株，超额 1.21 万株。和林全年计划 7.6 万株，完成 14 万株，超额 6.4 万株。陶林县全年计划 5 万株，完成 2.5 万株。清水河县计划全年 3 万株，完成 2.4828 万株，超出春季计划（1.5 万株）0.9828 万株。归绥县全年预计 30 万株，完成 16.7 万株。兴和县全年计划 2.07 万株，实际造林 53 亩，植树 45.8554 万株，超出全年计划 20 倍。龙胜县实际完成 15.1865 万株。五原县至少栽种了 2.1 万余株。丰镇县完成 1 万余株。集宁县五区王家行政村植树 1 亩，四区毛不浪贾家村植树 1 千多株。武东县栽树 0.8 万株。伊克昭盟东胜县忠恕乡植树 300 株。乌兰察布盟四子王旗植树 0.7 万株。根据 15 个市县旗不完全统计，1950 年春季植树 179.7447 万株，造林 54 亩，已经超过全省春季造林任务的 57.2 万株。包头市、包

① 《内蒙古农牧业经济五十年》编辑委员会编：《内蒙古农牧业经济五十年（1947—1996）》（内部资料），呼和浩特，1997 年，第 26 页。

② 杨植林：《在绥远省第一届第三次各界人民代表会上关于政府四年来的工作报告》，《内蒙古政报》1954 年第 3 期，第 8 页。

③ 《内蒙古林业发展概论》编委会：《内蒙古林业发展概论》，第 110 页。

④ 秋浦：《民族政策的辉煌胜利——十年来的内蒙古自治区》，呼和浩特：内蒙古人民出版社，1957 年，第 90页。

头县和固阳县没有完成植树任务。[①]

从植树造林结果来看，造林工作始于1950年，当年人工造林5.3万公顷。1951年，造林16.6万公顷。1952年，造林44.3万公顷。到1952年年底，三年累积总数为66.2万公顷。[②]每公顷为15市亩，折合为993万亩。这个数字当然是很小的，还不及1990年以来年造林的1/60。这说明在这一时期，荒漠化的治理工作还刚刚起步。

河道整治方面，经过几年的疏浚河道，培修或新修防洪堤等工程，有效地防止或减少了水患对耕地的破坏。例如1947年西辽河发生大洪水，淹没耕地40万垧。[③]经过河道整治后，1949年西辽河发生了几十年未有的大水灾，淹没耕地13.7万垧[④]，耕地受灾数量仅仅是1947年的三分之一。由于1949年冬、1950年春对西辽河进行了全面整修，1950年夏哲里木盟河堤决口，洪水量与1949年相同，耕地被淹数量却减少到了四千余垧，1949年曾经淹没的13万余垧耕地因为得到保护均获得了好的收成。[⑤]经过1949年和1950年大规模的修堤运动，据1957年12月统计，西辽河及其各支流共有堤防1060公里，保护了2000万亩农田和40万人口的安全。[⑥]

① 《绥远省春季造林工作报告》，绥远省人民政府办公厅编：《绥远行政周报》1950年第1期，第13—14页。

② 《内蒙古农牧业经济五十年》编辑委员会编：《内蒙古农牧业经济五十年（1947—1996）》（内部资料），呼和浩特，1997年，第39页。

③ 《内蒙古自治区志·水利志》编纂委员会编：《内蒙古自治区志·水利志》，第36页。

④ 《1949年农牧业生产总结与1950年农牧业生产计划（草案）》，内蒙古自治区人民政府秘书处编：《内蒙政报》1950年第1卷第3期，第34页。

⑤ 齐永存（哲盟地委书记）：《西辽河今年筑堤修坝及防汛工作总结初步的意见》，内蒙古自治区人民政府办公厅编：《内蒙政报》1950年第2卷第5—6期，第47页。

⑥ 《内蒙古自治区志·水利志》编纂委员会编：《内蒙古自治区志·水利志》，第617页。

第二章　1953～1965年内蒙古自治区的荒漠化防治工作

1954年3月6日，根据中央人民政府政务院的命令，撤销绥远省建制，绥远省与内蒙古自治区合并，史称“蒙绥合并”，故1954年3月以后的内蒙古自治区的区划大体上与今内蒙古自治区区划一致。蒙绥组织层面的合并始于1952年5月12日中央批准的《关于内蒙古与绥远工作关系问题的四项解决办法》。该办法规定由乌兰夫兼任绥远省人民政府主席，绥远省归中央人民政府政务院和内蒙古自治区人民政府双重领导，民族事务由内蒙古自治区领导，非民族事务由中央领导。因此早在1952年，绥远省和内蒙古自治区在政策层面已经协调一致了。1954年撤销绥远省后，内蒙古自治区的各项方针政策及其工作则从形式上也归于一致。

第一节　“一五”计划实施时内蒙古的环境状况

从荒漠化的现状看，内蒙古自治区成立之初，局部地区已经存在着荒漠化问题。经过几年的经济建设，随着人口的大量增加，内蒙古自治区荒漠化问题日趋明显。以河套地区为例，到1954年，河套三件宝——红柳、哈木耳、芨芨草，已经采伐将尽；土地碱化，生产不能稳定；牧场荒地不断变质，载畜力日渐降低。

1956年，内蒙古自治区确认全区水土流失严重地区和一般地区约有50个旗县，其中水土流失严重旗县，在黄河流域有乌审旗、达拉特旗、准格尔旗、固阳县、卓资县、清水河县、武东县、和林县、托克托县、土默特旗、郡王旗、东胜县、乌拉特中后联合旗、乌拉特前旗、石拐沟矿区、包头市郊区，辽河流域有巴林左旗、赤峰、库伦旗、克什克腾旗、阿鲁科尔沁旗、翁牛特旗、敖汉旗、乌丹县、奈曼旗，永定河流域有兴和县、丰镇县，内陆河有凉城县。水土流失一般旗县，在黄河流域有武川县、萨拉齐县、集宁县、鄂托克旗、杭锦旗、察哈尔右翼前旗、察哈尔右翼中旗、察哈尔右翼后旗、四子王旗、达茂联合旗、呼和浩特市郊区，辽河流域有林西县、宁城县、喀喇沁旗、巴林右旗、扎鲁特旗、科尔沁左翼后旗、科尔沁左翼中旗、察哈尔盟、呼伦贝尔盟。[①]到 1958 年，确认全区水土流失面积达 24 万平方公里，分布在黄河、辽河、永定河、滦河、嫩江、松花江、额尔古纳河及内陆水系等流域，约占全区面积的 1/6（当时全区面积为 140 余万平方公里）；其中农田水土流失面积在 3000 万亩左右，占当时农田面积（8291 万亩）1/3 还要多。[②]山区每年向黄河输送泥沙约 2 亿吨，向永定河输送泥沙约 9000 万吨，向辽河输送泥沙约 1.68 亿吨。这不仅助长了河水泛滥，给下游人民带来了严重的灾害，也给大河流的治理造成了困难。[③]

经过考察，到 1959 年，中共内蒙古自治区委员会和内蒙古自治区人民委员会确认全区有 42750 万亩沙漠（包括戈壁 8250 万亩），约占全区总土地面积的 20%。这些沙漠主要分布在巴彦淖尔盟和伊克昭盟，其他盟也有零星分布。[④]

内蒙古自治区成立后，陆续对草原状况进行了摸底调查。尤其是 1957 年到 1960 年，完成了 19 个牧业旗 8.4 亿亩草原植被、土壤的调查。通过调查，明确了内蒙古有草原 13 亿亩，占自治区土地总面积 21 亿亩的 62%。可利用草原面积 10.2 亿亩，其中农区 1 亿亩，半农半牧区 2.3 亿亩，牧区 6.9 亿亩。牧区草原有四类：第一类是草甸草原，面积 1.5 亿亩，占牧区草原面积的 21.7%，平均每亩产草量 240 市斤左右，每只羊平均占有草场 23 亩，适宜载畜量为每只羊 5.8 亩。第二类是典

---

① 《内蒙古自治区 1956 年水土保持工作计划任务》，内蒙古自治区人民委员会办公厅编：《内蒙古政报》1956 年第 9 期，第 11—12 页。

② 杨植林：《克服右倾保守思想，鼓足革命干劲，为实现农牧业生产大跃进而奋斗》，内蒙古自治区人民委员会办公厅编：《内蒙古政报》1958 年第 7 期，第 10 页；参阅王再天：《征服自然，保持水土，促进农牧业生产大发展》，内蒙古自治区人民委员会办公厅编：《内蒙古政报》1958 年第 28 期，第 1 页。

③ 王再天：《征服自然，保持水土，促进农牧业生产大发展》，内蒙古自治区人民委员会办公厅编：《内蒙古政报》1958 年第 28 期，第 1 页。

④ 《内蒙古党委、内蒙古人委关于加速改造沙漠的指示》，内蒙古自治区人民委员会办公厅编：《内蒙古政报》1959 年第 4 期，第 6 页。

型草原，面积约 1.4 亿亩，占牧区草原面积的 20.6%，平均每亩产草量 106 市斤左右，目前每只羊平均占有草场 21 亩，适宜载畜量是每只羊 10 亩。由于载畜量不平衡，乌审旗、商都、镶黄旗、正白旗等四个旗县的草场有 15%已经退化。第三类是荒漠草原，面积为 2.5 亿亩，占牧区草原面积的 36%，平均每亩产草量量 66 市斤左右，目前每只羊平均占有草场 27 亩，适宜载畜量为每只羊 17 亩。该类型草场已经有 30%退化。第四类是荒漠，面积约 1.5 亿亩，占牧区草原面积的 21.7%，平均每亩产草量 36 市斤左右，目前每只羊平均占有草场 59 亩，适宜载畜量为每只羊 36 亩。该类草原沙漠和戈壁多。牧区大片缺水草场约 1.8 亿亩，井间小片缺水、季节缺水、干旱缺水草场约 1.6 亿亩，合计缺水草场 3.4 亿亩。已经完全利用的草场只有 3.5 亿亩。“已利用的草原，由于建设工作不相适应和利用的不够合理，尤其是饮水点分布不均，加之部分地区草场负载过大，放牧过度，造成了六、七千万亩左右的草场，近几年来有程度不同的退化。”①

随着水利建设的大发展，灌溉面积的增加，灌溉用水的不合理利用，河套地区土壤次生盐碱化问题也日益突出。

第二节　1953～1965 年党和政府对内蒙古环境问题的认识

1956 年 3 月 1 日至 11 日，共青团中央在延安召开了山西、陕西、内蒙古、甘肃、河南五省区青年造林大会，与会代表 1204 人。

共青团内蒙古自治区委员会副书记范俊德在大会上做了《青年团内蒙古自治区委员会关于全区青年植树造林的规划报告》。在报告中，他表达了对内蒙古的生态环境状况的基本认识：内蒙古自治区是一个土地辽阔的地区，总面积共 110 多万平方公里，宜林地 3.75 亿亩，现有森林面积约 2 千万亩左右，全区森林覆被率平均为 12.35%。从这个数看我区森林还不能说是太少的，但这些森林分布得极不

---

① 《关于内蒙古自治区草原工作情况的汇报》，内蒙古党委政策研究室、内蒙古自治区农业委员会编印：《内蒙古畜牧业文献资料选编》第四卷草原（内部资料），呼和浩特，1987 年，第 152—154 页。

均匀，90%以上集中在呼伦贝尔盟大兴安岭一带，而在黄河流域的伊克昭盟、乌兰察布盟、平地泉、河套行政区的森林覆被率却仅有 0.37%，其中河套行政区只有0.01%。由于森林分布不均，大部分地区森林稀少，风、沙、水、旱、水土流失相当严重，如 1949 冬哲里木盟境内辽河泛滥，淹没良田 49.3 万亩，冲毁了很多民房。伊克昭盟境内的沙丘每年最少要向外扩展 2 丈多。桌子县的表土每年被冲到黄河的支流——大黑河的数量达 265 万立方米。察哈尔右翼后旗锡勒区（灰腾梁）有的时候刮大风就把牲口刮跑了，使牧业生产直接遭受到危害。[①]

1953 年 7 月 20 日，中共蒙绥分局农村牧区工作部在《关于半农半牧区农牧纠纷的专题报告》中指出，哲里木盟库伦旗以牧业为主的第五、六、七努图克，“解放以来，因开荒的结果，已使大片牧场变为沙荒”[②]。

1954 年 3 月，中共内蒙古分局在《关于正确执行党在半农半牧区的政策与解决农牧纠纷的指示》中，对半农半牧区禁止开荒的原因再一次做出解释：“蒙绥地区的半农半牧区绝大部分都是土质瘠薄、气候不好、交通不便的地区，不但常常因灾害歉收，且丰收粮食亦难外运，在现在生产条件下，许多都不适于农业生产，开荒的结果，既缩小与破坏了牧场，又易酿成风、沙、水、旱灾害，对农、牧业生产都不利。”[③]

1958 年，内蒙古自治区人民委员会副主席杨植林在全区农牧林水利劳动模范代表会议上指出：“水利和水土保持是农、牧、林业生产的生命线，是发展生产最基本的建设。”[④]内蒙古自治区人民委员会主席乌兰夫在中共内蒙古第一届党代会第二次会议上指出：“水土保持工作是山区的命脉，所以必须加强这一工作的领导和规划。凡水土冲刷、肥土流失的地区，都应注意水土保持工作。把水土保持工作和植树造林紧密结合起来，以便达到保持地力和肥效、增加产量的目的。”[⑤]1958

---

① 中国青年出版社编：《把绿化祖国的任务担当起来》，北京：中国青年出版社，1956 年，第 90—91 页。

② 内蒙古党委政策研究室、内蒙古自治区农业委员会编印：《内蒙古畜牧业文献资料选编》第四卷草原（内部资料），1987 年，第 131 页。

③ 内蒙古党委政策研究室、内蒙古自治区农业委员会编印：《内蒙古畜牧业文献资料选编》第二卷综合（上册）（内部资料），呼和浩特，1987 年，第 144 页。

④ 杨植林：《克服右倾保守思想，鼓足革命干劲，为实现农牧业生产大跃进而奋斗》，内蒙古自治区人民委员会办公厅编：《内蒙古政报》1958 年第 7 期，第 6 页。

⑤ 乌兰夫：《争取整风全胜，克服右倾保守思想，掀起生产建设高潮》，内蒙古自治区人民委员会办公厅编：《内蒙古政报》1958 年第 10 期，第 17 页。

年3月19日，内蒙古自治区人民委员会发出《关于迅速掀起水土保持运动的紧急指示》，解释了水土保持与山区发展的关系，认为“作好水土保持是发展山区生产的生命线，不作好水土保持，山区一点希望也没有”[①]。

关于沙漠问题，1958年，乌兰夫在《思想大解放、民族大团结、生产大跃进》一文中阐述了自己的认识：内蒙古的沙漠大部分在伊克昭盟和巴彦淖尔盟牧区，一部分在农业区。沙漠给生产带来很大困难，流动沙漠破坏了农田和牧场，阻断了交通，造成了极大的灾害。内蒙古西部沙漠半沙漠地区已经连续两年旱灾，牲畜损失很大。1958年的春雨，下遍了农业区，沙漠和半沙漠却没有下或下得很少。至今那些牧区，牧草生长不起来，面临着第三个旱灾年的威胁。改造沙漠，只要几年就可以收到巨大利益。据巴彦淖尔盟估算，种植沙枣固沙，三四年即可成林，一亩沙枣林可以养两只羊，“照此计算，改造一万平方公里的沙漠，就可增加上千万头牲畜的牧场，利益是很大的”。乌兰夫认为沙漠是可以治理的，在改造沙漠方面，内蒙古已经有了初步的经验，昭乌达盟、伊克昭盟、巴彦淖尔盟、哲里木盟的群众与沙漠已经做了多年的斗争，取得了一定的成绩。[②]对于沙漠形成的原因和危害，1959年，中共内蒙古自治区委员会和内蒙古自治区人民委员会阐述了自己的认识，认为除自然原因外，过度放牧、不合理的开垦、人为破坏草木植被也是重要的原因，认为“流沙随风泛滥，埋没村庄，毁坏农田、牧场，阻断交通，影响工矿建设，给人民生产生活带来了严重的危害”[③]。

对于植被，中共内蒙古自治区委员会以及内蒙古自治区人民委员会与中共中央、国务院具有高度一致的认识。1958年4月7日，中共中央和国务院联合发出《关于在全国大规模造林的指示》，指出“迅速地大规模地发展造林事业，对于促进我国自然面貌和经济面貌的改变，具有重大的意义”。我国现有森林资源不足，木材蓄积量只有60亿立方公尺，覆盖率稍微多于10%，森林不足和分布不均匀限

---

① 《内蒙古自治区人民委员会关于迅速掀起水土保持运动的紧急指示》，内蒙古自治区人民委员会办公厅编：《内蒙古政报》1958年第12期，第2页。

② 乌兰夫：《思想大解放，民族大团结，生产大跃进》，内蒙古自治区人民委员会办公厅编：《内蒙古政报》1958年第21期，第3页。

③ 《内蒙古党委、内蒙古人委关于加速改造沙漠的指示》，内蒙古自治区人民委员会办公厅编：《内蒙古政报》1959年第4期，第6页。

制了木材纤维工业、林业化学工业和各种林业特产、林区副业生产的发展，而且很多地区由于光山秃岭大量存在，水土流失和水旱灾害严重，农业生产的发展受到很大影响。①7月21日，中共内蒙古自治区委员会和内蒙古自治区人民委员会联合发出《关于大力进行采集树种草籽和开展雨季、秋季造林种草的指示》，指出："由于我区有广大土地缺少林木和其他植物覆被，造成了气候干旱、风沙泛滥、水土流失，因而为农牧业生产的发展带来极为不利的影响。这种状况不加改变，便不能保证农牧业稳定的增产。改变这种状况最根本的措施是绿化一切可能绿化的荒山荒地和沙漠。即根据各地自然条件和种子来源，能造林者尽量造林，不能造林的地方也要争取种起草来，以便迅速起到水土保持和防风固沙的作用。为此，要求各级领导，应当把绿化作为争取农牧业增产的一项根本措施，列入领导议程，进行通盘规划、全面安排，作到领导挂帅，全党动手、全民动员，象搞水利的干劲进一步掀起绿化高潮。"②

1958年7月，内蒙古召开了全区水土保持会议。内蒙古自治区人民委员会副主席王再天发表讲话，强调了水土保持工作的意义。他指出，在自治区140余万平方公里的土地上，山区面积约占55%，在800多万农村人口中，山区人口占40%，同时许多山区是革命的根据地和区内少数民族聚居区，做好水土保持工作，积极发展山区的农林牧业生产，对加强民族团结，对全区社会主义改造都有重要的政治意义和经济意义。"在农牧业社会主义改造取得胜利之后，自然条件的改造和技术改造就成为农牧业生产的主要任务，而水土保持工作正是改造自然，消除水、旱灾害的根本办法，是保证农牧业生产发展的一项根本措施。"③

总的来说，在这个时期，从中央到地方，对环境问题的认识都有了显著的提高。认识到生态环境是影响农牧业生产发展和人民群众正常生活的一个重要因素，人类不合理的活动会破坏生态环境，种树种草等活动则能够治理恶化了的环境。

---

① 《中共中央、国务院关于在全国大规模造林的指示》，内蒙古自治区人民委员会办公厅编：《内蒙古政报》1958年第15期，第1页。

② 《中共内蒙古自治区委员会、内蒙古自治区人民委员会关于大力进行采集树种草籽和开展雨季、秋季造林种草的指示》，《内蒙古政报》1958年第27期，第16页。

③ 王再天：《征服自然，保持水土，促进农牧业生产大发展》，内蒙古自治区人民委员会办公厅编：《内蒙古政报》1958年第28期，第1页。

第三节　1953～1965年内蒙古防治荒漠化的政策与措施

到1952年，全国范围的经济恢复工作已经胜利完成，工农业生产得到恢复并超过历史上最高水平。1953年开始的国民经济第一个五年计划进展顺利，到1956年，各项指标已经基本完成。与此同时，“三反”、“五反”运动和“抗美援朝”均取得重大胜利，人民民主政权更加巩固。在一系列的胜利面前，“左”倾冒进思想抬头，忽视经济工作中的长期性和艰巨性，忽视客观规律的决定作用，强调人的主观能动性、强调“人定胜天”、强调“事在人为”的主观主义开始滋长，并在生产、生活中占据了主导地位。这是荒漠化防治工作从预防为主转向治理为主的思想上的原因。

1953年开始的农业社会主义改造，到1955年进入高潮，全国有63%的农户加入了合作社；到1956年冬，农业社会主义改造已经基本完成，全国96%的农户加入了农业生产合作社。农业合作化的开始和实现，为大规模的荒漠化治理提供了条件。首先，提供了劳动力。农业合作化，使农业生产实现了一定的规模经营，节约了大量的劳动力。其次，为组织和管理群众提供了条件。合作化之前，农民是一家一户的个体生产，无力进行大规模的山河治理工作。合作化之后，农民被组织起来，政府可以统一调度资源，根据生产建设需要，有计划地配置资源。这为大规模治理荒漠化提供了物质条件。

在这样的背景下，1953年至1965年内蒙古自治区的荒漠化防治工作与此前的荒漠化防治工作相比较，有了明显的变化，那就是开展了声势浩大的植树造林运动、水土保持运动，提出了“向沙漠进军”的口号，积极地开展了草原建设工作，诞生了牧区学大寨的典型——乌审召。

一、植树造林运动

1953年1月20日至30日，在乌兰浩特市召开了内蒙古自治区林业会议。这次会议是内蒙古林业史上的一次重要会议，也可以看作是内蒙古自治区防治荒漠化的一次重要会议。会议决定从1953年开始，用十年的时间，在内蒙古东部的兴安盟、哲里木盟、昭乌达盟三个盟的14个旗县，营造一条宽40公里至325公里、长450公里的防护林带，目的是使这14个旗县的荒山、沙丘变成丰美肥沃的农田、牧场和葱郁的林区，使耕地免除水、旱、风沙的灾害。会议还就护林、封山育林、抚育更新、造林、林权划分等做了具体规定。在护林方面，会议提出要普遍深入地发动组织和教育群众，切实贯彻普遍护林的方针，加强对各旗、县护林防火的领导，严格禁止滥砍盗伐以及刨疙瘩破坏林木等现象。在封山育林方面，会议提出除国有林区外，在山权不动"谁封山谁受益"的方针下，有计划有重点地进行封禁，在一些沙丘地带也要进行封禁，以固定沙丘。在造林方面，提出"必须大力发动组织贯彻合作造林"。关于抚育更新，要求做到采伐与抚育相结合。[①]

针对封山育林工作中存在的"明封暗不封"等问题，1953年3月17日，内蒙古自治区人民政府发布《关于加强封山育林工作的指示》，清楚地解释了封山育林是"逐步地根绝自然灾害、绿化荒山、扩大国家森林资源的最简便最有效的办法"。就封山育林做了具体、细致的规定：一、封山育林应首先选择水源上游，水土冲刷严重地区与村屯附近林木稀少的荒山，散生林地以及固沙保土有利的沙坨进行封禁。二、山荒、沙荒以养草为主，散生林地以抚育为主，疏生林以护林为主。对于没有母树、无法育林的荒山，要进行人工造林。三、以嘎查、村或自然屯为划分封山的范围及护林防火的界限。四、已经封闭的山区，应设立封山育林的标牌以示群众，严禁放牧、狩猎、开荒烧荒、樵采、刨树根、挖土、掘石等，为了照顾群众副业，在一定季节内，经过旗县政府批准，可以根据具体情况有组织有领导地进入封山地区采集。封闭后的荒山要根据情况修理。五、各地要加强组织和领导工作，纠正"明封暗不封"的错误做法，认真贯彻山权不动、在公归公、在私归私、"谁封山谁受益"的原则。[②]1954年，进一步通知各地，在明确林权的基础上，巩固和整顿原有封山育林的范围和面积，坚持群众自愿的原则，积极稳

① 《内蒙古人民政府召开全区林业会议决定今年林业建设方针》，《内蒙古日报》（归绥，今呼和浩特）1953年2月11日，第1版。

② 《内蒙古自治区人民政府关于加强封山育林工作的指示》，内蒙古自治区人民政府办公厅编：《内蒙政报》1953年第2期，第46—47页。

步地开展封山育林工作。[①]

为配合国家第一个五年计划，绥远省也制定了宏伟的封山育林和植树造林计划。第一，与危害千年的黄河做斗争。计划从1953年开始，5年的时间内，在西起磴口，东至托县河口镇、长千余里的黄河两岸，营造四条防护林带。第二，计划在大青山、乌拉山、蛮汉山、狼山等山上，除抚育、保护现有林木外，试行荒山播种，争取五年绿化，消灭自然灾害。第三，伊克昭、乌兰察布两盟及其他各地，建苗圃育苗，为大规模的造林做准备。第四，省内一般河流，依其任务大小，分别营造防护林带。第五，配合工业区及城市建设营造防护林、公共卫生保健林、风景林等。第六，准备发展牧区牧场的防护林、养畜林和山区的经济林。[②]

在实施"封山育林"和"植树造林"政策的过程中，特别值得重视的是推出了几项富有成效的措施。一是划分林权，二是"谁造谁有"政策，三是"谁封山谁受益"政策。

在土地改革过程中，国有林区的林权已大致确定，依法没收的小片林木的林权一般没有确定或确定失当，新造的合作林林权归属也不够明确，由此出现了群众之间、民族之间、林牧之间、地区之间的各种林权纠纷问题，出现了滥砍盗伐、明争暗夺的破坏森林的行为。这些现象使原有林木和新造林木遭到损害，还影响到群众的护林、造林、育林工作的积极性和群众之间的团结。为此，1954年2月8日，内蒙古自治区人民政府、绥远省人民政府联合发布了《关于处理私有林与合作林林权问题的指示》，按照有利于国营的划归国营，有利于集体经营的划归集体经营，有利于私人经营的划归私人经营的原则，提出了合情合理划分林权的八项办法：

第一，根据蒙绥地区完成土改先后的不同情况及山林经营的社会性、长期性和不适宜于个体农民分散经营的特点，关于林权的国有、公有、私有的划分，其总的原则是：凡面积较大或是面积虽小但林木较多，有利于国家经营的，应划归国有；面积不大或面积较大但林木不多，不适于国家经营的，可划归嘎查（行政村、乡）、爱里（自然村、屯）公有，由人民群众集体经营管理；面积很小，树木不多，或村、屯地头的零星树木，经群众讨论同意，可分配给户或个体农民所有。

① 《内蒙古林业发展概论》编委会：《内蒙古林业发展概论》，第111页。

② 程尚贤（绥远省农林厅林业局局长）：《发展中的绥远林业生产》，《绥远日报》（归绥，今呼和浩特）1952年9月29日，第3版。

第二，在土地改革中或土地改革后，私人依法取得的森林所有权，原则上不予变更；如划分失当，界限不清，群众不满并提出确实证据者，应重新划分。在土地改革中，私人依法分得土地上附有之林木或在土地改革后经私人抚育营造、价购之森林均归私人所有；凡私人依法承领之荒山、荒地抚育营造之林木亦划为私人所有，但地权仍属国家所有。原地主、富农在留给他或分给他的土地上附有的林木，及土改后经其抚育的林木或在公地上营造的林木均归其所有；其应得土地以外的成片林（无论灌木、乔木、散生林）土改时未确定者，以面积大小分别划归国有或公有，由当地旗、县、市政府根据具体情况确定；土改时期已经确定者，原则上不动。

第三，群众合作经营的林木，根据“谁造林谁有股、谁分红”的原则执行；属农业生产合作社或互助组内所营造的林木，按其社、组内分益办法执行。

第四，喇嘛召庙、清真寺在分得土地上附有的林木或经喇嘛、阿訇抚育营造的林木均归其召寺所有。

第五，原有教堂及庙有林除已依法征收和具有保安价值者划归国有或公有外，其小片零星林木，未确定林权者可划归原来依靠教堂，以及依庙生活的僧、道、工、伕等所有。

第六，凡以林木典、租与借贷，其手续未清者，如典租期限未到或无力偿还，均由双方协商解决，取得双方同意后确定其林权。

第七，“谁种谁有”的政策，主要是指中华人民共和国成立后新造和今后造林而言，在处理旧有山林权纠纷中不能引用这一原则。

第八，各级人民政府对林权问题应根据以上各项指示认真而慎重地进行处理，不得草率从事，以免引起群众纠纷和山林破坏。对已划分而有纠纷者，当地政府应根据原有习惯，照顾现实以及发展情况，本着团结互助精神，采取协商办法解决。林权确定后，私有林或合作林所有者有自由采伐、使用、出卖的权利，但亦应教育群众，防止滥伐林木及不加保育的现象出现。①

这几项措施符合经济学的“责、权、利一致原理”，对当时的封山育林和植树

---

①《内蒙古自治区人民政府、绥远省人民政府关于处理私有林与合作林林权问题的指示》，《内蒙古日报·绥远日报联合版》1954 年 2 月 17 日，第 1 版。

造林均发挥了良性效应。

荒漠化防治政策转变的第一个标志是在林业政策上，从“重点造林”转向“大力造林”。

1951 年 8 月的内蒙古第一次林政会议，根据全国林业会议的精神，确定的内蒙古林业政策是“普遍护林”“有重点地造林”。1953 年 1 月，在“一五计划”即将开始时，内蒙古召开林业会议，提出了大力造林的方针。1954 年 8 月，召开蒙绥合并后第一次林业会议。会议总结了 1949 年以来的林业工作，认为在这四年的时间里，林业工作的成绩是：“主要做了护林防火，保证了大面积国家森林的安全；发展了森林工业，供给了国家建设所需要的木材；进行了林业调查，对有计划的森林经营提供了初步的必要资料；开始了采伐迹地的抚育更新与营造东部防护林带；开展了植树造林与封山育林工作。”缺点是：1954 年才开始对国有林合理经营管理规划，抚育更新工作开展的较晚，对大力开展群众性造林做得不够，造林成活率低，封山育林在许多地方流于形式。会议批评了忽视造林思想，提出了内蒙古自治区林业工作今后的方向：（1）对森林实施合理的经营管理：第一，确定林权，认为这是明确经营管理的责任，便于发动广大群众开展造林、育林、护林积极性的必要措施。第二，对现有森林必须加强经营管理，求得合理利用和发展。第三，森林保护工作仍是今后森林经营管理的首要任务，主要是防火和防止人为破坏。第四，促进迹地更新，加强封山育林。第五，在调查的基础上制定出森林经营和采伐方案，森林工业部门根据方案合理采伐。第六，加强调查设计工作。（2）以营造防护林为重点大力造林。各地须将造林列为农村生产任务之一。计划在 15 年的时间内，以营造东部防护林和黄河沿岸防护林为重点，结合农、牧业发展的需要与群众条件可能，营造小型农田防护林、固沙林、水源林、护堤岸林、成片的用材林，并重视积少成多，提倡零星植树，在条件成熟地区试造牧野林。（3）加强林业科学技术的研究工作。（4）实行木材管理与做好木材供应工作。[①]内蒙古自治区人民政府在当年 12 月 23 日批准并发布了这个文件。1955 年 5 月，内蒙古自治区林业厅根据这个文件，拟订了《内蒙古自治区林业区划》，这是内蒙古

① 宋振鼎：《内蒙古自治区林业工作今后的方向》，内蒙古自治区人民政府办公厅编：《内蒙古政报》1955 年第 1 期，第 20—24 页。

自治区历史上第一个林业区划。根据内蒙古自治区的自然、经济条件和地理情况，本着照顾现实，发展将来的精神，把内蒙古自治区林业区划分为五类，分别是大兴安岭用材林区、水源林区，东部农牧防护林用材林区，昭乌达盟水源林用材林区，黄河保安林用材林区，西北农牧防护林水源林区。确定了各类林区的范围，概括了各类林区的特点，规定了各类林区的任务。[①]

1955年春，全区造林6689公顷，育苗304公顷，只完成全年任务的26%。其中东部防护林仅仅完成17.8%，与原定计划相差深远。究其原因，内蒙古自治区人民委员会认为有春旱的因素，更有当地领导对造林的重要性认识与重视程度不够的因素。[②]到年底，完成造林2.1万公顷，育苗800余公顷，更新抚育1.3万余公顷；哲里木盟营造的防护林带已经初步起到防护作用，昭乌达盟、呼纳盟封山育林的部分地区也长起了幼树。[③]

1956年以后，“大力造林”政策得到有力的推进。3月，陕西、甘肃、山西、河南、内蒙古五省区在延安召开了青年造林大会。1956年3月，内蒙古自治区林业厅还完成了内蒙古自治区十二年绿化初步规划，计划从1956年开始，在12年内，造林428.4828万公顷，封山育林448.88万公顷。绿化任务完成后，全区植被覆盖率将从现有的12%达到18%弱。在城市绿化方面，要求通辽在1956年内完成绿化，乌兰浩特、海拉尔、满洲里在三年内完成，包头在四年内完成，其他城市在1960年前完成。[④]为此，内蒙古自治区计划在1956年完成造林6.57万公顷，比1955年增长77.8%，育苗2420公顷，采种1427.5万公斤，更新抚育1.1748万公顷。[⑤]

与此同时，在多数旗县相继建立了林业工作站，重点林区乡设立林业工作委

① 《内蒙古自治区林业区划》，内蒙古自治区人民委员会办公厅编：《内蒙古政报》1955年第9期，第23—24页。

② 《内蒙古自治区人民委员会关于秋季造林工作的指示》，内蒙古自治区人民委员会办公厅编：《内蒙古政报》1955年第18期，第10页。

③ 《内蒙古自治区一九五五年几项主要工作情况和一九五六年工作任务的报告》，内蒙古自治区人民委员会办公厅编：《内蒙古政报》1956年第7期，第14页。

④ 《内蒙古林业厅〈关于内蒙古自治区十二年绿化座谈会议总结〉》，内蒙古自治区人民委员会办公厅编：《内蒙古政报》1956年第6期，第11页。

⑤ 《内蒙古自治区一九五五年几项主要工作情况和一九五六年工作任务的报告》，内蒙古自治区人民委员会办公厅编：《内蒙古政报》1956年第7期，第30页。

员会。据 1956 年统计，当时，全区旗县林业站有 271 处，林业技术人员有 901 人，在全区基本上形成了一个组织指导群众造林的技术推广网络。[①]林业工作站是最基层的林业工作单位，业务受旗县市林业科领导，行政上受努图克（区）公所领导，每站 3～5 人，负责所辖区域森林的经营、保护、造林、育苗、采种、宣传等工作。[②]

1956 年春，在加入合作社运动过程中，一些合作社把林木当作生产资料作价归合作社，引起一些农民的恐慌，出现了严重的、普遍的滥伐林木现象。土默特旗耳林带村 1 月份 5 天就砍伐 1 万多株，和林县大甲赖乡一个晚上砍伐了 5000 多株。为了制止并扭转这种现象，3 月 15 日，内蒙古自治区人民委员会发出《关于防止农民滥伐林木和妥善处理私有林入社问题的指示》，规定：第一，凡群众院内、宅旁、坟地、家庙的零星树木，无论成材和幼树均归社员所有；第二，地头地埂的零星树木在不妨碍耕作条件下允许社员私有，如果影响集体耕作可以合理作价归社公有；第三，农民所有的成片林和新造幼林，在自愿的原则下，可给以合理的代价归社公有，或者由合作社统一经营，林权归农民私有；第四，社员的零星果树归社员私有，果园和面积较大的果树林，按照第二条处理；第五，富农入社时，其零星树木处理与一般农民相同，成片林木可以采取作价定息的办法归社公有；第六，无论林木私有或公有均不得任意砍伐破坏；第七，故意滥伐林木依法惩处。[③]

在禁止乱砍滥伐的同时，内蒙古自治区通过农业税减免措施，鼓励植树造林等有利于绿化的工作。1956 年的农业税征收办法规定：农林科研机构的实验用地收入，田边、地埂、路旁、沟沿植树造林收入，国营林场、公营林木、苗圃及农业合作社育苗地的收入，防护林行间矮棵农作物收入，种植苜蓿草收入，国营牧场制种饲草饲料收入等，免收农业税。[④]

经过努力，到 1956 年 6 月底，造林 6.259 万公顷，完成了全年任务的 91.5%。[⑤]其中春季造林运动比较成功，据林业厅总结，春季造林 5.8447 万公顷，完成全年

---

① 《内蒙古林业发展概论》编委会：《内蒙古林业发展概论》，第 61 页。

② 《内蒙古自治区林业厅为发“关于林业工作站的几项规定”的通知》，《内蒙古政报》1956 年第 7 期，第 65 页。

③ 《关于防止农民滥伐林木和妥善处理私有林入社问题的指示》，内蒙古自治区人民委员会办公厅编：《内蒙古政报》1956 年第 6 期，第 9—10 页。

④ 《内蒙古自治区农业税征收办法》，内蒙古自治区人民委员会办公厅编：《内蒙古政报》1956 年第 11 期，第 7 页。

⑤ 《内蒙古自治区 1956 年上半年国民经济计划的执行情况以及今后意见的报告》，内蒙古自治区人民委员会办公厅编：《内蒙古政报》1956 年第 18 期，第 15 页。

计划的84%，等于1955年同期的8倍；育苗1416公顷，为全年计划的55%；全区投入造林的干部和群众达到了 200 万人，造林质量较往年有了提高。对于存在的问题，林业厅也进行了认真的总结，一是有些地区领导重视不够，导致粗制滥造，或后期抚育管理跟不上，导致幼苗枯死；二是种苗工作落后于造林工作；三是有些合作社对于造林不计工分，影响了造林积极性。①

几年的植树造林工作，存在不少问题。一些问题已经通过各种渠道反映到内蒙古自治区政府。针对林业生产中的问题，1957年7月2日，内蒙古自治区人民委员会发出通知，要求：第一，开展幼林普查。原因是几年来造了数十万公顷的幼林，据对部分地区的调查了解，存在着面积、株数不实，成活率不高的质量问题，要求9月份之前完成清查工作。第二，加强幼林抚育。第三，加强幼林保护。由于不注意保护工作，导致有的地区“年年在同一块地上造林，到现在仍不见成林”。第四，加强雨季造林。雨季造林成活率高，对于春季造林没有完成任务的地区，务必要抓紧雨季造林工作。②

1957年春季造林工作不够理想，一些地区没有完成指标，导致全区仅仅完成全年造林任务的36%，育苗完成33%，而且质量不高。③8月7日，内蒙古自治区林业厅发出通知，要求各地林业部门认真总结上半年的经验教训，做好秋季造林的组织工作，完成和超额完成全年的任务。④8月28日，内蒙古自治区人民委员会也发出通知，要求各地认真准备秋季造林，完成1957年的造林任务。

为了鼓励利用荒山和荒地，1957年的农业税减免条例增加了荒山的果园自有收益年起免征4年，荒地的果园自有收益年起免征2年农业税的条款。⑤

一方面每年春秋两季的植树造林运动开展得轰轰烈烈，另一方面幼林保护不

① 《林业厅关于春季造林主要情况存在问题及今后意见的报告》，内蒙古自治区人民委员会办公厅编：《内蒙古政报》1956年第19期，第12—14页。

② 《关于做好当前林业生产的几项主要工作的通知》，内蒙古自治区人民委员会办公厅编：《内蒙古政报》1957年第20期，第22—23页。

③ 《关于做好秋季造林准备工作力争完成全年造林任务的通知》，内蒙古自治区人民委员会办公厅编：《内蒙古政报》1957年第30期，第3页。

④ 《内蒙古自治区林业厅关于更好的完成今年林业计划提出几点意见的通知》，内蒙古自治区人民委员会办公厅编：《内蒙古政报》1957年第28期，第19页。

⑤ 《内蒙古自治区农业税征收办法》，内蒙古自治区人民委员会办公厅编：《内蒙古政报》1957年第31期，第14页。

好，成活率低的现象普遍存在。例如哲里木盟开鲁县北兴乡增产、增生二合作社车压毁坏防护林 8 里、幼林 2.6 万余株；昭乌达盟的阿鲁科尔沁旗、乌兰察布盟的武川和清水河县，“一五”期间共造林 3095 公顷，死亡面积 1252 公顷。针对植树造林运动中的这些严重问题，1957 年 12 月 5 日，内蒙古自治区人民委员会发出依靠和发动群众保护幼林的指示。①

1958 年是“二五计划”的第一年，内蒙古自治区的造林目标是 150 万亩。②杨植林副主席在全区农牧业林业水利劳动模范代表会上做报告，关于林业，提出“绿化一切可能绿化的荒山荒地。到 1967 年造林要求达到 3000 万亩，经营管理好现有森林，合理采伐利用，依靠群众争取做到无森林火灾。要在一切宅旁、村旁、路旁、水旁完成绿化，在农业区基本实现绿化，半农半牧区达到重点绿化，牧区达到点线绿化。分别实现造林‘千亩社’‘五千亩社’‘万亩社’‘十株户’‘百株户’‘五百株户’‘千株户’的具体要求”。③为了指导社队的林业生产，3 月 10 日，内蒙古自治区人民委员会发布了《关于培养配备林业员并发挥其作用的规定》，要求有林业生产任务的合作社，根据任务情况，在脱离生产的情况下，配备必要的林业员，专职专责长期固定，接受必要的培训，参加并指导合作社的林业生产。④

1958 年 6 月 7 日至 16 日，在呼和浩特市召开了内蒙古自治区第二届人民代表大会第一次会议，内蒙古自治区主席乌兰夫在报告中就五年规划环境建设方面的规划指出：“造林方面，除人烟稀少的地方和牧区外，五年实现绿化，三年实现‘四旁’绿化。结合农牧林业生产，改造沙漠，封沙育草，营造防沙林带，散播防沙植物，七年内基本上固定流沙。”⑤这次会议通过了两个重要文件，分别是《内蒙古自治区社会主义建设五年规划纲要六十条（草案）》和《内蒙古自治区 1956 年

---

①《关于依靠和发动群众积极做好幼林保护工作的指示》，内蒙古自治区人民委员会办公厅编：《内蒙古政报》1957 年第 44 期，第 9 页。

②《内蒙古党委第一书记、内蒙古自治区主席乌兰夫同志在全区农牧林业水利劳模代表会议上的重要指示》，内蒙古自治区人民委员会办公厅编：《内蒙古政报》1958 年第 7 期，第 1 页。

③ 杨植林：《克服右倾保守思想，鼓足革命干劲，为实现农牧业生产大跃进而奋斗》，内蒙古自治区人民委员会办公厅编：《内蒙古政报》1958 年第 7 期，第 6 页。

④ 内蒙古自治区人民委员会：《关于培养配备林业员并发挥其作用的规定》，内蒙古自治区人民委员会办公厅编：《内蒙古政报》1958 年第 12 期，第 4 页。

⑤ 乌兰夫：《坚决执行社会主义建议总路线，为加速建设社会主义的内蒙古自治区而奋斗》，内蒙古自治区人民委员会办公厅编：《内蒙古政报》1958 年第 24 期，第 4 页。

到 1967 年农牧业发展规划（第二次修正草案）》。

《内蒙古自治区社会主义建设五年规划纲要六十条（草案）》中有关植树造林方面的规划是："大力开展群众性造林运动，扩大国营造林，迅速绿化一切可能绿化的荒山、荒地。三年绿化宅旁、村旁、路旁、水旁（除人烟稀少地区）。采取一切有效措施防止森林火灾，消灭病虫害，保护好现有森林。五年内共造林三百二十三万公顷，封山育林四百万公顷。根据森林采伐和更新相结合伐一栽十的方针，以人工更新为主，大力进行迹地更新三十万公顷。结合改造沙漠，在人烟稀少的边远地区建立国营林场，建立防沙、防风林带，做好防风固沙。"①

《内蒙古自治区 1956 年到 1967 年农牧业发展规划（第二次修正草案）》中有关植树造林方面的规划是：

从 1956 年起十二年内，在自然条件许可和人力可能经营的宜林荒地、荒山、沙荒都要有计划的按规格种起树来。宅旁、村旁五年实现绿化，路旁、水旁十年达到绿化；在农业区要做到基本绿化，半农半牧区重点绿化，牧业区点线绿化。

在十二年内造林绿化八百万公顷，要求农业合作社（以户数计算）平均每户每年至少造林一点五亩到二亩，并根据具体条件营造用材林、薪炭林、果树林、经济林和护田林、护岸林、护渠林、固沙林、水土保持林等。为此，必须依靠合作社造林，实行'社种社有'的政策，并鼓励在自己宅旁种植，实行自种自有。

积极经营管理好现有森林。1957 年前将大兴安岭和其他面积较大的国有森林，全部经营管理起来。贯彻合理采伐、合理利用，制止滥伐，提高森林和木材的利用率，采伐后积极采取促进更新，人工更新的方针，做到及时更新。并有计划的将旧采伐迹地逐渐恢复成林。积极防治森林病虫害。②

1958 年 7 月 21 日，中共内蒙古自治区委员会和内蒙古自治区人民委员会联合发出《关于大力进行采集树种草籽和开展雨季、秋季造林种草的指示》，要求掀起绿化高潮，一般地区苦战五年基本实现绿化，根本改变自然面貌。规定了几项具体绿化措施：第一，为了加快绿化速度，一般地区均应做到三季造林，经过试验

① 《内蒙古自治区社会主义建设五年规划纲要六十条（草案）》，内蒙古自治区人民委员会办公厅编：《内蒙古政报》1958 年第 24 期，第 16 页。

② 《内蒙古自治区 1956 年到 1967 年农牧业发展规划（第二次修正草案）》，内蒙古自治区人民委员会办公厅编：《内蒙古政报》1958 年第 24 期，第 37 页。

成功的地区可以开展冬季造林；凡适宜种草的季节进行种草；凡有种苗的地区抓紧时机大力进行雨季造林和种草，并做好幼林抚育工作。雨季造林种草结束后，应立即做好秋季造林的准备工作，以便按时转入秋季绿化运动。第二，在农区首先营造农田防护林和四旁植树；牧区首先营造饲料基地防护林；山区结合水土保持营造水土保持林、经济林、用材林和薪炭林，有条件的地区应大量种植果木林、柞木林和发展养蚕事业，以增加群众收入。有条件的沙漠地区要集中力量营造护沙林，即使没有条件营造护沙林也要种草。整个绿化应依靠群众，依靠合作社，在群众力所不及的地区，可以进行国营造林或者种草。第三，充分发动群众，开展'人人采种，社社育苗'的运动，对于适合造林的树种要全部采集，颗粒不漏，草籽也要根据需要采集。不同地区的种子要互相调剂。所有农牧场和机关、部队、学校、厂矿等单位都要根据需要进行育苗。第四，在有条件种草的地区，要做到社社建立优良草种繁殖基地，各国营农牧场都要有自己的草种繁殖基地，除了供自己种植外，多余的部分上缴。各地区要调查研究本地区的草种，建立草谱；凡是农区、半农半牧区，在空闲不长草的荒山、沙滩和陡坡地都要逐步种起草来。第五，凡有条件的合作社，应推广社办林场。社办林场可以在社附近经营林业，也可以到距离社远的荒山、荒地经营林业；造林少的合作社，可以成立林业育草专业队。[①]

为了鼓励植树造林，1958 年 11 月公布的 1958 年度农业税收征收办法规定了相应的奖励条款：利用荒山荒地或耕地，新开辟新栽培的果园，在无收益年一律免税；自有收益之年起，对栽培在荒山者继续免征五年；对栽培在荒地者免税三年；对栽培在耕地者免税一年。国营苗圃和农业生产合作社育苗地的收入免征农业税。半农半牧区和农区种植饲草和多汁饲料的收入免征农业税。[②]

经过 1958 年的林业跃进运动，1958 年植树造林 1024 万亩，比 1957 年增加了七倍。森林更新 93 万亩，是 1957 年的 13 倍。[③]受 1958 年"大跃进"形势的影响，

① 《中共内蒙古自治区委员会、内蒙古自治区人民委员会关于大力进行采集树种草籽和开展雨季、秋季造林种草的指示》，内蒙古自治区人民委员会办公厅编：《内蒙古政报》1958 年第 27 期，第 16—17 页。

② 《1958 年度内蒙古自治区农业税征收办法》，内蒙古自治区人民委员会办公厅编：《内蒙古政报》1958 年第 35 期，第 11 页。

③ 王再天：《高举胜利红旗，乘风破浪，为实现 1959 年农牧林业生产的更大跃进而奋斗》，内蒙古自治区人民委员会办公厅编：《内蒙古政报》1958 年第 42 期，第 7 页。

中共内蒙古自治区委员会提出了1959年的跃进目标：造林1200万亩，其中快速丰产林100万亩，木本油料20万亩，四旁大量植树造林并种植各种果树。改造沙漠5000万亩（其中封沙育草3400万亩，种草1050万亩，造林550万亩）。为了满足造林和治沙任务的需要，采种1.4亿斤，育苗45万亩。提出了完成任务的具体措施：第一，必须大搞群众性的绿化造林运动，打破常规搞突击运动，搞大兵团作战，开展季季造林、月月造林，使造林常年化。第二，要大力发展快速丰产林。第三，大力开展人人采种，社社队队育苗。第四，开展木材综合利用，大量制造纤维板。①

1959年3月31日，内蒙古自治区人民委员会发出《关于迅速开展春季造林运动的指示》，公布了1959年的任务：造林800万亩，四旁植树1.7亿株，固沙种草200万亩，封沙育草育林3400万亩，采集树籽、草籽6000万斤，育苗50万亩。为了完成1959年的绿化任务，号召“在全区范围内迅速掀起一个大规模的群众性的春季突击造林运动”。②

到1959年8月，全区完成造林401万亩（包括固沙造林78万亩），固沙种草137万亩，封沙育草育林800万亩，采种620万斤，育苗9.8万亩，距离完成全年的任务仍有不小的距离。9月28日，内蒙古自治区人民委员会发出指示，要求开展秋季造林运动和防火运动。在造林方面，要求贯彻责任制度，实行“四定”“三包一奖”和“三边”制度，“四定”即定时间、定地点、定任务、定质量，“三包一奖”是包任务、包成活、包工分、超额奖励，“三边”是边造、边检查、边验收。对于只管造林，不注意保护的现象提出了批评，要求对幼林及固沙育草地区加强管理，正确处理封育与放牧、封育与挖药材之间的关系。③

1960年林业建设的方针是实现“三化”，即林业基地化、林场化、丰产化。提出了“一年造林任务一春完成，全年造林任务翻一番”的口号。3月30日，中共

① 王再天：《高举胜利红旗，乘风破浪，为实现1959年农牧林业生产的更大跃进而奋斗》，内蒙古自治区人民委员会办公厅编：《内蒙古政报》1958年第42期，第12—13页。

②《关于迅速开展春季造林运动的指示》，内蒙古自治区人民委员会办公厅编：《内蒙古政报》1959年第14期，第2—3页。

③《关于反右倾鼓干劲大力开展秋季造林治沙和秋季防火运动的指示》，内蒙古自治区人民委员会办公厅编：《内蒙古政报》1959年第37期，第2—3页。

内蒙古自治区委员会和内蒙古自治区人民委员会联合发出《关于立即开展大规模春季造林运动的指示》，要求按照上述的方针和目标，广泛深入地宣传大规模造林绿化运动的意义，迅速掀起大规模造林绿化运动高潮。①

受到“大跃进”“一平二调”和严重的自然灾害的影响，1961年到1963年，全区植树造林进入低潮。1961年上半年仅造林56万亩，补植造林21万亩，幼林抚育47万亩，采种18万斤。②1961年到1963年，全区造林分别是111.15万亩、70.95万亩、78.6万亩。③

针对“大跃进”和“人民公社化”运动中出现的问题，1960年冬，中共中央提出了“调整、巩固、充实、提高”的方针。1961年6月26日，中共中央颁发的《关于确定林权、保护山林和发展林业的若干政策的规定（试行草案）》，要求确定山林所有权，保护林木所有单位和所有者的正当利益。这是林业政策上的重要调整。1961年10月8日，中共内蒙古自治区委员会通过了《关于贯彻执行中央〈关于确定林权、保护山林和发展林业的若干政策规定〉（试行草案）的意见》，指出国有林以外的林地，可以还给生产大队、生产队经营，要给社员划出一定数量的自留树，解决家庭用材。④随着林业政策的调整和国民经济好转，1964年和1965年，又出现了植树造林小高潮。

根据中共中央和中共内蒙古自治区委员会的指示，1961年，中共昭乌达盟盟委和盟公署制定了《关于保护山林、发展林业若干政策规定》。根据这个文件，各旗县对土地改革时遗留的林权问题都进行了清理、划分，颁发了林权证。该文件还规定划给每户1～2亩自留山以供个人造林；对零星分散的、国家不便经营的天然次生林委托给缺林的社队经营。是年下放委托的林地共372.65万亩，其中有林面积136.64万亩。到1966年，除宁城县大营子、四道沟两个公社外，全盟林权划

---

① 《中共内蒙古自治区党委、内蒙古自治区人委关于立即开展大规模春季造林运动的指示》，内蒙古自治区人民委员会办公厅编：《内蒙古政报》1960年第13期，第2页。

② 《关于抓紧时机、迅速行动、开展群众性秋季造林运动的通知》，内蒙古自治区人民委员会办公厅编：《内蒙古政报》1961年第25期，第8页。

③ 《内蒙古农牧业经济五十年》编辑委员会编：《内蒙古农牧业经济五十年（1947—1996）》（内部资料），呼和浩特，1997年，第39页。

④ 内蒙古自治区档案馆编：《内蒙古自治区经济发展信息总汇》，呼和浩特：远方出版社，1994年，第174页。

分基本完成。[①]

针对“大跃进”时期和“三年困难”时期为急于解决粮食问题兴起的大规模的毁林毁草开荒种地以及引起的沙化问题，中共伊克昭盟盟委召开会议，进行充分研讨，提出了合理的治理措施，1965年3月1日，发布了《内蒙古自治区伊克昭盟公署关于严加保护林木的布告》。该布告规定：第一，凡伊克昭盟境内所有的林木，不论是乔木和灌木、天然的和人工营造的、成片的和分散的，也不论属于国有、集体或个人所有，一律依法受到保护；任何机关、团体、学校、部队、企事业单位、集体或个人，对一切林木均有保护的义务，对擅自滥伐、纵火焚烧或垦林为田等毁坏林木的行为，有权进行阻止，甚至检举和控告。第二，为便于林木的保护、管理，必须明确划分林权。第三，人民公社的生产队或生产大队、城镇、各国营农牧林场（站）等单位，必须普遍建立群众性的基层护林组织，成立护林委员会和护林小组。第四，严格防止牲畜损坏林木。第五，坚持执行护林奖惩条例。[②]

二、水土保持运动

荒漠化防治政策转变的第二个标志是掀起了大规模的水土保持运动。

从1950年开始，山东、河北等地就开始水土保持试验。1952年12月19日，中央人民政府政务院通过了《关于发动群众继续开展防旱、抗旱运动并大力推行水土保持工作的指示》，指出“水土保持工作是一种长期的改造自然的工作。由于各河治本和山区生产的需要，水土保持工作，目前已刻不容缓”。要求1953年，以黄河的支流，无定河、延水及泾、渭、洛诸河为全国的重点，其他地区也要选择重点进行试验，以创造经验，逐步推广。[③]在中央政策的指导下，1953年2月7日，内蒙古自治区人民政府发出关于大力防旱、抗旱工作的指示，提出：“为了从根本上防旱抗旱，进而永久控制与消灭旱灾，从现在起即需根据条件和力量，开

① 赤峰市地方志编纂委员会编：《赤峰市志》（上），呼和浩特：内蒙古人民出版社，1996年，第818页。

② 《伊克昭盟公署关于严加保护林木的布告》，伊克昭盟档案馆编：《绿色档案·荒漠治理者的足迹》上册（内部资料），2001年，第106—107页。

③ 《中央人民政府政务院关于发动群众继续开展防旱、抗旱运动并大力推行水土保持工作的指示》，内蒙古自治区人民政府办公厅编：《内蒙政报》1952年第6卷第5—6期合刊，第52页。

始水土保持工作。为此，除由水利部门进行西拉木伦河重点水土保持工程勘测施工外，并重点栽植护岸林和水源涵养林，以开展初步的水土保持工作。”①

经过几年的试验，随着农业合作化的顺利进行，大规模的水土保持运动正式开始了。1955 年 10 月 10 日～18 日，中央召开了中华人民共和国成立以来的第一次全国性的水土保持会议，指出“这次会议将是全国范围内大规模开展水土保持工作的开端”。会议对全国水土保持工作进行了周密的部署，给各个省、自治区下达了指标。要求内蒙古自治区在 1956 年完成 420 平方公里的水土保持工作。②

在中央精神指示下，结合中央给自治区下达的任务，1955 年底，内蒙古自治区拟订了《内蒙古自治区 1956 年水土保持工作计划任务》，于 12 月 23 日下发。同时，专门发出《为发“内蒙古自治区 1956 年水土保持工作计划任务”的指示》。《内蒙古自治区 1956 年水土保持工作计划任务》规定在内蒙古自治区一级，成立内蒙古自治区水土保持委员会，负责全区水土保持工作的统一规划布置，对方针、政策的掌握、督促、检查、推动各有关部门进行工作；成立内蒙古自治区水土保持工作局。在盟、行政区一级，于水土流失严重地区成立该级水土保持委员会。在旗县一级，在选择的 26 个重点旗县，各设专业干部 2 人。在水土流失严重有代表性的旗县，建立 10 个工作基点站，在其中的某一个站附设试验研究基点站一所。确定了 26 个水土流失重点旗县，要求每个重点旗县水土流失治理面积不得少于 20～25 平方公里。③

由于内蒙古自治区人民政府的强有力的组织，到 1956 年 6 月底，已经成立了内蒙古自治区水土保持局，在土默特旗设立了试验站，昭乌达盟成立了水土保持工作局，平地泉行政区（1954 年设，1958 年撤销）、伊克昭盟、乌兰察布盟成立了水土保持委员会。旗县设立水土保持工作组 46 个，训练干部 116 人，训练技术人员 185 人，到典型地区参观学习 2825 人。修筑梯田 19.1267 万亩，培地埂 17.7015 万亩，种牧草 9.1135 万亩，封山育林 25.8564 万亩，育苗 404 亩，造林 33.6367 万

① 《内蒙古自治区人民政府关于大力开展防旱抗旱工作的指示》，《内蒙政报》1953 年第 1 期，第 35 页。

② 《密切结合农业合作运动，积极发展山区生产，大力推行水土保持工作》，《内蒙古政报》1955 年第 23 期，第 11—19 页。

③ 《为发“内蒙古自治区 1956 年水土保持工作计划任务”的指示》，《内蒙古政报》1955 年第 23 期，第 21—23 页。

亩，栽果树 2724 亩，挖鱼鳞坑 515 万个，修谷坊 8.4951 万个，打旱井涝池等 1.3947 万个，筑中、小型淤地坝 1.957 万个，培筑沟头埂 3133 处，开排水渠 5270 道，引洪淤地 75.8435 万亩。以上各项措施，初步控制水土流失面积 1267 平方公里。内蒙古自治区仅用半年的时间，即完成了中央所交给的全年的 1000 平方公里的任务。[①]1956 年，计划全年完成黄河、辽河防洪土方 480 万立方米，到 11 月底完成了 468 万方，黄河的防洪能力从 5000 立方米每秒提高到 6000 立方米每秒，辽河从 3500 立方米每秒提高到 4000 立方米每秒。此外，各地区修筑了山沟防洪工程，对防御山洪也起到了作用。[②]

1957 年 2 月召开的全区水利工作会议决定 1957 年的水土保持治理任务为 2290 平方公里，要求以黄河、辽河、永定河三个流域为重点，以小流域为单元实行综合治理、集中治理，全区抓 108 个重点乡，在 2 年至 3 年内基本改变面貌，每个旗县抽调 10%的劳动力搞水土保持工作。[③]

1957 年上半年的水土保持工作进展比较迟缓，到 1957 年 5 月，仅仅完成 782 平方公里的水土流失控制面积，占全年任务的 34%，尚有 66%的任务需要在下半年完成。7 月 16 日，内蒙古自治区人民委员会发出紧急指示，要求克服工作上的自流现象，采取各种有效措施开展工作；各地区对新旧工程进行普遍地检查，整修不达标的工程；利用夏锄后到秋收前的农闲时机大力开展水土保持运动。指示严厉地批评了兴和县、土默特旗、扎萨克旗部分合作社和乡镇的只顾眼前利益不顾长远利益的错误行为。兴和县两个合作社挖黄芪 13 万斤，挖坑 52 万个，坑深 2～3 尺，破坏植被 5000 亩；土默特旗乌素图乡农业社大量砍伐武川境内山坡林木；扎萨克旗松道沟、台格庙两个乡开垦沙蒿地 2600 亩。这些错误行为对当地的水土保持工作形成了严重冲击，影响了水土保持工作积极性。[④]

---

① 《内蒙古自治区上半年水土保持工作执行情况和下半年工作任务》，内蒙古自治区人民委员会办公厅编：《内蒙古政报》1956 年第 19 期，第 16—17 页。

② 《内蒙古自治区 1956 年国民经济计划执行情况的报告》，内蒙古自治区人民委员会办公厅编：《内蒙古政报》1956 年第 24 期，第 4 页。

③ 《内蒙古自治区 1956 年水土保持工作总结和 1957 年工作任务》，内蒙古自治区人民委员会办公厅编：《内蒙古政报》1957 年第 14 期，第 41 页。

④ 《关于大力开展水土保持工作的紧急指示》，内蒙古自治区人民委员会办公厅编：《内蒙古政报》1957 年第 23 期，第 5—6 页。

1957年8月27日，内蒙古自治区政府转发了1957年7月国务院颁发的《中华人民共和国水土保持暂行纲要》。“纲要”是山区防治荒漠化的重要文件。规定了水土保持机构设置、各业务部门水土保持工作的范围、水土保持工作应采取的措施以及奖惩办法等。

到1957年底，内蒙古自治区完成初步水土流失控制面积3700平方公里。①

为了加强对水利建设和水土保持工作的组织领导，1958年1月31日，内蒙古自治区人民委员会第30次会议上，通过了成立内蒙古自治区水利委员会、山区建设和水土保持委员会、牧区建设委员会、黄河内蒙古灌区建设委员会等组织机构。杨植林任水利建设委员会主任，王再天任山区建设和水土保持委员会主任，王逸伦任牧区建设委员会和黄河内蒙古灌区建设委员会主任。②

根据10年规划要求，1958年内蒙古自治区水土保持目标是5200平方公里。③受全国生产大跃进形势的影响，2月6日召开的中共内蒙古自治区代表大会第一届第二次会议决定10年的水土保持任务要在6年内完成，6年内控制水土流失面积10万平方公里，基本做到“无山不绿，有水皆清”。为此，把1958年水土流失控制面积目标调整为1.3万平方公里，是原计划的一倍多。④

为了掀起生产高潮，进行广泛动员，1958年2月4日至10日，在呼和浩特召开了全区农林牧水劳动模范大会，乌兰夫、杨植林均在大会做了报告。关于水土保持工作，杨植林号召：“农田坡地要大力修梯田埂，荒山荒坡要有计划地植树、种草，大力推广草木蓿，在水土流失严重的地区，要求社社建立常年的建设队，按照一个山头，或一个流域，由上而下，由支到干，进行集中治理，要乡乡做出土不下山水不出沟的榜样。”⑤

---

① 杨植林：《克服右倾保守思想，鼓足革命干劲，为实现农牧业生产大跃进而奋斗》，《内蒙古政报》1958年第7期，第5页。

②《内蒙古自治区人民委员会议通过建立水利建设等委员会》，《内蒙古政报》1958年第10期，第30页。

③《内蒙古党委第一书记、内蒙古自治区主席乌兰夫同志在全区农牧林业水利劳模代表会议上的重要指示》，《内蒙古政报》1958年第7期，第1页。

④《内蒙古自治区人民委员会关于掀起全面兴修水利和积肥突击运动的动员令》，《内蒙古政报》1958年第8期，第48页。

⑤ 杨植林：《克服右倾保守思想，鼓足革命干劲，为实现农牧业生产大跃进而奋斗》，《内蒙古政报》1958年第7期，第10页。

鉴于内蒙古水土保持工作面临着远远落后于其他各省的严峻形势，1958 年 3 月 19 日，内蒙古自治区人民委员会发出《关于迅速掀起水土保持运动的紧急指示》，要求：第一，抓紧春季施工，要求结合春耕、春季造林、大型水利等运动，抽出劳动力，在山区开展水土保持突击运动，争取在春播前，完成全年水土保持任务的 70%。水土保持工作的具体措施是修梯田，培地埂，挖鱼鳞坑，筑水平沟造林，种牧草，兴修谷坊，淤地坝，沟头防护，打旱井，采取一个山头或一个小流域为单位成坡、成沟地综合治理。第二，密切结合生产，要求在宜农的地方，大量修梯田、培地埂，保证坡耕地增产；在宜牧的地方，大量繁殖牧草，推广种植草木樨；在沟壑适当地修谷坊、筑淤地坝，有条件的地方修小型水库，发展农田灌溉。第三，保证质量，要根据当地自然条件、地形地质、土壤条件、历史情况、生产需要、人力物力情况，做出全面规划，坚持先规划后施工的做法，所有山区农业社都要成立常年建设队，做到常年建设与突击运动相结合，治一坡成一坡保护一坡，治一沟成一沟巩固一沟。第四，要依靠群众，把水土保持工作纳入生产队的包工计划。第五，在治理的同时要预防造成新的水土流失，预防与治理兼顾，治理与养护并重，禁止挖草根、砍伐幼树、滥垦陡坡等破坏水土保持的现象。第六，加强组织领导，在有水土保持任务的山区，必须建立与健全水土保持领导机构。①

经过 1957 年冬到 1958 年春的水土保持运动，到 1958 年 5 月上旬，全区完成水土保持面积 3532 平方公里，仅为 1958 年 1.3 万平方公里任务的 27%，完成全年任务的压力非常大。为了推动水土保持工作，5 月 20 日，内蒙古自治区人民委员会发出《关于各地夏锄前要在山区普遍掀起一个水土保持突击热潮的紧急通知》，要求利用春耕结束到夏锄前 40 天的农闲时间，“突击一下水土保持工作”，在夏锄前力争完成全年任务的 70%。②

1958 年 6 月 7 日至 16 日，在呼和浩特市召开了内蒙古自治区第二届人民代表大会第一次会议，通过了《内蒙古自治区社会主义建设五年规划纲要六十条（草案）》和《内蒙古自治区 1956 年到 1967 年农牧业发展规划（第二次修正草案）》。

《内蒙古自治区社会主义建设五年规划纲要六十条（草案）》中有关水土保持

① 《内蒙古自治区人民委员会关于迅速掀起水土保持运动的紧急指示》，《内蒙古政报》1958 年第 12 期，第 3—4 页。

② 《关于各地夏锄前要在山区普遍掀起一个水土保持突击热潮的紧急通知》，内蒙古自治区人民委员会编：《内蒙古政报》1958 年第 20 期，第 10—11 页。

方面的规划是“大力开展水土保持工作。五年内控制水土流失面积八万平方公里。二年内基本完成现有涝田二百万市亩的治涝工程。三年内基本控制山洪灾害，三年内防洪标准提高到五十年一遇，五年内黄河和辽河的防洪标准提高到一百年一遇。嫩江流域各支流三年内提高到五十至一百年一遇”。“五年实现坡地梯田化和梯田水利化。”①

《内蒙古自治区1956年到1967年农牧业发展规划（第二次修正草案）》有关水土保持工作的规划是：

“在黄河干流，辽河流域，嫩江流域，大力进行水土保持，修筑水库和渠道工程，发展灌溉，十二年内基本上控制普通洪水，消灭普通的水灾和旱灾。

在中、小河流和山沟，在兴利除害相结合的原则下，全面规划，因地制宜，在上游主要是修筑各种蓄水工程（鱼鳞坑、截水沟、谷坊、梯田、涝池、旱井）以蓄为主，就地利用降雨，在一次降雨七十公厘〔毫米〕的情况下，做到水不出沟。中游大量修筑塘坝和小型水库，引水上山灌溉坡地梯田，发展山区水利，做到一次降雨一百公厘〔毫米〕水不下川，充分利用山洪浇地、淤地。十二年内基本上消灭山洪灾害。

在有内涝灾害地区，挖沟洫、筑塘坝，七年内完成全部现有易涝农田的除涝和改造洼地工程，并开发沼泽地。”

“依靠农业合作社，广泛地发动群众，积极治理，重视预防，实行全面规划，因地制宜集中治理，连续治理，综合治理，沟坡兼治，治坡为主的进行水土保持工作。在十二年内初步控制水土流失面积八～十万平方公里，以黄河、辽河、永定河流域为重点，在一切可能的地方，到1960年全区坡耕地做到地地有埂，逐渐梯田化，加速绿化荒坡荒沙，要求社社建立草籽基地和苗圃。在治坡的基础上结合治沟用沟拦蓄径流淤地和引水灌溉山地。

有计划的划管牧场，轮封轮牧，制止过度放牧；封山育林，合理采伐，制止乱垦乱伐，保护被复。”

“山区应积极培修梯田埂，改坡地为梯田。在七年内做到全部坡地有埂，十

---

①《内蒙古自治区社会主义建设五年规划纲要六十条（草案）》，内蒙古自治区人民委员会办公厅编：《内蒙古政报》1958年第24期，第15—16页。

度以下坡地，全部改为梯田。到1967年要求全部坡地基本梯田化。”①

是年7月，内蒙古自治区人民委员会在呼和浩特市专门召开了全区水土保持工作会议。王再天副主席发表讲话，总结了三年来水土保持工作的成绩与不足，尤其是1958年的水土保持任务只完成了6900平方公里，还有50%的水土保持任务需要在剩下的三个月集中完成，形势紧，任务重，号召动员全体人民，掀起水土保持运动高潮。为此提出了四点要求：第一，端正思想，贯彻群众路线；第二，党政重视，领导挂帅；第三，密切配合，加强协作；第四，水土保持工作也要搞技术革命。②

鉴于1958年水土保持工作任务进度不够理想，1958年8月2日，内蒙古自治区人民委员会发出《关于迅速掀起全面水土保持突击运动的紧急指示》，指出到1958年6月底，全区完成初步控制水土流失面积6922平方公里，占年度计划的53.25%，全年任务尚有47%须在今后两个多月的时间完成。为了确保完成1958年的1.3万平方公里水土保持任务，要求在夏锄基本结束后至秋收前的有利时机，结合水利运动，迅速全面地再掀起一个水土保持突击运动高潮。具体措施是：在运动中成立临时性指挥部，党政领导亲自挂帅，亲临现场指挥战斗；把水土保持运动与防洪、防汛、雨季造林密切结合；对已做的新旧工程进行一次全面检查，继续巩固提高已有工程的质量；针对城市、工矿和交通要道以及常受山洪灾害的地方，发动城市机关、学校、工矿、企业和广大群众，做好水土保持，预防山洪下泻；加速荒山荒沟绿化，补救生物措施落后于工程措施的问题；在水土保持运动中大力开展技术革命；各级党政领导必须把水土保持工作列入工作日程，常抓不懈。③

在1958年9月召开的内蒙古自治区水利会议和10月召开的中共内蒙古自治区委员会第八次全体会议上，中共内蒙古自治区委员会和内蒙古自治区人民委员会决定1959年水土保持目标为4.5万平方公里，开辟缺水草场5万平方公里，完

---

①《内蒙古自治区1956年到1967年农牧业发展规划（第二次修正草案）》，内蒙古自治区人民委员会办公厅编：《内蒙古政报》1958年第24期，第31—34页。

② 王再天：《征服自然，保持水土，促进农牧业生产大发展》，《内蒙古政报》1958年第28期，第1—2页。

③《内蒙古自治区人民委员会关于迅速掀起全面水土保持突击运动的紧急指示》，《内蒙古政报》1958年第29期，第10—11页。

成灌溉饲料基地 100 万亩。[①]

1958 年 7 月 21 日，在通辽召开了根治西辽河流域规划会议。王铎做了《为根治西辽河流域改变河山面貌而奋斗》的报告。[②]

1959 年 1 月 9 日，内蒙古自治区人民委员会发出《关于水土保持治理方向与措施并要求结合农田水利运动开展水土保持的通知》，根据中共内蒙古自治区委员会第九次全委扩大会议的精神，决定对水土保持治理工作的方向和措施做出一些调整。具体内容是：第一，以人民公社为单位，根据退耕情况，做好土地利用规划，合理划分农林牧区域。第二，对水土流失严重的地区，采取集中治理、综合治理、连续治理的方针，大力突击，迅速制止水土流失，实现坡地梯田化，梯田水利化，山区园林化。第三，对水土流失一般地区，坚决贯彻预防与治理兼顾，治理与养护并重；采取工程措施与封育相结合，封育与人工培育同时进行。第四，对水土流失轻微地区，做好封山育林育草工作，严禁破坏。为了完成 1959 年 4.5 万平方公里的水土流失控制任务，要求采取集中治理，结合春季、雨季、秋季植树造林大搞突击运动，每个县组织二三千人的常年建设队进行重点治理，工程措施与生物措施密切结合等措施。[③]

挖药材是造成水土流失的因素之一，但是挖药材不仅能够保障中药原料供给，还能够为农民带来一笔副业收入。1959 年，内蒙古自治区承担了 52 种 1400 多万斤的药材合同任务，大约能够为农民创收 2000 万元。加上其他各种收购计划，1959 年需要收购野生药材 2 亿斤。为了完成药材征购任务，同时减少对植被的破坏，1959 年 5 月 28 日，内蒙古自治区人民委员会批转了内蒙古自治区卫生厅的《关于抓紧农闲季节发动群众采挖药材的报告》，提醒“注意采挖与保护牧场，进行水土保持相结合，严防因采挖药材破坏牧场，加重水土流失”。[④]10 月 12 日，再次

---

① 《中共内蒙古自治区委员会、内蒙古自治区人民委员会为贯彻执行中共中央关于水利工作的指示掀起更大规模地水利建设高潮的指示》，《内蒙古政报》1958 年第 37 期，第 3 页。

② 内蒙古自治区地方志编纂委员会办公室编：《内蒙古大事记》，第 533页。

③ 《内蒙古自治区人民委员会关于水土保持治理方向与措施并要求结合农田水利运动开展水土保持的通知》，《内蒙古政报》1959 年第 1 期，第 4—5 页。

④ 《内蒙古自治区人民委员会批转关于抓紧农闲季节发动群众采挖药材的报告》，《内蒙古政报》1959 年第 24 期，第 19—20 页。

发出通知，要求组织采挖药材，完成征购任务，同时要防止造成水土流失。[①]

由于1959年的水土保持任务的完成进度不理想，1959年8月15日，内蒙古自治区人民委员会发出积极开展水土保持突击运动的紧急指示，指出：全区1959年的水土保持工作，截至6月底完成初步控制面积3590平方公里，为年度计划任务6000平方公里的59.8%。虽然取得了一定的成绩，但尚有40%多的任务留待不到两个月的时间内完成，任务相当艰巨。目前除锡盟、呼盟、哲盟已提前完成任务外，各大河流、重点地区都进展迟缓，乌盟仅完成年度计划的31.9%，巴盟完成32.2%，伊盟完成50.6%，呼市16%，包头市86.4%。因此为了完成和超额完成年度任务，要求：第一，加强领导，各旗、县、市必须有一位旗、县、市长切实领导这项工作；第二，集中力量，突击重点工程；第三，在开展突击运动的同时要修复和加固原有工程；第四，大抓种树种草等生物措施；第五，积极做好采种育苗工作；第六，为争取今年农牧业生产大丰收服务。[②]

1959年11月，中共内蒙古自治区委员会和内蒙古自治区人民委员会对1960年的农田水利建设和水土保持工作提前做出了规划，目的是利用1959年冬和1960年春以及1960年夏锄后农闲时间，突击完成全年任务的70%～80%。1960年的任务是新增灌溉面积400万亩，改善工程设施880万亩，到1960年9月底，全区工程控制灌溉面积达到2500万亩到2600万亩，保证常年灌溉面积达到1700万亩；牧区发展饲料基地灌溉面积24万亩；完成初步控制水土流失面积7000平方公里，3000平方公里实现基本控制。黄河平原灌区主要是完成黄河灌区建筑物和总干渠工程，大力改善田间工程，防止与改良盐碱化；大黑河流域以防洪与灌溉并重；辽河流域要增建蓄水工程，改善渠系和田间工程，防止土壤盐碱化；嫩江流域要兴修中型蓄水工程，引水开渠；昭乌达盟和乌兰察布盟的丘陵山区，从抓小流域规划入手，以水土保持和蓄水工程为重点；鄂尔多斯高原要以水土保持为重点。为及时掌握运动发展情况，责成水利厅成立水利运动办公室，各地每10天汇报一

① 《内蒙古自治区人民委员会批转卫生厅、外贸局关于发动群众采挖药材的紧急报告》，《内蒙古政报》1959年第38期，第9页。

② 《内蒙古自治区人民委员会关于密切结合防洪防汛积极开展水土保持突击运动的紧急指示》，《内蒙古政报》1959年第31期，第3—4页。

次水利运动进展情况。[①]

1960 年 2 月，内蒙古山区建设和水土保持委员会根据内蒙古自治区人民委员会的指示，召开了黄河流域和永定河流域 3 盟 2 市、22 个旗县、10 个重点公社党政负责人和农牧林水厅领导参加的水土保持会议。3 月 25 日，内蒙古自治区人民委员会下达了《关于结合春耕生产，合理安排劳力，把当前水土保持运动推向高潮》的指示，要求扭转水土保持工作进展缓慢的被动局面。[②]8 月 15 日至 23 日，在五原召开了全区灌区土壤盐碱化防治现场会议。河套地区灌溉习惯是“深浇漫灌”，导致地下水位升高，土地次生盐碱化。特别是 1958 年以后，随着灌区人口增加，开荒面积扩大，灌溉面积扩大，盐碱化问题突出起来。以五原县为例，1964 年清查统计，在 86 万亩耕地中，重度盐碱化面积有 7.1 万亩，中度盐碱化面积有 12 万亩，轻度盐碱化面积有 9.7 万亩，合计占总耕地面积的 1/3 以上。[③]五原县为了治理盐碱化耕地，采取了开挖排干渠的办法，取得了效果。

为了鼓励人民公社做好水土保持工作，1962 年，国务院出台了《关于奖励人民公社兴修水土保持工程的规定》。7 月 12 日，内蒙古自治区人民委员会根据国务院的有关规定，结合内蒙古自治区的实际情况，发布了《为贯彻“国务院关于奖励人民公社兴修水土保持工程的规定”的规定》，内容有四条：第一，凡在坡耕地上修筑了梯田、地埂、软埝等水土保持工程后，增加了产量的，增加部分归兴修的生产队或生产大队所有，从受益年算起五年不计征购。第二，在荒沟修淤地坝、谷坊等新淤出来的耕地，其全部产量归兴修的生产队或生产大队所有，从受益年算起五年不计征购。第三，凡在沙荒、荒谷等地修筑水土保持工程引用洪水新淤澄出的耕地，其全部产量归兴修的生产队或生产大队所有，从受益年算起三年不计征购。第四，凡在山地丘陵沟壑区的牧场和撂荒地（退坡地）上，由于采取了水土保持措施，轮封轮放，种植牧草，增加了植被，提高载畜量有显著成绩的生产队、生产大队或个人，旗县人民委员会给予精神或物质奖励，其奖励费可由水

① 《中共内蒙古自治区委员会、内蒙古自治区人民委员会关于反透［对］右倾、鼓足干劲、迅速掀起今冬明春更大规模的水利建设高潮的指示》，《内蒙古政报》1959 年第 42 期，第 5—7 页。

② 《内蒙古自治区志·水利志》编纂委员会编：《内蒙古自治区志·水利志》，第 61 页。

③ 《五原县志》编纂委员会编：《五原县志》，呼和浩特：内蒙古人民出版社，1996 年，第 250 页。

土保持经费开支。[①]

1959年至1961年，全国经历了严重的三年自然灾害。内蒙古地区的三年自然灾害则是从1960年至1962年。三年自然灾害对水土保持工作的冲击表现在两个方面，一是为了生产救灾，放松了水土保持工作；二是为了多打粮食抗御灾害，大力开荒，又引起新的水土流失。

据内蒙古自治区山区建设及水土保持委员会的报告，黄河流域在1958年至1962年共开荒地60.83万公顷，尤其是近三年开荒导致的水土流失情况极为严重。1960年以来，伊克昭盟开荒达14.13万公顷，占耕地面积的26.8%，伊金霍洛旗开荒面积占耕地面积高达60%，乌兰察布盟清水河县1960年一年内开荒0.71万公顷，“这样盲目开荒，发生了毁林、毁草、毁坏水保工程，重新发生水土流失现象，给农牧业生产带来严重后果”。[②]1962年10月，水利电力部黄河水利委员会把调查到的陕西、山西、内蒙古等省区开荒破坏水土保持的严重现象上报到国务院水土保持委员会，国务院水土保持委员会及时把该报告批转相关省区，要求各相关省区进行检查并拟定具体管理办法。根据国务院水土保持委员会的要求，1962年11月20日，内蒙古自治区人民委员会发出通知，要求对内蒙古地区的开荒情况进行一次全面检查，“坚决制止乱垦陡坡和毁林、毁牧的有害做法”。[③]

1963年8月，内蒙古自治区山区建设委员会和水土保持委员会向内蒙古自治区人民委员会提交了水土保持工作报告，在报告中总结了1956年以来的工作成绩，指出了水土保持工作尚有15.5万平方公里急需治理和近两年乱开荒乱砍伐山林造成新的水土流失的严峻形势，概括了几年来水土保持成功的经验：坡耕地适宜培地埂，沟头防护是制止沟蚀的有效办法，引支沟洪水淤河谷阶地和干沟引洪淤荒滩地是拦蓄泥沙、变荒滩为良田的好措施，风蚀严重地区采用生物治理措施效果好，沙枣柠条是这类地区的先锋树种，草木樨可以改良土壤，沙蒿固沙效果好，常年治山养山与发动群众利用农闲突击治理相结合效果好。提出了今后水土保持

① 《为贯彻“国务院关于奖励人民公社兴修水土保持工程的规定”的规定》，内蒙古自治区人民委员会办公厅编：《内蒙古政报》1962年第19期，第4页。

② 《内蒙古自治区志·水利志》编纂委员会编：《内蒙古自治区志·水利志》，第67页。

③ 《内蒙古自治区人民委员会转发国务院水土保持委员会批转黄河水利委员会关于开荒破坏水土保持情况和改进意见报告的通知》，《内蒙古政报》1962年第36期，第6页。

工作的意见：水土流失地区要加强水土保持工作的领导，认真执行谁治理，谁养护，谁受益和奖励人民公社兴修水土保持工程的政策，树立不同的典型并不断巩固和提高，在水土流失地区要建立和健全水土保持机构。1963 年 9 月，内蒙古自治区人民委员会批转了内蒙古自治区山区建设委员会和水土保持委员会关于加强水土保持工作的报告。在批文中，再次强调“水土保持是山区生产的生命线，是山区综合发展农、牧、林业生产的根本措施”。“因此，凡是有水土流失的地区，对这项工作必须加强领导，把它列入议事日程，切实抓起来并且抓好。各级领导同志每年至少要集中的抓两至三次。”①

为了完成 1965 年的水土保持工作，1964 年 10 月 11 日，内蒙古自治区人民委员会发出《关于广泛开展群众性农田水利建设和水土保持运动的通知》，制定了具体的工作任务，规定了具体的工作措施。工作任务是在 1964 年秋冬到 1965 年春播前，完成 1965 年计划任务的 50%～70%的工作量。具体措施有：第一，在此期间，要求山区、丘陵区抽出 30%～40%的劳动力突击水土保持，平原地区抽出 30%左右的劳动力，进行小型农田水利和配套工程的修建；第二，要求按照生产队或大队的人口计算，平均每人造 2 分林、修 1 分梯田（水平梯田）、种 2 分草；第三，对历年已修的地埂、梯田要进行一次检查，全面整修提高；第四，对历年营造的水土保持林必须进行一次抚育和补植；第五，运动开展前，各旗县要培训农牧技术员，每个公社 1～2 名，国家给予工资补助，每人每月最高可以补助 30 元；第六，每个盟抓 1～2 个重心旗县，每个旗县抓 2～5 个重点公社。②

1964 年冬季的水土保持运动开展的比较顺利，到 1965 年 1 月，内蒙古黄河流域 8 个重点旗冬季水土保持建设完成新治理面积 314 平方公里，修水平梯田 2.25 万多亩，打地埂 7.24 万亩，打淤地坝 802 座，可淤澄良田 1.39 万亩，营造水土保持林 28 万多亩，种草 4.2 万余亩，有的旗县社队已经完成冬季或 1965 年全年的治理水土流失计划。③

---

①《内蒙古自治区人民委员会批转自治区山区建设和水土保持委员会关于加强水土保持工作的报告》，内蒙古自治区人民委员会办公厅编：《内蒙古政报》1963 年第 25 期，第 6—8 页。

②《内蒙古自治区人民委员会关于广泛开展群众性农田水利建设和水土保持运动的通知》，内蒙古自治区人民委员会办公厅编：《内蒙古政报》1964 年第 19 期，第 2—3 页。

③ 内蒙古自治区档案馆编：《内蒙古自治区经济发展信息总汇》，第 197 页。

1965年10月15日，内蒙古自治区召开了水利工作会议，部署1965年冬季和1966年春季的水利工作。11月5日，水利厅公布了水利工作会议上确定的水利工作方案，计划利用1965年冬季和1966年春季的时间，开辟缺水草场3.91万平方公里，水土保持初步治理面积2100平方公里，加工提高1000平方公里，增加水平梯田和坝地50万亩，山区农业人口平均每人建设水平梯田或引洪淤地半亩。利用冬春的时间，完成1966年水土保持任务的三分之二或更多一些。[①]

三、治理沙漠运动

标志政策转变的第三个表现是大规模的沙漠治理运动。

巴彦淖尔盟磴口县于1950年开始的植树造林工作，是内蒙古自治区治理沙漠的开端。大规模的治理沙漠运动则是从1959年开始的。

在1958年6月7日至16日召开的内蒙古自治区第二届人民代表大会第一次会议上，内蒙古自治区人民政府主席乌兰夫在报告中提出了“结合农牧林业生产，改造沙漠，封沙育草，营造防沙林带，散播防沙植物，七年内基本上固定流沙”的号召。[②]这次会议通过了《内蒙古自治区社会主义建设五年规划纲要六十条（草案）》和《内蒙古自治区1956年到1967年农牧业发展规划（第二次修正草案）》两个重要文件。这两个文件对内蒙古自治区治理沙漠做出了短期和中期规划。在《内蒙古自治区社会主义建设五年规划纲要六十条（草案）》中，有关沙漠治理方面的规划是：“结合农牧林业的发展改造大沙漠，把沙漠改造成良田和牧场。改造大沙漠是内蒙古各族人民的历史任务。改造沙漠与发展农、牧、林业相结合，引水灌沙、封山育草、建立防沙林带，国家与群众治沙相结合，人工固沙和机械固沙相结合。七年内基本固定严重危害农牧业生产的流动沙和半流动沙，在十五年内对大沙漠的改造做出显著成绩。”[③]《内蒙古自治区1956年到1967年农牧业发展规划（第二次修正草案）》有关沙漠治理方面的规划是：“积极地有计划地大力

① 《内蒙古自治区水利厅关于今冬明春大搞以水利为中心的农田、草原建设安排的报告》，《内蒙古政报》1965年第16期，第7页。

② 乌兰夫：《坚决执行社会主义建设总路线，为加速建设社会主义的内蒙古自治区而奋斗》，《内蒙古政报》1958年第24期，第4页。

③ 《内蒙古自治区社会主义建设五年规划纲要六十条（草案）》，《内蒙古政报》1958年第24期，第16页。

改造沙漠。除国家有重点的改造沙漠外，农牧业合作社应当在一切沙荒沙丘积极种树育草，增加复被，逐渐固定沙丘，减少风沙对农田牧场的危害。要求到 1967 年基本控制沙丘移动，不再侵占良田、牧场。”[①]

1958 年 10 月 6 日至 19 日，新疆、青海、甘肃、宁夏、陕西、内蒙古、辽宁、吉林、黑龙江、河北等 10 个省区的代表，在兰州召开了绿化沙漠现场会议。这次会议被认为是正式向我国 16 亿亩沙漠宣战的开端。10 省区的代表，按照各地沙漠面积的大小，分别制定了 1～7 年的治沙规划。会议要求各地在坚决、迅速、彻底、全面消灭沙漠的方针指导下，以社办为主，国营为辅；全面规划，综合治理；先草后木，草木并重。[②]紧接着，1958 年 10 月 27 日至 11 月 2 日，中央农村工作部、国务院第七办公室、国务院科学规划委员会联合召开了内蒙古、新疆、甘肃、青海、陕西、宁夏等 6 省区治沙规划会议。出席这次会议的有中央有关的 11 个部院、4 个科学研究机构、10 个高等院校的研究单位。这是继兰州会议后的又一次重要的治沙会议，是全国范围的落实治沙工作的会议。

内蒙古有沙漠 42750 万亩，相当于全国总数的 1/4，约占全区总土地面积的 20%，是一个受沙漠危害严重的地区，也是较早就进行沙漠治理的省区之一。1958 年 5 月 21 日，中共内蒙古自治区委员会书记乌兰夫撰文指出：“在改造沙漠工作上，我们已经掌握了一点情况，找到一些固沙植物。我们有个沙漠研究组，已经工作了一年多，对部分沙漠地区作了些调查研究。”“为了改造沙漠，我们已经拟订了一个初步方案，并建立了改造沙漠的领导机构和科学研究所。”乌兰夫提出要在 7 年内基本固定危害农牧业生产的严重的流沙，在 15 年内对大片沙漠的改造做出显著成绩。[③]在兰州、呼和浩特两次治沙会议的推动下，1959 年 1 月 12 日，中共内蒙古自治区委员会、内蒙古自治区人民委员会联合发出《关于加速改造沙漠的指示》，指出：中华人民共和国成立后，在各级党委和政府的领导下，依靠群众对改造沙漠做了不少的工作，取得了巨大的成就，并取得了一些经验。“但这仅是全面改造我区沙漠的一个开始。加速改造沙漠，无论在经济上、政治上、国内、

---

①《内蒙古自治区 1956 年到 1967 年农牧业发展规划（第二次修正草案）》，《内蒙古政报》1958 年第 24 期，第 34 页。

②《十个省区举行绿化沙漠现场会议正式向十六亿沙漠宣战》，《内蒙古日报》1958 年 10 月 26 日，第 4 版。

③《改造沙漠与发展农林牧业相结合》，乌兰夫革命史料编研室编：《乌兰夫论牧区工作》，呼和浩特：内蒙古人民出版社，1990 年，第 161—162 页。

国外，都有极其伟大的意义，而且改造沙漠也已经具备了极为有利的条件。”指示要求“在三年之内基本控制危害工矿、交通、农、牧业生产的流沙；分别在五年、七年、十年之内，使全部沙漠，基本上都有草木复被；在一切有条件的地方，要求逐步实现园林化，把沙漠改造成为林业、牧业的基地。”号召“1959年，是我区向沙漠大进军的第一年，这一年战果，对整个任务的完成，具有重大的意义”。为了完成向沙漠进军的任务，中共内蒙古自治区委员会和内蒙古自治区人民委员会要求沙漠地区的每个公社都要做好治沙规划；重点沙漠地区的盟、旗、县、乡、公社设立改造沙漠委员会和以改造沙漠为主的林业机构；安排一名党委书记分管治沙工作；做好思想工作，让广大干部群众认识到治沙的意义；自治区的各有关部门要加强治沙协调；根据治沙规律，采取人力、畜力、机械、飞机相结合，采取草木并举、乔灌木配合的方法。[①]

1959年5月，在巴彦淖尔盟三盛公召开了甘肃、宁夏、内蒙古三省区有关盟市、专区、旗县第一次治沙协作会议。会议对内蒙古西部地区的腾格里、巴丹吉林沙漠地区的治沙协作问题达成了协议，强调改造沙漠的首要措施是严格保护沙漠现有的植被。[②]

1959年7月14日，巴彦淖尔盟第一次使用飞机在乌兰布和沙漠和腾格里沙漠进行治沙播种，此次飞播面积共70万亩。[③]

在全国跃进的形势下，内蒙古的治沙工作也呈现了跃进的局面。1959年一年，全区共完成治沙面积911万亩。从自治区到沙区人民公社，已经建立起了一整套的治沙组织机构。各盟、旗、县和大部分人民公社建立了治沙委员会，主要沙漠地区巴盟、伊盟、锡盟建立了社（队）办林场、专业队、苗圃等345处，固定专业劳动力4800多人，同时还新建国营治沙站和国营林场51处，在中国科学院治沙队、兄弟省和有关单位的大力协助下，组成了一支200多人的科学队伍深入沙漠腹地调查，建立了以三盛公治沙综合试验站为核心的治沙科学研究网。此外，还和邻近的省区建立了治沙联封联防制度。[④]

---

① 《内蒙古党委、内蒙古人委关于加速改造沙漠的指示》，《内蒙古政报》1959年第4期，第6—8页。

② 内蒙古自治区地方志编纂委员会办公室编：《内蒙古大事记》，第545页。

③ 内蒙古自治区地方志编纂委员会办公室编：《内蒙古大事记》，第547页。

④ 《我区展开春季治沙造林攻势》，《内蒙古日报》1960年3月31日，第5版。

1960年，内蒙古自治区计划完成治沙1700多万亩。为了顺利地完成治沙任务，3月13日至19日，由内蒙古林业厅主持，各盟林业局、治沙重点旗县和公社的负责人、中央林业部、中国科学院、内蒙古党委农牧部、内蒙古畜牧厅、交通厅、内蒙古科委等单位派人在巴彦淖尔盟的三盛公召开了全区治沙工作座谈会，“就全面开展群众性的治沙运动和群众性的治沙科学研究活动等问题做了充分的讨论”。①

1960年6月3日至22日，根据根治黄河和改造沙漠的规划，国家民航局派首都民航机组为巴彦淖尔盟阿拉善旗境内的沙漠飞播草木树种，共飞播沙蒿、梭梭、沙米、棉蓬等树种9.3万公斤，播种面积40万亩，目的是解决固沙问题。②

为了治理境内的乌兰布和沙漠，1958年，巴彦淖尔盟公署筹划开挖灌区，引黄河水灌溉沙漠，变沙漠为良田。1960年4月，巴彦淖尔盟公署组织了500余民工，开挖沈乌干渠。1961年5月23日，沈乌干渠正式开闸放水。到1964年，干渠的支、斗、农、毛渠体系初步形成。干渠建成后，给乌兰布和沙漠深处的4个林场和1个治沙站带来积极影响。哈腾套海林场造林10多万亩，1965年验收成活率93.2%。③

四、草原建设

这个时期，虽然有了明确的保护草原、建设草原的方针政策，在草原建设方面做了很多工作，但具体的政策和实践则表现为草原建设与破坏草原（开垦草原）两种现象交织在一起。随着两种政策的力度此消彼长，建设草原与破坏草原两种现象或同时存在，或交替地不断出现。

为了贯彻“保护牧场，禁止开荒”的政策，加强对草原的管理，1953年1月，绥远省人民政府决定在乌兰察布盟和伊克昭盟各设1处草原工作站，定名为“绥远省乌兰察布盟自治区草原工作站”和“伊克昭盟自治区草原工作站”，规定两个

① 《把治沙运动推向新的高峰——我区治沙工作座谈会讨论1960年措施》，《内蒙古日报》1960年3月31日，第5版。

② 内蒙古自治区地方志编纂委员会办公室编：《内蒙古大事记》，第558页。

③ 杜占奎：《乌兰布和沙漠引黄灌区的开发及其效益》，中国人民政治协商会议磴口县委员会编：《磴口文史资料辑》第3辑（内部资料），1986年，第33—43页。

草原工作站的任务是：第一，根据我省农牧并重的方针，广泛地宣传牧业政策，坚决保护牧场，禁止开垦牧地。第二，根据地理环境及牧民的习惯，有计划地划分冬、春、夏、秋放牧地。第三，宣传与指导牧民逐渐进行合理的轮牧制，把草地分成段，每段放牧时间不超过 6 天，各段第一次放牧时间与第二次放牧时间中间相隔 45 天，以避免寄生虫的再寄生，同时可恢复牧草生长。第四，选择及培植优良牧草，有重点地推广，并指导农牧民进行种植。第五，在下湿地区结合当地政府发动并指导群众设法排水，干旱地带有灌溉条件的应兴办草原灌溉，并在冬季积雪。第六，缺水地区组织群众打井，以扩大放牧地的面积。第七，在农业区及半农半牧区，有计划地实行草田轮作制。第八，发动群众烧除毒草。第九，培养积极分子与劳动模范。第十，提倡防风造林。第十一，记载当地气象与牧草的生长。第十二，调查研究改良草原的各项问题。①

中共蒙绥分局在调查的基础上，1953 年 7 月 20 日给中共内蒙古分局和华北局就半农半牧区农牧纠纷问题及解决办法提交了报告。报告指出：内蒙古地区经过 1950 年和 1951 年比较普遍地划定农牧界限，划定牧场，农牧纠纷基本得到解决，但是近年来在一些地区又发生了纠纷。这些纠纷集中在开荒问题上。为了解决农牧纠纷，中共蒙绥分局提出了解决的意见：一是应明确规定半农半牧区当前的生产任务与发展方向，把各种生产放在适当的地位。二是坚决贯彻“保护牧场，禁止开荒”政策。为此，无论以农为主，或以牧为主的半农半牧区都应划定农田牧场界限。三是凡禁令以后开垦的牧场，原则上应予封闭，但应分情况有步骤地分期处理，以免封闭过急影响农民生活，凡 1953 年开垦的牧场一律封闭。四是农业区牲畜一般应在原来地区放牧，不要进入牧区。五是半农半牧区一般牧场狭窄，应提倡种植牧草。六是沙陀子地区应该提倡植树造林，以防沙漠移动。七是虽然不能一律禁止掏柴火、挖药材，但应该有计划地进行，禁止乱掏乱挖，鼓励用煤和牛粪做燃料。②

绥远省是发生农牧纠纷比较严重的地区，1953 年 7 月 25 日，绥远省人民政府发出《关于重申保护牧场的指示》，一方面通报了开垦牧场比较严重的地区，另一

① 《绥远省草原工作站暂行办法》，内蒙古党委政策研究室、内蒙古自治区农业委员会编印：《内蒙古畜牧业文献资料选编》第四卷草原（内部资料），1987 年，第 129—130 页。

② 《中共蒙绥分局农村牧区工作部关于半农半牧区农牧纠纷的专题报告》，内蒙古党委政策研究室、内蒙古自治区农业委员会编印：《内蒙古畜牧业文献资料选编》第四卷草原（内部资料），1987 年，第 135—136 页。

方面提出了七项规定：第一，在 1953 年开垦的牧场应立即封闭，并应给予主持开荒而严重破坏牧场的干部适当处分。1950 年秋以后至 1952 年所开的牧场，原则上一律封闭，但在土改前如牧场与荒地界限不明确，或土改时划定的牧场中有农民曾经开垦的耕地，应查明农民是否别有土地或封闭后对其生活有无影响，分别予以适当处理。第二，加强禁开牧场的宣传教育工作，嗣后如有再开垦牧场者，无论何人均依法处理。第三，应该有组织有计划地进行掏甘草、挖药材行为，禁止乱挖，如违反即严处。第四，缺乏燃料地区，各级政府应组织煤炭下乡，鼓励烧牛粪，严禁整片地淘沙蒿。第五，原则上禁止跨区放牧。第六，商人的牲畜放牧需要交纳水草钱，并遵守当地的放牧制度。第七，牧场界限不明确者，应设法划定，以便保护牧场。[①]

1953 年 12 月 20 日，中共蒙绥分局农村牧区工作部部长高增培在第一次牧区工作会议上，就蒙绥牧区进一步发展畜牧经济的政策问题，作了全面详细的报告。其中就半农半牧区存在的重农轻牧及农牧矛盾问题，解释了具体的解决措施：第一，划定半农半牧区范围。第二，划定农田牧场界线。对农田牧场界限分明者，依现状划定；对农牧交错农牧都适宜者，则固定农田牧场面积；对大片牧场中的小片农田，或经营农业实无利当地人民而牧场又非调整不能解决而又有办法可以移民者，可以经过批准适当封闭一部分土地，但必须对农民做妥善安置。第三，解决现在存在的民族纠纷。禁令以后开垦的牧场，原则上应予封闭，但应分别情况，有步骤地处理。1953 年开垦的牧场一律封闭。农业区牲畜一般应在本地区放牧，并注意培养和保护牧场。历史上放牧已成习惯的则经过协商可以保留。因灾需要调剂牧场时，应经旗、县以上政府协商解决。反对对纠纷放任推脱的不负责任态度，也反对对外区牲畜采取赶走的粗暴的做法。提倡农牧结合，奖励建设人工饲料基地，奖励草田轮种，奖励种植牧草，提倡合理使用牧场等政策。[②]乌兰夫在大会发言时强调半农半牧区需要贯彻“以牧为主，照顾农业，保护牧场，禁止

---

① 《绥远省人民政府关于重申保护牧场的指示》，内蒙古党委政策研究室、内蒙古自治区农业委员会编印：《内蒙古畜牧业文献资料选编》第四卷草原（内部资料），1987 年，第 138—139 页。

② 高增培：《蒙绥牧区进一步发展畜牧经济的几个政策问题》，内蒙古党委政策研究室、内蒙古自治区农业委员会编印：《内蒙古畜牧业文献资料选编》第二卷综合（上册）（内部资料），1987 年，第 99 页。

开荒”的方针。[①]会后，中共中央蒙绥分局关于第一次牧区工作会议向华北局和中共中央提交了书面报告。在书面报告中概括了牧区工作状况，其中明确指出在半农半牧区要贯彻“以牧为主，照顾农业，保护牧场，禁止开荒”的方针。[②]

蒙绥合并后，破坏牧场现象仍时有发生，“有的农民把划定牧场的界标搬开进行开荒，将牧民种过的满撒子地改种大垄地，牧民移到夏场后侵占牧民的冬营地。一部分地区虽已划定牧场，但开垦牧场仍较普遍，同时农业区牲畜大量进入牧区、半农半牧区放牧，有相当数量的农业区农民到牧场上掏柴火、挖药材，并曾发生焚烧牧场现象”。鉴于开荒等问题与保护牧场的矛盾不断引起农牧纠纷，1954 年 3 月，中共内蒙古分局发出《关于正确执行党在半农半牧区的政策与解决农牧纠纷的指示》。重申：第一，坚决贯彻在半农半牧区“以牧为主，照顾农业，保护牧场，禁止开荒”的方针。第二，划定半农半牧区农田牧场界线。第三，对农牧纠纷中的具体问题采取如下措施：首先，凡禁令以后开垦的牧场，原则上应予以封闭，但应分别情况，有步骤地分期处理，以免封闭过急影响农民生活。凡 1953 年开垦的牧场一律封闭。其次，农业区的牲畜一般应在原来地区放牧，不要进入牧区，但历史已经形成习惯的放牧关系，目前仍可保留。再次，凡纠纷牵连外省区者，一律报请分局及内蒙古自治区人民政府处理。最后，掏柴火、挖药材目前还是一部分贫困农民解决生活困难的办法，还不能一律禁止，但应有计划地进行，禁止乱掏乱挖。[③]

受全国经济建设冒进形势影响，从 1956 年开始，内蒙古自治区政府的“严禁开荒政策”已经松动。1956 年 1 月 21 日，内蒙古自治区人民委员会发出指示，决定在 1956 年要完成 1957 年的粮食生产任务，为此必须采取各种增产措施，其中

---

① 乌兰夫：《在过渡时期总路线总任务的照耀下为进一步发展牧区经济改善人民生活而努力》，内蒙古党委政策研究室、内蒙古自治区农业委员会编印：《内蒙古畜牧业文献资料选编》第二卷综合（上册）（内部资料），1987 年，第 129 页。

②《中共中央蒙绥分局关于第一次牧区工作会议向华北局、党中央的报告》，内蒙古党委政策研究室、内蒙古自治区农业委员会编印：《内蒙古畜牧业文献资料选编》第二卷综合（上册）（内部资料），1987 年，第 141 页。

③《中共内蒙古分局关于正确执行党在半农半牧区的政策与解决农牧纠纷的指示》，内蒙古党委政策研究室、内蒙古自治区农业委员会编印：《内蒙古畜牧业文献资料选编》第二卷综合（上册）（内部资料），1987 年，第 143—147 页。

"开垦荒地，扩大耕地面积"被作为重要措施提了出来。[①]1956年2月26日，内蒙古自治区政府农牧厅下达12年移民垦荒计划和1956年具体规划方案，决定在1956年移入1.5万户，在呼和浩特和乌兰察布盟及河套地区建立新村。[②]1956年3月8日，内蒙古自治区人民代表大会一届三次会议通过了乌兰夫的《内蒙古自治区1955年几项主要工作情况和1956年工作任务的报告》，再次号召："开垦荒地，扩大耕地面积。做好接收青年垦荒队的工作，国营农场和农业合作社应积极开荒，努力完成开荒任务。"[③]为了鼓励开荒，1956年5月21日公布农业税征收办法，规定：凡经旗、县以上人民委员会批准开垦的荒地，开垦生荒地和满三年以上的撂荒地免税三年，开垦满二年的撂荒地免税一年。[④]

1956年的开荒政策和奖励开荒措施，在1957年到1959年，一度受到限制。

1957年9月25日，内蒙古自治区人民委员会发出通知，废除了开荒免税政策。通知指出："根据我区地广、人稀，耕地较多的情况，为了鼓励农民进一步改进耕作技术，提高单位面积产量和在半农半牧区认真贯彻'以牧为主，照顾农业，保护牧场，禁止开荒'的方针，兹决定在我区不论农区或半农半牧区垦种荒地，一律不再免税。"对1955年和1956年开垦的荒地，也应照章纳税。[⑤]

1957年末至1958年初的水利建设，拉开了全国范围的"大跃进"的序幕。1958年5月29日，中共内蒙古自治区委员会召开一届七次全委（扩大）会议，贯彻"鼓足干劲，力争上游，多快好省地建设社会主义"的总路线，标志内蒙古自治区"大跃进"的开始。但是，从1958年开始到1959年的两年时间内，内蒙古自治区在开荒问题上，并没有像一些文章所说的那样"掀起开荒高潮"，而是执行了中央的"种少、种好、高产、多收"的方针。

在"大跃进"的高潮中，1958年6月7日至16日，在呼和浩特市召开了内蒙

---

①《内蒙古自治区人民委员会为实现今年完成明年农业生产任务的紧急指示》，内蒙古自治区人民委员会办公厅编：《内蒙古政报》1956年第2期，第21页。

②《内蒙古自治区卫生厅关于组织力量作好移民垦荒工作中卫生工作的通知》，内蒙古自治区人民委员会办公厅编：《内蒙古政报》1956年第5期，第29页。

③ 乌兰夫：《内蒙古自治区一九五五年几项主要工作情况和一九五六年工作任务的报告》，内蒙古自治区人民委员会办公厅编：《内蒙古政报》1956年第7期，第28页。

④《内蒙古自治区农业税征收办法》，内蒙古自治区人民委员会办公厅编：《内蒙古政报》1956年第11期，第7页。

⑤《内蒙古自治区人民委员会关于废止开垦荒地免税问题的通知》，内蒙古自治区人民委员会办公厅编：《内蒙古政报》1957年第34期，第8页。

古自治区第二届人民代表大会第一次会议。会议通过了《内蒙古自治区社会主义建设五年规划纲要六十条（草案）》和《内蒙古自治区1956年到1967年农牧业发展规划（第二次修正草案）》。这两个重要文件，均对草原建设做出了短期和中期规划。《内蒙古自治区社会主义建设五年规划纲要六十条（草案）》中有关草原建设方面的规划是："消灭缺水草场二十万平方公里"，"改良草场，建立饲料基地，积极进行牧区草场建设，在草场退化较严重的地区由国家投资设立草原改良工作站，并大力依靠群众进行育草种草。五年内发展饲料基地二十万公顷，平均每个牧业社有五十公顷左右，做到牧区粮食饲料自给有余"。[①]《内蒙古自治区1956年到1967年农牧业发展规划（第二次修正草案）》有关草原建设规划的内容是："有计划的划管牧场，轮封轮放，制止过度放牧"；"划定牧场界限，固定使用权。对现有牧场进行全面规划，合理划定各乡、各社牧场使用范围，由所在乡、社管理，永久使用，以促进改良牧场，进行牧场建设。要求所有农区、半农半牧区，1958年试点，1960年前完成"。"从1956年起，在十二年内共开荒一千五百至二千万亩。不适于耕作的土地，同发展畜牧业和水土保持结合，有计划地封闭种树种草。实际耕地面积，在1955年七千八百九十万亩的基础上，到1967年扩大到九千三百万亩。""在1967年以前完成牧区草场的普查工作，逐步做到有计划的利用。重点进行牧场改良，划区轮牧，封滩育草，清除毒草等工作。同时，积极组织群众保护牧场，控制火灾。""大量种植饲草饲料建设饲料基地。到1967年，牧区要求种植饲料和粮食作物五百万亩，平均每头大牲畜（羊五折一）有半亩饲料基地。做到牧区人的口粮和牲畜精饲料自给有余，并大力推广青贮饲料。"[②]

为了高速发展畜牧业，1958年6月20日，中共内蒙古自治区委员会在锡林浩特市召开了第七次畜牧业工作会议。会议决定：牧区明年夏季要争取每个牧业社都有种植500亩到1000亩的饲料基地，并以播种多年生牧草为主。农业区、半农半牧区要封闭贫瘠农田1000万到2000万亩，种草种树。同时从今年开始大力开展沙漠改造的工作。仅农村牧区的饲料基地就需要1000万斤左右的草籽，如果加

① 《内蒙古自治区社会主义建设五年规划纲要六十条（草案）》，内蒙古自治区人民委员会办公厅编：《内蒙古政报》1958年第24期，第15—16页。

② 《内蒙古自治区1956年到1967年农牧业发展规划（第二次修正草案）》，内蒙古自治区人民委员会办公厅编：《内蒙古政报》1958年第24期，第33—36页。

上改造沙漠的需要，对草籽的需要就更多了，为此，需要掀起一个人人采集草籽的群众性运动。[①]

1958年11月11日至12月4日，中共内蒙古自治区委员会召开了内蒙古第七次农村工作会议，会议决定要坚决地、彻底地执行深耕细作，种好、种少，高产、多收的方针，必须对广种薄收、浅耕粗作的耕作制度进行彻底的革命。1958年12月27日至1959年1月9日，中共内蒙古自治区委员会在呼和浩特市召开了第九次全委扩大会议。本次会议的精神是1959年要退耕三分之一左右的耕地，利用三年或更多一点的时间建立基本农田制度，实现耕作制度的革命。[②]1959年1月9日，中共内蒙古自治区委员会和内蒙古自治区人民委员会做出《关于贯彻执行少种、高产、多收的农业生产方针建立基本农田制的决定》，指出：建立基本农田制度，是从根本上改变我区农业生产落后面貌的带有决定性的措施，也是实现毛主席提出的耕地利用的"三三制"（用总耕地的三分之一种庄稼，三分之一种树、种草，三分之一休闲）耕作制度的重大步骤。为此，内蒙古党委决定，从1959年开始，建立1500万亩的基本农田，三到五年的时间内，逐渐完成3000万亩左右的基本农田，取得农业耕作制度大革命的胜利。[③]乌兰夫、王铎分别发表文章，宣传、推动这一方针的贯彻、执行。[④]

由于执行"少种、高产、多收"方针，全区公社、生产队强行压缩耕地467万亩。[⑤]

与"少种、高产、多收"方针相异的是从1958年起，在牧区贯彻了"牧区粮食自给"方针。内蒙古自治区牧区在1955年、1956年和1957年春，连续遭受雪灾，给内蒙古牧业生产造成严重的损失。与此同时，随着牧区经济发展，牧区人口迅速增加，从外地向牧区调运粮食成本极高。根据牧区防灾经验，1957年2月，

① 王铎：《正确贯彻党的政策，高速度发展畜牧业》，内蒙古自治区人民委员会办公厅编：《内蒙古政报》1958年第33期，第5—6页。

②《内蒙古自治区人民委员会关于水土保持治理方向与措施并要求结合农田水利运动开展水土保持的通知》，内蒙古自治区人民委员会办公厅编：《内蒙古政报》1959年第1期，第4页。

③《内蒙古党委、内蒙古人民委员会关于贯彻执行少种、高产、多收的农业生产方针建立基本农田制的决定》，内蒙古自治区人民委员会办公厅编：《内蒙古政报》1959年第12期，第2页。

④ 乌兰夫：《工农并举，全面跃进》，王铎：《贯彻执行少种高产多收的农业生产方针，实行农业耕作制度的大革命》，《实践》（呼和浩特）1959年第1期，第1—15页。

⑤ 刘景平、郑广智主编：《内蒙古自治区经济发展概论》呼和浩特：内蒙古人民出版社，1979年，第487页。

乌兰夫提出："牧业区在大力发展畜牧业的同时，要逐步建立饲料基地，逐步发展农业及各种副业。"[①]1958年7月召开的内蒙古第七次牧区工作会议，规定："为了奖励农牧场在牧区种植饲料和粮食，执行在三年内不计征、不计购的政策，其耕种土地的数量一律不加限制。国家收购牧区牧场的粮食，不取商业利润，以鼓励大量增产粮食。"[②]这次会议提出了在两年内基本解决牧区粮食、饲料自给问题。总的来说，这时期开荒力度还比较低，1958年至1959年，全区国营农牧场开荒只有3.67万公顷，仅仅相当于1960年（32万公顷）开荒的1/8。[③]

1959年下半年，中央把"少种、高产、多收"的农业生产方针调整为"多种多收和高产多收两条腿走路"的方针。6月12日，人民日报发表《多种多收》社论，指出少种多收是一个远景计划，10年内，这种制度在我国还不能全部实行，也不能大部实行。"多种多收是当前农业生产中的急迫问题，必须抓紧时机，尽可能地扩大播种面积。"[④]内蒙古积极响应并大力贯彻中央的新方针。从舆论宣传到生产实践，掀起了声势浩大的开荒运动，这是内蒙古自治区历史上第二次开荒高潮。

1960年5月，中共内蒙古自治区委员会决定从1960年起，三年之内，开荒3500万至4000万亩。[⑤]这远远超过了1958年制定的内蒙古自治区12年规划中提出的在12年的时间内，把自治区耕地面积扩大1200万至1350万亩的计划。

1960年8月，中共内蒙古自治区委员会农牧部向全区发出了《大力开荒，向荒原要粮》的号召。指示"在我区大规模地开垦荒地，不仅有着现实意义，而且有着深远的历史意义"。要求把各方面的力量动员和组织起来，"中央垦荒与地方垦荒同时并举，国营垦荒和公社垦荒同时并举，大面积垦荒和零星小块垦荒同时并举，就地垦荒和远征垦荒同时并举，人畜力垦荒和机械垦荒同时并举。同时，机关、部队、学校、工厂、企事业等单位也应开垦荒地，建立自己的农场和副食

---

①《关于农牧结合的基本方针与牧区社会主义改造问题》（节录），乌兰夫革命史料编研室编：《乌兰夫论牧区工作》，第135页。

② 内蒙古党委政策研究室、内蒙古自治区农业委员会编印：《内蒙古畜牧业文献资料选编》第二卷综合（上册）（内部资料），1987年，第419页。

③ 王铎主编：《当代内蒙古简史》，北京：当代中国出版社，1998年，第193页。

④《多种多收》，《内蒙古日报》（呼和浩特）1959年6月12日，第1版。

⑤ 内蒙古党委农牧一处：《大力开荒，向荒原要粮》，《实践》（呼和浩特）1960年第8期，第10页。

品基地”。[①]

为鼓励开荒，在具体措施方面，制定了：“大片荒地归生产大队所有，小片闲散荒地归生产队所有，宅旁院内和限额以内的零星荒地允许社员开垦，以及谁开收入归谁的政策。”[②]在税收方面，重新规定了新开荒地免税政策。

在计划任务的压力下，在政府的宣传鼓励和利益驱动下，1960 年，全区各地出现了热烈的开荒场面。据内蒙古日报 1960 年 6 月 14 日报道：“今年开荒的特点是：规模大，劲头足，动员力量多，随开随种，贯彻了农牧业共同跃进的方针。现在，从东北部的额尔古纳河畔，到西南部的阿拉善草原，到处有开荒远征队的野营地，千年的荒野上人马嘶喧，机声隆隆。在大规模的开荒运动中，既有国营、公私合营农牧场的大面积集中开垦，又有农村牧区人民公社大量的分散开荒。全区的一百五十多个国营、公私合营农牧场计划在呼伦贝尔草原、锡林郭勒草原和河套平原等地开荒三百八十万亩。”[③]

在大开荒的 1960 年，全区增加耕地面积 1320 万亩。[④]其中，牧区开荒由 1957 年的 15 万亩增加到 1960 年的 790 万亩[⑤]。牧区 790 万亩的耕地，绝大部分是在 1960 年开垦的。呼伦贝尔盟是 1960 年牧区开荒的重灾区。1960 年以前，呼伦贝尔盟大兴安岭以北的鄂温克族自治旗、陈巴尔虎旗、东新巴旗和西新巴旗四个牧业旗，一共有 30 多万亩耕地。1960 年 6 月开始，在中央农垦部的帮助下，短短的几个月内，开垦草原 239 万亩。在这 239 万多亩的耕地中，不适于种植的沙地有 39 万多亩，对畜牧业影响较大的约 184 万亩。其中，开垦放牧道和饮水道 34 万多亩，碱泡附近地 5 万亩左右，牧场或打草场 145 万多亩。[⑥]从 1961 年到 1962 年，在牧区和半农半牧区，退耕还林、还牧的耕地有 400 多万亩。[⑦]其中呼伦贝尔盟四个牧业

① 内蒙古党委农牧一处：《大力开荒，向荒原要粮》，《实践》（呼和浩特）1960 年第 8 期，第 9—11 页。

② 李海：《如何贯彻多种多收和高产多收相结合的方针》，《实践》1962 年第 3 期，第 20 页。

③《全区开荒六百多万亩已经种了一半》，《内蒙古日报》1960 年 6 月 14 日，第 1 版。

④ 刘景平、郑广治主编：《内蒙古自治区经济发展概论》，第 487 页。

⑤ 内蒙古党委政策研究室、内蒙古自治区农业委员会编印：《内蒙古畜牧业文献资料选编》第二卷综合（下册）（内部资料），1987 年，第 117 页。

⑥《内蒙古党委关于调整呼伦贝尔盟大兴安岭以北牧业区农牧关系的报告》，内蒙古党委政策研究室、内蒙古自治区农业委员会编印：《内蒙古畜牧业文献资料选编》第一卷综合（内部资料），1987 年，第 130—132 页。

⑦《王铎同志在全国牧区工作会议上的发言》（节录），内蒙古党委政策研究室、内蒙古自治区农业委员会编印：《内蒙古畜牧业文献资料选编》第四卷草原（内部资料），1987 年，第 163 页。

旗共计封闭耕地220万亩[①]，占封闭耕地总量的1/2，由此可见1960年对呼伦贝尔草原开垦的错误程度。

在开荒浪潮中，出现了重视农业忽视牧业的现象，出现了开垦打草地、土质瘠薄的山地和沙地的现象，引起农牧关系紧张。乌兰夫在工作调查时发现了上述问题。1960年9月，中共内蒙古自治区委员会在海拉尔召开了第九次畜牧业工作会议。9月20日，乌兰夫到会讲话，就会议上反映的问题阐明自己的意见，其中就牧业区发展农业、开垦荒地问题，提出了六条原则，指示按照这些原则进行检查。[②]10月8日，中共内蒙古自治区委员会批转了乌兰夫写给内蒙古自治区党委的报告《乌兰夫同志关于在牧区、林区贯彻执行以农业为基础的方针和开垦草原发展农业中应注意的几个问题的意见》，其中提到"开垦必须在有水利条件的地方"；"绝对禁止开垦沙地、陡坡地，以免水土流失，造成沙荒，造成严重后果。已开垦的沙地，要迅速种草种树，加以弥补挽救"；"凡是开垦农田，就要同时造防护林带，这不但为保护农田、防止水土流失所必需，也是根本改变自然面貌，造福后代子孙的大问题"。[③]在12月4日中共内蒙古自治区委员会第十二次全体委员（扩大）会议通过的《内蒙古党委关于牧区人民公社当前政策问题的若干规定》中，上述开荒原则得到政策确认。

乌兰夫提出的开垦草原七原则得到中共内蒙古自治区委员会的高度重视。从1961年开始，中共内蒙古自治区委员会一系列会议和决议突出强调了牧区垦荒要有条件进行的方针。9月，中共内蒙古自治区委员会召开第十次畜牧业工作会议，决定组织力量，根据乌兰夫提出的七原则，对牧区开荒进行全面检查。检查的原则是："凡合乎规定，群众没有意见的，应当把农田牧场界限划定，把农田固定下来，并注意搞农田水利，防护林带等基本建设，提高农田产量，增加粮食生产；凡基本合乎要求，问题不大的，群众有些意见，应和群众商量做适当调整；完全

① 《内蒙古党委关于调整呼伦贝尔盟大兴安岭以北牧业区农牧关系的报告》，内蒙古党委政策研究室、内蒙古自治区农业委员会编印：《内蒙古畜牧业文献资料选编》第一卷综合（内部资料），1987年，第134页。

② 《乌兰夫同志在内蒙古第九次畜牧业工作会议上的讲话》，呼伦贝尔盟档案史志局编：《党和国家领导人视察呼伦贝尔盟纪实》，海拉尔：内蒙古文化出版社，2001年，第57—58页。

③ 内蒙古党委政策研究室、内蒙古自治区农业委员会编印：《内蒙古畜牧业文献资料选编》第二卷综合（上册）（内部资料），1987年，第591页。

开错了的，群众不满的，应当坚决闭掉"。[①]

1962年7月14日，乌兰夫在呼伦贝尔盟国营农牧场工作会议上对盲目开荒再次提出批评，并指示："对于已经开垦的草场，一定要按照中共中央批转西北局的3条原则检查处理。即：一、严重妨碍畜牧业生产的耕地一律封闭；二、对畜牧业妨碍不大，牧民意见不多的，经过同当地群众商量，在有利于发展畜牧业生产原则下，适当地收缩和调整；三、对畜牧业无妨碍的，在有利于发展畜牧业生产的原则下，争取办好。对弃耕的土地，应由原开垦单位负责平整，有条件的要种上牧草，以利草原更新。已开垦的沙地要迅速种草种树。"[②]

基于1960年大开荒以来，国营农牧场和机关、团体、学校、企业、事业、部队等单位，在牧业区开垦草原所引起的农牧矛盾，1963年5月13日，中共内蒙古自治区委员会和内蒙古自治区人民委员会联合发布《关于调整农牧关系保护牧场的规定》，提出了六条处理办法：

"第一、开垦的主要放牧场、打草场、牲畜舔碱（盐）地和堵塞了的放牧道、饮水道，凡是妨碍畜牧业发展的，应该一律封闭；

第二、凡是不宜种植的沙荒地、陡坡地、盐碱地和毁林地，破坏水土保持和可能造成沙化的垦地，应该一律封闭；

第三、无霜期短，或雨量很少，不宜种植作物或作物不易成熟的垦地，应当封闭；

第四、宜于种植，经过协商，牧民仍然坚持要封闭的耕地，应当按照牧民意见予以封闭；

第五、经过调整，应当确定国营牧场的经营规模，划定场、社界限，防止越界开垦；

第六、凡有条件保留一定数量饲料地的国营牧场，应当切实种好，做到粮、料自给或逐步自给，或自给有余。

所有封闭的耕地，都必须由原开垦单位或原开垦单位的上一级机关，制定切实可行的规划，做好善后工作。该种草的种草，该种树的种树，该平整的平整，

① 内蒙古党委政策研究室、内蒙古自治区农业委员会编印：《内蒙古畜牧业文献资料选编》第二卷综合（下册）（内部资料），1987年，第79—80页。

② 《在呼伦贝尔盟国营农牧场工作会议上的讲话》，乌兰夫革命史资料编研室：《乌兰夫论牧区工作》，第228页。

以利恢复和更新牧场，避免沙化和水土流失，影响草场利用。善后工作一年做不完，两三年也要做完。

牧区人民公社、生产大队和生产队，近几年来开垦的耕地，如不利于畜牧业发展，或可能造成沙化与水土流失的，也应当经过群众民主讨论，进行调整和封闭。”[①]

为了总结伊克昭盟草原工作的经验教训，解决存在的主要问题，为全区草原工作会议做准备，在内蒙古自治区人民委员会的指示下，中共伊克昭盟盟委于1964年1月13日至22日召开了伊克昭盟草原工作会议。会议对伊克昭盟草原建设正反两方面的经验教训进行了认真的总结。会议对于怎样建设草原提出了具体的意见："在牧区保护好现有植被，合理利用草场，有重点地进行人工补播、封滩育草、打修筒井，开辟井间缺水草场和提高水井的出水量；牧区的饲料基地，必须坚持少而精的原则，要有水利条件和防风固沙的条件，以种植优良牧草为主，努力提高单产；在半农半牧区，应本着‘宜农则农、宜牧则牧、宜林则林’的原则，划清农田、牧场的界限，并采取农牧林业相结合的综合措施，正确解决农牧林之间的矛盾，使之互相依存，共同发展；在沙区或者弃耕地多的地区，要造林种草、封沙育草，保护植被，防止沙化；各地对天然草场人工补播、种草植树的种籽、树苗都应当本着自采自繁自用的精神加以解决。”[②]

重视牧业保护草原，还是要粮食开荒？这个时期，内蒙古自治区的草原政策在正反两方面的10余年的博弈过程中，认识不断深化。1965年4月30日，内蒙古自治区人民委员会颁布了内蒙古历史上第一个草原管理条例，代表了这一时期中共内蒙古自治区委员会和内蒙古自治区政府对草原的认识以及保护和利用政策的总体水平，是对内蒙古自治区成立以来保护草原、建设草原政策的进一步总结和明确，也是防止草原荒漠化的一个非常重要的文件。

《内蒙古自治区草原管理暂行条例》共14条，解决了草原保护和建设的根本问题。第一，明确了草原的所有权和使用权。所有权为全民所有，使用权固定给

---

① 《内蒙古党委、自治区人委关于调整农牧关系保护牧场的规定》，内蒙古党委政策研究室、内蒙古自治区农业委员会编印：《内蒙古畜牧业文献资料选编》第四卷草原（内部资料），1987年，第165—166页。

② 《内蒙古人委工作组关于伊盟草原工作会议情况的报告》，内蒙古自治区人民委员会办公厅编：《内蒙古政报》1964年第4期，第12—13页。

国营企事业单位和人民公社的生产队；草原上的有价值的野生植物以及水面资源除由国家经营以外，随草牧场划归使用单位经营利用。第二，明确了草牧场使用权固定办法。即登记造册，由旗（县、市）人民委员会发给使用单位使用证。第三，规定了草原使用单位的权利和义务。即使用单位有长期使用的权利和经营保护、培育建设的义务；变更草牧场使用权时除按照国家规定办理外，必须经过原使用单位同意报内蒙古自治区人民委员会批准；草牧场使用单位要和防火系统以及地方行政机构共同承担草原防火的责任。第四，规定了保护草原植被的具体办法。即"砍柴挖药材，应由社、队统一安排，指定地区，有组织、有领导、有计划地进行，并要做到随挖随填，防止破坏草原植被。对现有林木应加强经营管理和保护，柴草兼用的灌木和树木，更应严加管理。砍柴应当砍死不砍活、砍枯不砍青、砍枝不砍根；搂草不准搂根；严禁挖草根，非挖不行时，要随挖随种，不得破坏植被。"第五，规定了开垦草原的审批程序及限制条件。每片在 1000 亩以内的由旗（县）人民委员会批准；1000 亩以上的由盟公署（市人民委员会）批准；5000 亩以上的由内蒙古自治区人民委员会批准；绝对禁止开垦沙地、陡坡地。第六，规定了草牧场使用单位建设草原的具体内容，包括草原水利建设、植树造林以及培育草原等。第七，规定农区和半农半牧区要加强现有草牧场管理，统筹安排农田牧场。第八，规定商业部门收购的牲畜须按照当地指定的路线赶运和放牧，并须在赶运路线进行必要的水、草、棚圈建设，不得与牧民争用牧场和水源。①

1965 年 6 月 10 日至 7 月 16 日，内蒙古自治区人民委员会召开了首届全区草原工作会议，总结推广杭锦旗、乌审召公社、镶黄旗等 9 个草原建设先进单位的典型经验。11 月 25 日，内蒙古自治区人民委员会主席乌兰夫为乌审召人民公社题词，号召"学习乌审召人民愚公移山，改造沙漠，建设草原，改天换地的革命精神"。12 月 2 日《人民日报》发表了满都呼、厚和、霍建文、徐兰池、郭小川等人的长篇报道《牧区大寨》，并发表社论《发扬乌审召人的革命精神》。乌审召公社成为全国改造沙漠建设草原的典型。②

---

①《内蒙古自治区草原管理暂行条例》，内蒙古党委政策研究室、内蒙古自治区农业委员会编印：《内蒙古畜牧业文献资料选编》第四卷草原（内部资料），1987 年，第 183—185 页。

② 内蒙古自治区畜牧厅修志编史委会编：《内蒙古自治区志·畜牧志》，呼和浩特市：内蒙古人民出版社，1999 年，第 199页。

第四节　1953～1965年内蒙古防治荒漠化的效果

一、植树造林的成绩

从植树造林情况看，1953年到1955年，三年累积造林11.34万公顷，比1950—1952年的总和多4.72万公顷。[①]

从造林成果来看，1956年以后，确实出现了造林高潮。1956年以前，造林最多的年份是1952年，为4.43万公顷。1956年，猛增为12.79万公顷，相当于前六年总和（17.96万公顷）的71%。1956年以后，除了1957年、1961年、1962年、1963年、1969年这五年，造林数字在10万公顷以下外，其余年份造林面积均在11万公顷以上。表2-1是1950年以后的年造林数字表，从中可以很直观地看出这个变化趋势。

表2-1　1950～1977年内蒙古造林面积统计表[②]　　（单位：万公顷）

年份	面积	年份	面积	年份	面积	年份	面积	年份	面积
1950	0.53	1956	12.79	1962	4.73	1968	11.10	1974	20.59
1951	1.66	1957	8.27	1963	5.24	1969	9.60	1975	23.68
1952	4.43	1958	37.13	1964	15.86	1970	11.71	1976	26.19
1953	3.68	1959	31.93	1965	20.00	1971	16.33	1977	34.52
1954	3.93	1960	39.10	1966	16.32	1972	16.20		
1955	3.73	1961	7.41	1967	15.55	1973	18.77		

从1947年到1962年，内蒙古自治区全区封山育林面积达3600万亩，封育成林约2200多万亩，造林保存面积为600万亩，零星植树5亿余株，迹地更新373多万亩（其中人工更新112万亩），森林抚育336万亩次，全区森林面积比中华人

① 《内蒙古农牧业经济五十年》编辑委员会编：《内蒙古农牧业经济五十年（1947—1996）》（内部资料），呼和浩特，1997年，第39页。

② 《内蒙古农牧业经济五十年》编辑委员会编：《内蒙古农牧业经济五十年》（内部资料），1997年，第39页。

民共和国成立初期增加了3200多万亩。[①]其中，1953年至1962年的两个五年计划期间，造林面积2279.7万亩，零星植树49523.9万株，封山育林3137.3万亩，迹地更新372.4万亩（人工更新112万亩），抚育成林335.8万亩。[②]

到1958年，造林典型赤峰县有27个村已经绿化，9个村基本完成绿化。杭锦后旗二支渠乡，营造了一条20华里长，面积830亩的防沙林带，绿树成荫，固定了沙丘，获得了连年丰产。磴口县从1953年开始造林，已经造起5.4万余亩的树林，形成长达190华里的防沙林带，挡住了风沙，保护了5万亩农田。[③]

1956年到1965年，凉城县在境内401座山头、933条沟里造林2.2万公顷，出现了西营子村、小夭沟村等营造水土保持林的典型。和林县用两年时间完成了从三道营乡至县城城关镇北梁万亩水土保持林的营造，丰镇县三义泉乡在荒山荒地造林近3000公顷。察右前旗的花泉乡、兴和县的凤凰山、卓资县的十字等地，也都经过造林保持了水土。[④]

赤峰市在“一五”时期（1953～1957年）累计造林177.95万亩，年均造林35.6万亩，年均四旁植树200万株；1958年至1962年的“二五”时期累计造林199.6万亩，年均造林39.9万亩，四旁植树年均700.7万株；1963年至1965年人工造林累计183.9万亩，年均61.3万亩，四旁植树年均1271.6万株。[⑤]

二、水土保持方面的成绩

据1963年8月召开的内蒙古自治区水土保持工作会议材料，从1956年到1963年8月，水土保持工作取得了很大的成绩，共完成初步治理面积1.4575万平方公里，加工提高面积2804平方公里。其中修梯田约105万亩，培地埂约462万亩，营造水土保持林631万亩，种草约209万亩，改良牧场约131万亩，兴修小型塘

① 《内蒙古农牧业资源》编委会编：《内蒙古农牧业资源》，呼和浩特：内蒙古人民出版社，1965年，第386页。

② 《内蒙古农牧业资源》编委会编：《内蒙古农牧业资源》，第423页。

③ 杨植林：《克服右倾保守思想，鼓足革命干劲，为实现农牧业生产大跃进而奋斗！》，《内蒙古政报》1958年第7期，第8页。

④ 乌兰察布盟地方志编纂委员会编：《乌兰察布盟志》（中），海拉尔：内蒙古文化出版社，2004年，第1008页。

⑤ 赤峰市地方志编纂委员会编：《赤峰市志》（上），第797页。

坝 12.5 万座，引洪漫地约 118 万亩，谷坊 68 万亩。水土保持工作典型地区已经收到了良好的经济效益，呼和浩特市郊区东秆丈生产大队，过去是山穷地瘦，连年受灾，经过 7 年的治理，坡地实现了地埂化，粮食单产从 40 多斤增长到 69 斤，由缺粮队变成了余粮队。赤峰县白庙子大队过去是光山秃岭，群众生产生活十分困难，经过 7 年的治理，粮食单产由 56 斤提高到 80 斤，过去吃供应粮，1962 年向国家交售公购粮 32 万斤。营造的 6285 亩用材林、1.5 万亩的经济林，已经成材和结果。[①]到 1964 年 10 月，辽河地区除涝治碱 200 多万亩，黄河灌区重盐碱耕地由 15%下降到 5%～10%左右。[②]

三、草原保护与建设成绩

东部的内蒙古自治区和西部的绥远省分别在 1950 年、1952 年明确停止“奖励开荒”政策后，多次发出指示、采取措施纠正生产中存在的开荒、破坏牧场行为。内蒙古自治区的“禁止开荒”政策虽然并不能令行禁止，完全制止生产中的开荒行为，但是其约束作用还是很明显的。全区耕地面积 1959 年底比 1953 年底增加了 74 万亩，而 1953 年底比 1947 年底增加了 1352 万亩。前 6 年，平均每年增加 225.3 万亩；后 6 年，平均每年增加 12.3 万亩。这说明开垦草原的势头在 1960 年大开荒之前一度得到了控制。

1960 年大开荒之后，内蒙古自治区政府对开荒政策做了一些调整，对滥垦的耕地进行了整理。到 1966 年，把 1958 年至 1962 年建立起来的 206 万亩饲草料基地,封闭了 130 多万亩。[③]仅伊克昭盟从 1961 年到 1963 年就封闭了开垦的草场 112 万亩，占 1958 年以后开垦的 38.8%。[④]但是在全国“以粮为纲”的大背景下，在中

① 《内蒙古自治区山区建设和水土保持委员会关于加强水土保持工作的报告》,内蒙古自治区人民委员会办公厅编:《内蒙古政报》1963 年第 25 期，第 6—7 页。

② 内蒙古自治区档案馆编:《内蒙古自治区经济发展信息总汇》，第 195 页。

③ 《内蒙古自治区人民委员会批转自治区抗旱抗灾指挥部“西部四盟抗灾保畜工作会议纪要”》，内蒙古自治区人民委员会办公厅编:《内蒙古政报》1966 年第 9 期，第 9 页。

④ 《内蒙古人委工作组关于伊盟草原工作会议情况的报告》，内蒙古自治区人民委员会办公厅编:《内蒙古政报》1964 年第 4 期，第 11 页。

央的粮食任务的指令下[①]，在内蒙古人口增长过快造成的粮食短缺的压力下，开荒现象始终无法停止下来，始终无法很好地反应“开荒政策”，就出现了一方面不断重申“保护牧场，禁止开荒”政策，另一方面又保留了“开荒免税”政策，导致内蒙古自治区的开荒活动始终没有停止，不过开荒面积已经大大缩减。根据有关部门的统计数字（实际开荒数应该大于统计到的数字），以开荒面积较大的1963年为例，也只有172万亩，相当于1960年开荒面积的1/8。而且，开荒面积呈现递减趋势。[②]

草原建设方面，1956年至1959年，内蒙古自治区畜牧部门对全区草地资源开展了首次全面普查，完成了全区牧区53万平方公里（除额济纳旗）的草原普查及19个旗109个人民公社的生产规划的历史任务。初步摸清了水、草、土壤等资源情况，为保护草原、合理利用草原提供了条件。通过规划，为牧区公社选出了591个定居点，选出饲料基地753.5万亩，打草场195.6万亩，安排了牧区公社的四季轮牧营地。[③]此后，在国家的规划下，1961年至1964年，中国科学院组织内蒙古、宁夏综合考察队对内蒙古草地资源进行了多学科的综合考察，编制和出版了内蒙古1：100万天然草场类型图和《内蒙古自治区及其东西毗邻地区天然草场》等综合考察专集，比较详细地完成了对内蒙古草原资源及其地形地貌等各种资源的考察，为经济建设决策提供了比较准确的依据。[④]

草原改良方面，通过灌溉、补播牧草、施肥、铲除醉马草等措施，对草场进行局部改良。截止1965年7月，草原打筒井3.5万眼，机井123眼，开辟缺水

---

① 据乌兰夫讲：1962年，中央给内蒙古下达的粮食上调任务是4亿斤。内蒙古曾要求减少1亿斤以便恢复当时的“人瘦、地瘦、牲畜瘦”的状况。(《在呼伦贝尔盟国营农牧场工作会议上的讲话》，乌兰夫革命史料编研室编：《乌兰夫论牧区工作》，第227页）1947年到1968年，全区净调出粮食67.35亿公斤，平均每年支援国家3亿公斤粮食。[元涛、李斌：《对逐步实现我区粮食自给问题的探讨》，《实践》1987年第22期，第17页]

② 到1976年开荒面积减少到6.62万公顷，见《内蒙古农牧业经济五十年》编辑委员会编：《内蒙古农牧业经济五十年（1947—1996）》(内部)，呼和浩特，1997年，第27页。

③《1959年全区草原工作总结》(摘要)，内蒙古党委政策研究室、内蒙古自治区农业委员会编印：《内蒙古畜牧业文献资料选编》第四卷草原（内部资料），1987年，第144—145页。

④《内蒙古自治区草地资源的历史沿革和现状》，傅守正主编：《构筑北疆绿色屏障》，呼和浩特：内蒙古人民出版社，2002年，第11页。

草场6000多万亩，改善草场供水面积3亿多亩，建立人工饲草料基地77万亩。①

1959年改良草原300多万亩。额济纳旗通过春天蓄洪灌溉草原126.7万亩，使不毛之地长出了优良牧草。②

四、沙漠治理成绩

1961年至1964年，考察队对内蒙古地区进行了综合考察，摸清了内蒙古地区沙漠的状况。

从1949年到1966年，17年来，乌审召人民公社治沙22万亩，造林85万株，种草6千多亩，建成草库伦11.5万亩，总周长达1000华里，建成高产稳产的饲料基地1600余亩，成为治沙战线上“农业学大寨”的一面红旗。特别是推行了“库伦法”，把治沙和草原建设结合起来，全公社有各种库伦58处，总面积11万多亩，另外还有200多个畜群小库伦。就经济类型来说，有打草库伦、放牧场库伦、林业库伦、治沙库伦等十多种。实践证明，库伦法是当地管理草原、保护草原、合理利用草原、治理沙漠、建设基本草牧场的一种行之有效的方法。多年来，乌审召人民公社在6000亩草库伦中，建有乔木林带11条，植树7万余株，沙柳灌木带40条，林带总长1万米，高产稳产的饲料基地200亩，种草500亩，治沙1000亩，封育打草场2800亩，林地1000余亩。目前内蒙古伊克昭盟的广大农牧民在治沙方面取得了显著成就，全盟造林已达60万亩，固定和控制流沙349万亩，促进了农牧业的发展。③

乌兰布和沙漠伸入巴盟境内的面积为33.73万公顷（506万亩），西起乌兰拜兴东侧与阿拉善盟阿拉善左旗相邻，东至磴口县协城乡，北至狼山脚下，南至黄河西岸。磴口县的封沙造林工作始于1951年，到1958年，成功地营造了第一条防沙林带，长154公里，宽350米至400米，共8万余亩。在林带西侧划定长193

---

①《沈新发同志在全区草原工作会议上的总结发言》，内蒙古党委政策研究室、内蒙古自治区农业委员会编印：《内蒙古畜牧业文献资料选编》第四卷草原（内部资料），1987年，第188页。

②《1959年全区草原工作总结》（摘要），内蒙古党委政策研究室、内蒙古自治区农业委员会编印：《内蒙古畜牧业文献资料选编》第四卷草原（内部资料），1987年，第145页。

③ 中国科学院内蒙宁夏综合考察队：《内蒙古自治区及东北西部地区地貌》，北京：科学出版社，1980年，第191页。

公里，平均宽5公里的封沙育林育草区。同时筑起防风墙30余公里，种草1万多亩，开挖渠43条，引水灌沙，封沙育林育草。杭锦后旗的防沙造林工作始于1952年，到1958年，杭锦后旗营造了北起双脑包，南经太阳庙、二支渠、召庙，长22公里、宽10公里的防沙林带，总面积9.54万亩。[①]乌兰布和沙漠防沙林带形成后，防护效益明显，“阻止了流沙东侵，保护了沙边的良田，扭转了过去沙进人退沙赶人搬家的局面。据一九六七年的观测，在林带树木高大的范围内，比无林带地段降低风速52.8%～58.3%”。[②]

① 巴彦淖尔盟志编纂委员会编：《巴彦淖尔盟志》（上），呼和浩特：内蒙古人民出版社，1985年，第523—524页。

② 杜占奎：《乌兰布和沙漠引黄灌区的开发及其效益》，中国人民政治协商会议磴口县委员会编：《磴口文史资料辑》第3辑（内部资料），1986年，第43页。

第三章　1966～1977年内蒙古自治区的荒漠化防治工作

1958年开始的“大跃进”运动和1959年发生的全国性的严重的自然灾害，给国民经济的健康发展造成严重冲击。从1960年开始，中共中央提出了“调整、巩固、充实、提高”的八字方针，着手对国民经济进行整顿。到1962年，整顿工作已经收到显著的效果。从内蒙古地区各种经济指标看，1964年和1965年，国民经济发展势头良好，与荒漠化防治工作有关的植树造林、草原建设、水土保持、沙漠治理等工作，较之1961～1963年，取得了比较好的成绩。1965年，伊克昭盟等地区做出了荒漠化防治工作10年规划，全区草原工作会议制定了1966年度草原建设计划等。1966年5月爆发的“文化大革命”，尤其是1967年的上海“一月风暴”，此时“文化大革命”进入全面夺权阶段，社会陷入打倒一切的混乱状态，严重地干扰了各项生产，荒漠化防治工作毫无例外地受到了严重的冲击。随着1967年中共中央实施“三支两军”和各地区集党政大权于一身的“革命委员会”的建立，社会秩序、生产秩序失控局面才得到控制。内蒙古自治区革命委员会筹备小组成立于1967年6月，11月正式成立了内蒙古自治区革命委员会，一度取代了中共内蒙古自治区委员会和内蒙古自治区人民委员会的职能。各盟（市）旗（县）也成立了当地的革命委员会。“文化大革命”时期内蒙古的荒漠化防治工作与其他各业一样虽然在曲折中发展，但仍然取得了一定的成绩。

第一节　1966 年前后内蒙古的环境恶化状况

阿拉善盟在 20 世纪 50 年代后期，还有梭梭林、胡杨林 113 万多公顷，到 20 世纪 70 年代末只剩 60%。20 世纪 50 年代末，仅伊克昭盟境内有天然林 4 万多公顷，到 1960 年对毛乌素沙漠考察时，只剩 1.5 万公顷。[①]

哲里木盟奈曼旗黄花塔拉公社位于科尔沁沙地南缘台地，总面积 31.4805 万亩。20 世纪 50 年代初期，这里植被很好，水草茂密。随着人口从 1949 年的 3561 人迅速增加到 1963 年的 5709 人，滥垦、滥樵、滥牧等不合理的土地利用方式，到 20 世纪 60 年代初期，这里成了一片白茫茫的沙地。1963 年沙化面积已经占总土地面积的 80%，其中严重沙化面积占 50%。[②]

截至 1972 年，伊克昭盟水土流失总面积 3.1216 万平方公里，占伊克昭盟总面积的 35.3%。其中准格尔旗、达拉特旗、东胜县、伊金霍洛旗是伊克昭盟水土流失最严重地区，水土流失总面积 1.3163 万平方公里，占该地区总面积的 55%。[③]伊金霍洛旗的沙化面积在中华人民共和国成立初期有 3 万多公顷，到 1974 年发展到 20 多万公顷。全盟和毛乌素地区中强度沙漠面积 1974 年比 1957 年增加 1 倍多。根据 1957 年和 1977 年两期航片对比，20 年间，伊克昭盟流沙、半流沙面积每年平均扩展 5.6 万公顷。1979 年与 1966 年比较，全盟草原面积减少 16.9%，产草量下降 26%。[④]

1975 年，内蒙古自治区革命委员会曾经对全区[⑤]草原工作有一个总结，认为二十多年来，全区畜牧业生产有了很大发展，草原建设取得了很大成绩，但是，在

① 《内蒙古森林》编辑委员会编著：《内蒙古森林》，北京：中国林业出版社，1989 年，第 317 页。

② 奈曼旗人民政府：《奈曼旗黄花他拉公社沙漠化概况及其防治成效》，《中国沙漠》1982 年第 3 期，第 38 页。

③ 《伊克昭盟水土保持专题报告》，伊克昭盟档案馆编：《绿色档案 · 荒漠治理者的足迹》（下册）（内部资料），2001 年，第 412 页。

④ 贺勤：《毛乌素沙漠的变迁与气候》，中国人民政治协商会议内蒙古伊克昭盟委员会文史资料委员会编：《伊克昭文史资料》第 8 辑，1994 年，第 150 页。

⑤ 1969 年至 1979 年，内蒙古自治区的辖区仅包括锡林郭勒盟、乌兰察布盟、呼和浩特市、包头市、伊克昭盟、巴彦淖尔盟等 4 盟 2 市。

生产发展的过程中，对草原的保护和利用也带来了不少问题。其中比较突出的是牧区 4.65 亿亩草原，近三分之一的草场（约 1.5 亿亩）不同程度退化，产草量减少 40%～70%，还有 5000 万亩草原沙化，1000 万亩因开垦而毁掉。[①]

第二节 1966～1977 年党和政府对内蒙古环境问题的认识

中华人民共和国成立后采取了大力恢复、发展农牧业生产的方针。随着农牧业生产的恢复和发展，环境问题的负面作用显现出来。1965 年 7 月 16 日，内蒙古自治区副主席沈新发在全区草原工作会议上指出，“一部分地区草场逐年退化，饲草严重不足，牧场载畜能力与牲畜头数的发展不相适应”。“草牧场退化是普遍的趋势。尤其定居点、集镇周围、春营地、河流两岸、供水点周围，退化的更加明显；农区、半农半牧区有的牧场沙化和水土流失。”他认为草原退化、沙化的原因：“一是连年干旱，风蚀水蚀；二是过度放牧，利用不够合理；三是在牲畜大发展的情况下，建设跟不上去，甚至人为的破坏。”草场退化的程度非常严重，以每头牲畜储草量衡量，1952 年为 368 斤，1964 年是 217 斤，减少了 151 斤，下降幅度为 41%。“牧区造林，还未引起重视。有的认为牧区不能造林，把林牧矛盾绝对化。很多集镇居民点、国营农牧场都没有植树。有条件的地方也不封育，特别是对草原上的灌木林和饲料林，缺乏必要的抚育更新，造成林木退化。因而，沙区明沙流动，丘陵山区水土流失，牧场受到破坏，雨愈下愈少，风愈来愈大。”[②]

1964 年，时任内蒙古自治区农业厅厅长的高布泽布在《内蒙古日报》发表文章，用生态环境正反两方面的事例，阐述了保护环境，造福人类的观点。高布泽布根据实地调查的经历，讴歌了扎鲁特旗罕山多草树，药材遍地，狍鹿成群；林西县机关干部大治西山，使光山秃岭的西山变成花果园。相反，哲里木盟巨流河

① 《全区 1975 年草原工作总结》（节录），内蒙古党委政策研究室、内蒙古自治区农业委员会编印：《内蒙古畜牧业文献资料选编》第四卷草原（内部资料），1987 年，第 243 页。

② 《沈新发同志在全区草原工作会议上的总结发言》，内蒙古党委政策研究室、内蒙古自治区农业委员会编印：《内蒙古畜牧业文献资料选编》第四卷草原（内部资料），1987 年，第 189—190 页。

牧场第三分场，从 1954 年到 1964 年的十年的时间，从一处丰美的牧场变成了沙荒。清朝末年，库伦旗曾经是“满山树木遍地草”，到 1964 年作者调查时，已经是“水土流失沟万条”。从武川县到化德县沿途的农田牧场，“山上土薄植被少，平地牧场草不好；人无燃料畜缺草，大片农田沙化了”。高布泽布认为，这些事例表明，大自然被人破坏则给人带来不利的后果，被人改造则能造福于人，因此应该大力营造“林网草田轮放牧场”。[①]

1967 年 1 月召开的全区农牧林业生产建设会议总结了畜牧业发展的教训，指出连续三年的自然灾害给畜牧业生产造成了很大的损失，也暴露了工作中的缺点。缺点之一是“重视草原建设不够”，“草原退化，牲畜质量下降，严重地影响了畜牧业生产发展”。因此，今后应该因地制宜，建设可靠的放牧草场，加强草原管理，合理利用天然草场，大搞人工抚育更新草场，大抓封滩育草、草圈子建设，积极推行划区轮牧，固定草牧场使用权，以利草原的保护和建设。[②]

1973 年 11 月，中共内蒙古自治区畜牧局党委就全区牧业学大寨检查评比向中共内蒙古自治区委员会做了汇报。此次全区的评比检查，难能可贵的是有关草原的保护和建设的认识得到了深化和升华，提出“要实行建设基本草牧场和保护、合理利用天然草原相结合的两条腿走路方针。保护是基础，建设是方向。要像农区保护庄稼一样，保护好牧区草原”[③]。之所以说这个认识是荒漠化防治认识的升华，原因有两点，第一，内蒙古自治区成立后，二十多年的时间里，开了很多草场，多次出台保护牧场禁止开荒的指示，但是总是屡禁不止，问题就在于人们的思想深处把草原等同于荒地。第二，正确地处理了保护与建设的关系，鲜明地提出保护是基础，建设是方向这样正确的理念。

内蒙古自治区革命委员会在《1975 年全区草原工作总结》中，针对草原建设中存在的问题，鲜明地提出了“保护好草原，不仅关系当前生产，对于后代子孙

---

① 高布泽布：《谈谈怎样建设林网草田轮放牧场和它的好处》，内蒙古党委政策研究室、内蒙古自治区农业委员会编印：《内蒙古畜牧业文献资料选编》第九、十卷社论、评论、文稿（合）（内部资料），1987 年，第 197—198页。

②《内蒙古自治区人委批转全区农牧林业生产建设会议纪要》，内蒙古党委政策研究室、内蒙古自治区农业委员会编印：《内蒙古畜牧业文献资料选编》第二卷综合（下册）（内部资料），1987 年，第 212 页。

③《畜牧局党委关于全区牧业学大寨检查评比会议几个问题的报告》，内蒙古党委政策研究室、内蒙古自治区农业委员会编印：《内蒙古畜牧业文献资料选编》第二卷综合（下册）（内部资料），1987 年，第 267 页。

也非常重要”的观点。[①]

1973 年 6 月 19 日，伊克昭盟水利局在其撰写的《伊克昭盟水土保持专题报告》中深刻地认识到：“水土流失是影响我盟农牧业生产发展的一个突出问题。历史遗留下来的不合理耕作制度，加速了水土流失，又互为因果，形成了恶性循环。结果是地越种越多，粮食越打越少，造成林草破坏。”“因此要从根本上改变生产条件，解决我盟的粮食问题，必须注意水土保持工作。”[②]

1976 年 4 月，全区草原工作站站长会议上，对草原破坏与建设的状况做出了一个清醒的判断。会议认为二十多年来，全区草原建设取得了很大成绩，在发展的过程中也带来了一些问题。牧区近三分之一的草场（约 1.5 亿亩）不同程度退化，0.5 亿亩草原沙化，1000 万亩被开垦毁掉，鼠害和虫害也很严重。学大寨十一年来，全区建设草库伦不过 500 多万亩，“草原建设的速度远远赶不上退化、沙化、鼠害和人为破坏的速度，加强草原管理，保护好草原，已经是一个十分迫切、十分严重的大问题”。[③]

很多文献都证明，在这个时期，内蒙古自治区各级领导对环境恶化的形势有了清醒的认识，认识到环境恶化既有自然界的原因，也有人为的原因，认识到了环境保护工作的突出意义。

第三节　1966～1977 年内蒙古防治荒漠化的政策与措施

一、植树造林与森林保护

“文化大革命”开始后，内蒙古自治区林业机构陷于瘫痪，各盟市林业机构

① 《全区 1975 年草原工作总结》（节录），内蒙古党委政策研究室、内蒙古自治区农业委员会编印：《内蒙古畜牧业文献资料选编》第四卷草原（内部资料），1987 年，第 242 页。

② 《伊克昭盟水土保持专题报告》，伊克昭盟档案馆编：《绿色档案·荒漠治理者的足迹》（下册）（内部资料），2001 年，第 412 页。

③ 《全区草原工作站站长会议纪要》（节录），内蒙古党委政策研究室、内蒙古自治区农业委员会编印：《内蒙古畜牧业文献资料选编》第四卷草原（内部资料），1987 年，第 247 页。

也都处于无政府状态，国营林场、治沙站也多被关停并转放，社队的林业专业组织大多采取了收缩、散伙方式，致使全区的林业工作呈现上面无人抓，下面无人管的局面。这种状态从 1968 年开始，持续到 1970 年。1971 年全国林业工作会议后，才得到恢复和发展。

1971 年 8 月 12 日至 9 月 19 日，国务院在北京召开全国林业工作会议，研讨发展林业的方针、政策、规划和 1972 年的林业计划。经国务院批准，农林部于 1973 年 8 月 10 日至 23 日，在山西运城地区召开了全国造林工作会议，与会代表共 715 人。会议认真学习了有关林业的方针政策，检查了 1971 年全国林业工作会议的贯彻情况，总结交流了经验，着重讨论了进一步加快绿化步伐、提高造林质量等问题。会议期间全体代表参观了运城地区夏县、平陆、运城等县的造林绿化工作。这两次林业会议在“文化大革命”期间起到了林业领域的拨乱反正的作用。会后，全国各地迅速掀起了植树造林的高潮。

全国林业工作会议后，结合 1970 年全国北方农业会议精神，1971 年 10 月 18 日，中共内蒙古自治区委员会制定并公布了《关于当前农村牧区若干政策问题的规定》。关于林业工作，中共内蒙古自治区委员会要求发动群众大力植树造林，积极营造防风固沙林、水土保持林和用材林、薪炭林、经济林，认真贯彻执行毛主席关于“植树要以成活为标准”的指示，提高造林质量，加强对新造幼林的保护和管理，做到造一片，活一片，成立一片，严禁乱砍滥伐、毁林开荒、放牧毁林等现象。在优先发展国有林和集体林的条件下，积极鼓励社员在房前、屋后、院内和生产队指定的其他地方植树，并长期归社员所有。过去社员在上述范围以外的地方植的树，不妨碍集体生产的，继续归社员所有；妨碍集体生产的（如占用了集体耕地等），可以经过协商合理作价归集体，还可以由本人继续负责抚育，生产队给予一定的报酬。[①]

1973 年 3 月 26 日，内蒙古自治区革命委员会副主任沈新发在全区畜牧业生产会议上，代表内蒙古自治区革命委员会发言。关于牧区的林业建设，沈新发提出“牧区的林业建设的重点，是营造基本草牧场的防风固沙林、饲料林以及防护林，

① 《关于当前农村牧区若干政策问题的规定》，内蒙古党委政策研究室、内蒙古自治区农业委员会编印：《内蒙古畜牧业文献资料选编》第二卷综合（下册）（内部资料），1987 年，第 223—226 页。

结合防风固沙解决部分用材。林业部门要把牧区林业切实管起来，不能停留在一般号召上，要坚持群众运动与专业队常年造林、育林、护林相结合，逐步实现队队有林地”。沈新发还提出了具体的植树造林任务，要求1973年牧区各国营牧场、人民公社和生产队都要建立起苗圃，尽快实现苗木自给，锡林郭勒盟、乌兰察布盟和巴彦淖尔盟要在边防地区，力争十年左右营造起一条大型边防林带，对国防建设做出贡献。[①]

1973年全国造林工作会议推动了全区的植树造林工作，出现了植树造林高潮。乌兰察布盟凉城县六苏木乡当年就掀起了大造农田防护林的热潮。仅两春一秋，全乡4000公顷滩地实现了田、路、渠、林统一规划，共修干、支渠273公里、机耕路211公里，营造主副林带395公里，基本实现了农田林网化。[②]

1974年3月，内蒙古自治区制定了《内蒙古自治区林业发展规划（草案）》，重申了“依靠社队集体造林为主，同时积极发展国营造林”和“国造国有，社造社有，队造队有，社员在房前屋后院内以及生产队指定的其它地方植树，长期归社员个人所有”的政策。7月，内蒙古自治区农林局在凉城县召开了两化（园田化、园林化）四配套（田、路、渠、林配套）现场会，推广凉城县岱海滩区农田林网化建设经验，号召全区平原农区按规定标准大搞园田化园林化建设。[③]会后在全区掀起了大规模“两化四配套”建设的群众运动。呼和浩特市城北的防风林，1949年开始营造，长15公里，宽210米，面积151公顷，1966年至1973年，该防风林遭到很大破坏。1974年开始更新树种，栽植了20年生的油松。[④]

“文化大革命”爆发后，由于正常的秩序被打乱，正确的林业政策得不到执行，林木破坏现象一度非常严重。内蒙古自治区农林局于1974年8月30日，向内蒙古自治区党委报送了《关于当前毁林情况的紧急报告》，报告了损毁林木的状况、类型、原因。报告指出：据塔尔湖、蛮汗山、兵团宝格达山等41个国营林业生产单位不完全统计，1971年至1974年，乱砍滥伐毁林面积达2.5867万公顷，相当于全区国有

---

① 《以路线为纲深入开展牧业学大寨运动，加快建设步伐，夺取畜牧业生产的新胜利》，内蒙古党委政策研究室、内蒙古自治区农业委员会编印：《内蒙古畜牧业文献资料选编》第二卷综合（下册）（内部资料），1987年，第258页。

② 魏捷、朋子英：《历史的铭记——访原自治区林业厅厅长哈伦同志》，《内蒙古林业》1997年第1期，第8页。

③ 《内蒙古林业发展概论》编委会：《内蒙古林业发展概论》，第64页。

④ 《内蒙古森林》编辑委员会编著：《内蒙古森林》，第325页。

林总面积的8%，为1974年当年全区国营造林任务的3倍；毁林开荒353公顷，放牧毁林近5000公顷，开矿毁林400多公顷，炸毁林木45万多株。有的地区违背中央《305号通知》精神，将1290公顷国有林划归社队。林权下放后，大部分林木被砍掉。也有些生产队将社员的自留树收尽、砍光，还有的毁林搞副业生产，从事木材自由交易。鉴于这种情况，1974年10月9日，中共内蒙古自治区委员会把农林局的“紧急报告”批转全区各盟市旗县党委；12月19日，国务院农林部把“紧急报告”批转至各省（市、自治区）林业部门；是年11月9日，内蒙古自治区革命委员会发布《关于保护森林资源，制止破坏山林树木的布告》。[①]

1975年10月4日，内蒙古自治区革命委员会发布《关于林业政策的若干规定（试行草案）》，再一次明确依靠社、队集体造林为主，积极发展国营造林的方针；执行“国造国有，社造社有，队造队有”的政策；鼓励社员种少量的自留树；允许社员家庭经营少量的薪炭林；确保山林树木所有权，加强林木保护管理；严格履行林木采伐批准手续，加强木材市场管理，认真执行育林基金制度；实行护林有功者奖，毁林者罚。[②]

二、水土保持

“文化大革命”对内蒙古自治区的水土保持工作形成了冲击。“缺乏统一管理，缺乏统一规划，各地水土保持工作发展不平衡，放松了对水土保持工作的领导。”具体表现是“近几年，水土保持机构、人员变动较大。水土流失严重的乌、伊两盟没有水土保持机构和专管人员”。1966年前，内蒙古自治区西部的四盟二市有水土保持机构35处，到1973年7月只有9处，仅占四分之一。[③]1967年到1972年，伊克昭盟达拉特旗青达门水土保持专业队和合同沟水土保持工作站全被撤销，工作站只留1人守摊。[④]

---

① 中共内蒙古自治区委员会党史研究室：《守望家园：内蒙古生态环境演变录》，北京：中共党史出版社，2009年，第199—200页。

② 中共内蒙古自治区委员会党史研究室：《守望家园：内蒙古生态环境演变录》，第200页。

③ 内蒙古自治区革命委员会水利局编：《内蒙古自治区水利建设统计资料汇编（1949—1975）》，1975年，第11—12页。

④《达拉特旗水利水保志》编委会编：《达拉特旗水利水保志》，呼和浩特：内蒙古人民出版社，1989年，第136页。

1970 年北方地区农业会议后，水土保持工作主要是以建设基本农田为目的的水土保持。1970 年冬和 1971 年春，各地农村贯彻北方地区农业会议的精神，自力更生、艰苦奋斗，大搞农田基本建设，全国共有近百万名干部、1 亿多农民群众参加。

1973 年 4 月召开的“黄河中游水土保持工作会议”促进了伊克昭盟、巴彦淖尔盟、包头等地区的水土保持工作，水土保持机构进一步恢复，水土保持工作出现了新的势头。

1973 年 3 月至 7 月，内蒙古自治区水利局对全区的水利工作进行了全面检查，撰写了《内蒙古自治区水利工程大检查总结报告》，其中有关水土保持工作，规划了水土保持的任务：到 1975 年底，丘陵山区每个农业人口建成 1 亩高产稳产基本农田，造 1 亩林，种 1 亩草，初步治理面积达到 15%。制定了水土保持工作的措施：第一，认真贯彻“以土为首，土水林综合治理，为发展农业生产服务”的方针。依靠群众，自力更生、艰苦奋斗，因地制宜、全面规划，分期治理；第二，大搞群众运动，每年抓住秋收后上冻前，开冻后春播前，夏收后秋收前的有利时机搞三次战役，组织 70%的劳力投入治山治水，并抽调 10%的劳力组成专业队，坚持常年治理；第三，重点旗（县）建立健全水土保持工作站或试验站，培训技术力量，每个生产队培养 1 名水保农民技术员；第四，建立树种草籽基地，1975 年做到自给。[①]这些措施是“文化大革命”前 10 年形成的治理水土流失的有效经验。

水土流失重灾区的伊克昭盟于 1973 年 6 月形成了《伊克昭盟水土保持专题报告》，在总结伊克昭盟水土保持工作的成绩和存在问题的基础上，确定了伊克昭盟水土保持的任务和措施。伊克昭盟的年度水土保持任务是：1973 年达到治理面积 2670.95 平方公里，梯田达到 8.3841 万亩，地埂 14.9904 万亩，坝地 5.2763 万亩，引洪淤澄地 6.5364 万亩，水保林 89.4605 万亩。1975 年达到治理面积 3670.95 平方公里，梯田达到 18.3841 万亩，地埂 24.9904 万亩，坝地 5.7763 万亩，引洪淤澄地 9.0364 万亩，水保林 200 万亩。1977 年达到治理面积 4671 平方公里，梯田达到 30 万亩，地埂 35 万亩，坝地 7 万亩，引洪淤澄地 13 万亩，水保林 500 万亩。具体措施是抓好黄甫川、八大孔兑、乌兰木伦河三项工程的综合治理，贯彻“以

① 内蒙古自治区革命委员会水利局编：《内蒙古自治区水利建设统计资料汇编（1949—1975）》，1975 年，第 18—19页。

土为主，水土林综合治理，为农业生产服务”的方针，建立健全水土保持机构，充实加强办事员和技术力量，抓好水土保持机械化。[①]

不同的旗（县）、公社及生产大队，由于水土流失的状况和干部的认识水平不同，“文化大革命”开始后对水土保持工作重视程度亦不同。有的地区排除了“文化大革命”的干扰，坚持水土流失的治理，有的地区在北方农业会议后即恢复了水土流失的治理工作，也有的地区于 1973 年黄河中游水土保持会议后才恢复水土保持工作。

伊金霍洛旗新庙公社新庙大队是一个沙石山区，从 1964 年开始，当地的干部群众在 7 条沟里打起了 100 多道淤地坝，绕山坡修起了总长度 40 华里的盘山渠，修出水浇地 1.7 万亩，修梯田 900 多亩，挖鱼鳞坑 10 万多个，造林 1 万亩，栽果树 600 多亩，基本上固定了明沙丘，绿化了 5 道沟，控制了 50%的水土流失面积。随着水土流失的初步控制，粮食产量稳步提升，1971 年粮食亩产 310 斤，是 1964 年的 5 倍。准格尔旗海子塔公社位于水土流失严重的皇甫川的上游，是个“秃山秃岭沟套沟，土地吊在半坡中，天旱雨涝年年有，十年就有九不收”的穷山区。1970 年开始，公社党委带领群众开展大规模的治山治水的群众运动，对全公社的 409 条山沟和 410 个沙梁，进行改土、治水、建设大寨田，经过 3 年奋战，修建了水库、滚水坝、塘坝等水利设施 90 个，治理大小沟 150 条，造水土保持林 1.38 万亩，种柠条 12 万亩，种草 1.2 万亩，实现控制水土流失面积 50%多，初步改变了生产条件。[②]1973 年，伊克昭盟达拉特旗的水土保持工作被重新提上议事日程，首先恢复了水土保持工作站，隶属于旗水利电力局；旗革命委员会提出了水土保持的工作方针和工作方案，水土保持工作得到了迅速的恢复。1966 年至 1976 年十年间，达拉特旗共完成水土保持治理面积 176.09 平方公里，其中 1973 年至 1976 年的治理面积为 135.78 平方公里，占“文化大革命”期间水土保持治理面积的 77.11%，详见表 3-1。[③]

---

① 《伊克昭盟水土保持专题报告》，伊克昭盟档案馆编：《绿色档案 · 荒漠治理者的足迹》（下册）（内部资料），2001 年，第 414—416 页。

② 《伊克昭盟水土保持专题报告》，伊克昭盟档案馆编：《绿色档案 · 荒漠治理者的足迹》（下册）（内部资料），2001 年，第 412—413 页。

③ 《达拉特旗水利水保志》编委会编：《达拉特旗水利水保志》，第 136—139 页。

表 3-1　“文化大革命”期间达拉特旗水土保持治理面积一览表[①]

年份	1966	1967	1968	1969	1970	1971	1972	1973	1974	1975	1976
治理面积/km²	7.18	0.3	0.5	23.4	3.6	0.5	4.83	13.33	20	32.66	69.79
梯田/亩	4500	150	750	1200	1500	750	—	—	—	—	5272
水保林/亩	5270	300	—	32100	3900	—	7245	11468	17500	15390	73013

为了降低土地盐碱化程度，巴彦淖尔盟黄河灌区乌拉河灌域采用大轮灌、早关口，不浇“老秋水”，推行保墒地的办法，灌溉面积 30 万亩，年用水量稳定在 1.5 亿立方米左右。1966 年至 1972 年期间，地下水位逐年略有下降，土地盐碱化程度有所减轻，产量逐年提高。[②]

三、草原保护

1965 年 7 月召开的全区草原工作会议确定了此后草原建设的方针、政策和措施。草原建设的具体方针是：全面规划，加强保护，合理利用，以草为纲，水、草、林、机相结合，大力进行草原建设。草原建设的政策是：第一，在牧区和半农半牧区继续贯彻“保护牧场，禁止开荒”的政策。已经开垦的草原，要按“七条规定”进行检查处理，今后不论农村还是牧区，非经旗（县）以上领导批准，擅自开垦牧场一律查处。第二，各地要自力更生建设草原，实现牧草自给，克服借场放牧和到外搂草现象；在牧场上勘探挖坑槽后需要填平，禁止随意开路。第三，以牧为主的旗、社、队的饲料基地生产的精料继续实行计产，不计征购，不顶口粮的政策；封闭的农田要及时免除征购任务。第四，林区在做好护林防火、保护幼林的前提下，适当利用林间草场放牧牲畜。第五，各地在制定畜牧业生产计划的时候，对于草原严重退化、草原建设与牲畜大发展暂时不相适应的地方，可以适当多处理一些山羊和其他质量差的牲畜。因为 1966 年至 1970 年是第三个

① 《达拉特旗水利水保志》编委会编：《达拉特旗水利水保志》，第 139 页。

② 内蒙古自治区革命委员会水利局编：《内蒙古自治区水利建设统计资料汇编（1949—1975）》，1975 年，第 4 页。

五年计划时期，所以全区草原工作会议还确定了此后 5 年的建设任务。“三五”时期的任务是：要求到 1970 年，以旗为单位做到饲草基本过关，饲料部分自给，使饲草的增产适应畜牧业发展；停止草牧场退化、沙化，恢复和更新部分退化、沙化的草牧场。具体任务是：第一，在一两年内，划定社、队草场使用权；在三五年内普遍推行划分季节营地，划区轮牧，使退化严重的草牧场得到初步的恢复更新。第二，生产队要按照牲畜总数 15%左右贮存 3～5 个月的饲草。第三，基本解决主要缺水草场的牲畜供水问题，有条件的发展灌溉。第四，牧区人民公社的每个核算单位和合营牧场一般都要建立千亩以上的稳产高产的打草场和饲草饲料基地。第五，农业区都要保护和合理利用小片牧场，缺草的地方要实行种草养畜，粮草轮作。第六，要求社社、队队都要绿化沙丘和治理水土流失的牧场。第七，要求 1966 年内完成半机械化工具制造推广工作。第八，每个牧业旗和半农半牧旗都要建立牧草种子繁殖场，公社建立苗圃和草籽繁殖基地，做到籽种和苗木自给。第九，利用两年的时间对草籽繁殖场、林场、苗圃、草原工作站、机械服务站、水利专业队、机井管理站进行一次全面整顿。第十，牧区的国营农牧场和企事业单位，都要建立苗圃，要求今后五年内绿化道路两侧和居民点，建成农田防护林网。①

1965 年 12 月 13 日至 23 日在通辽召开了全区草原工作站站长会议。这是为落实全区草原工作会议精神召开的会议。1966 年 2 月 15 日，内蒙古自治区畜牧厅转发了本次会议的纪要。这次会议总结了几年来草原建设的成绩与不足，确定了 1966 年草原建设任务。1966 年草原建设的思路是：贯彻“以水为主，水草并举”的建设方针，开展以水利为中心，以固定牧场使用权、打贮饲草、人工种草、草籽生产为重点的草原建设运动。1966 年的建设任务是：牧区打机井 300 眼，筒井 3493 眼，更新旧井 2430 眼，开辟缺水草场 3.91 万平方公里，改善牧场供水面积 2.137 万平方公里，灌溉饲料基地 22 万亩，新增草场灌溉面积 40 万亩。东部的呼伦贝尔盟、哲里木盟、昭乌达盟、锡林郭勒盟牧区各旗力争 1966 年底前基本完成草牧场使用权限的划定工作，农区和半农半牧区的旗（县）完

---

①《沈新发同志在全区草原工作会议上的总结发言》，内蒙古党委政策研究室、内蒙古自治区农业委员会编印：《内蒙古畜牧业文献资料选编》第四卷草原（内部资料），1987 年，第 200—202 页。

成二分之一公社的草牧场界限划定工作；西部各盟（市）牧区各旗完成二分之一、农区和半农半牧区各旗（县）完成三分之一人民公社草牧场界限的划定工作。全区打贮饲草 60 亿斤，比 1965 年增产 20%。种植饲草饲料 400 万亩，其中饲草 300 万亩，优良牧草种子总产量达到 1000 万斤。草原改良面积 2500 万亩，其中封育 1670 万亩，草场灌溉 200 万亩，灭鼠虫 300 万亩，补播施肥 50 万亩，铲除毒草 180 万亩，其他 100 万亩。[①]

针对草籽收购中存在的问题，1966 年 10 月 19 日，内蒙古自治区畜牧厅、粮食厅、商业厅、供销社联合发出通知，批评了“弃粮经草”和“重粮轻草”两种错误倾向，要求各地今后将人工种草和草籽生产列入国民经济计划，坚持自力更生的方针，力争三五年内全区解决草籽不足的矛盾，实现草籽生产自给。[②]

1967 年，全区草籽获得了丰收。全区人工种草面积达到 380 万亩，草籽产量达 1340 万斤，比 1966 年增长 67.5%。为了给 1968 年草原建设提供充足的草籽，1967 年 12 月 21 日，内蒙古自治区革命委员会生产建设委员会下发通知，对草籽收购的单位、收购价格、贮存、调剂等问题做了详细的指示。[③]

为了扭转 1967 年至 1969 年农业生产连续三年下降或停滞的被动局面，中共中央、国务院恢复和加强了对农业生产的领导。1970 年 5 月，国家农林部成立，6 月开始进行北方地区农业会议的筹备工作。8 月 25 日，北方地区农业会议在山西省昔阳县开幕。这是一次非常重要的会议，规模很大，到会的共有 1259 人；时间也很长，从 8 月一直开到 10 月。会议第一阶段在大寨、昔阳参观学习，第二阶段主要是总结和交流各地农业学大寨的经验，第三阶段讨论实现《全国农业发展纲要》的措施和各项农村经济政策。12 月 11 日，中共中央正式批准下发了《国务院关于北方地区农业会议的报告》。北方地区农业会议的积极意义是部分地纠正了“文化大革命”以来农业政策中“左”的内容。

---

① 《全区草原工作站站长会议纪要》，内蒙古党委政策研究室、内蒙古自治区农业委员会编印：《内蒙古畜牧业文献资料选编》第四卷草原（内部资料），1987 年，第 208—209 页。

② 《内蒙古自治区畜牧厅、粮食厅、商业厅、供销社关于草籽生产和草籽收购有关问题的联合通知》，内蒙古党委政策研究室、内蒙古自治区农业委员会编印：《内蒙古畜牧业文献资料选编》第四卷草原（内部资料），1987 年，第 214—215 页。

③ 《内蒙古自治区革命委员会生产建设委员会关于牧草种子收购问题的通知》，内蒙古党委政策研究室、内蒙古自治区农业委员会编印：《内蒙古畜牧业文献资料选编》第四卷草原（内部资料），1987 年，第 220—222 页。

北方地区农业会议后，全国农村掀起了建设高潮。为了进一步贯彻北方地区农村会议的精神，提高人们的思想认识，1971 年 9 月 6 日至 28 日，在呼和浩特市召开了全区农村、牧区政策座谈会，制定了《关于当前农村牧区若干政策问题的规定》和《关于在牧区开展阶级复查工作的决定》等文件，纠正长期以来农村牧区工作中的“左”的倾向。在《关于当前农村牧区若干政策问题的规定》中，中共内蒙古自治区委员会要求正确执行“以粮为纲，全面发展”的方针，明确提出“牧区要坚持以牧为主，农、林、牧结合，因地制宜，全面发展的方针。畜牧业是牧区的主业，农、林业的发展必须为畜牧业服务”，积极建设基本草场，推广草库伦，大搞水利建设，封滩育草，种植优良牧草和饲料，建立稳产高产的饲草饲料基地，有条件的地方逐步做到饲料自给。大力开发缺水草场，合理利用原有牧场，“反对不顾条件大量开荒的错误做法，防止草场沙化”。[①]

1970 年的北方地区农业会议和 1971 年内蒙古自治区农村、牧区政策座谈会，推动了内蒙古地区的荒漠化防治工作，据《内蒙古日报》报道，伊克昭盟鄂托克旗、乌兰察布盟的四子王旗、锡林郭勒盟的苏尼特右旗等许多旗、县都是在这时期开始荒漠化防治工作的。其中鄂托克旗自 1970 年后，奋战 5 年，“硬是在明沙窝里种树二千多亩，种沙柳、沙蒿一万五千多亩，控制流沙和半流沙二万余亩，扩大草场面积近三万亩”。把之前开垦的 4 千多亩耕地全部封闭，大搞植树造林、封沙育草，扩大草场面积工作。[②]苏尼特右旗封闭了 31 万亩被开垦的草场。[③]

1972 年 5 月 3 日至 11 日，内蒙古自治区革命建设委员会生产建设指挥部在锡林郭勒盟镶黄旗召开了全区草原建设现场会议，会议研究了 1972 年的工作，确定了 1972 年草原建设的任务。会议认为中共内蒙古自治区委员会制定的“以牧为主，农、林、牧结合，因地制宜，全面发展”的牧区生产建设方针是毛主席“以粮为纲”方针在牧区的具体表现。批评了牧区建设过程中的“以农养牧”“以农促牧”“牧民不吃亏心粮”“牧区社队粮食自给”等错误思想。强调这种以农代

① 《关于当前农村牧区若干政策问题的规定》，内蒙古党委政策研究室、内蒙古自治区农业委员会编印：《内蒙古畜牧业文献资料选编》第二卷综合（下册）（内部资料），1987 年，第 224 页。

② 鄂托克旗苏米图大队党支部：《向沙漠进军，靠建设养畜》，《内蒙古日报》1975 年 12 月 19 日，第 2 版。

③ 《学大寨运动不断深入，畜牧业生产稳定发展》，《内蒙古日报》1976 年 2 月 5 日，第 1 版。

牧和弃农经牧的结果是“造成了牧场退化、沙化”。在下发的会议纪要中规定：“要严格控制开垦草原，牧区开荒必须履行批准手续，反对那种不顾条件，大量开荒的错误做法。对没有水利条件的耕地，要下决心闭掉，改种牧草，牧区饲料基地不能走广种薄收的道路。与此同时，要严禁滥搂、滥挖等破坏草场的行为。”“固定草牧场使用权的政策，要很快地落实，当前存在着的草牧场纠纷，必须及时处理解决。”①

牧区的开荒不仅影响牧业生产，也影响民族关系。为了明确相关政策，纠正牧业生产中的错误和混乱认识，1972 年 9 月 24 日，中共内蒙古自治区委员会下达了《关于当前落实党的民族政策中几个问题的指示》，重申了 1971 年农村、牧区政策座谈会的会议精神，要求认真推广乌审召公社的经验，积极兴修水利，封滩育草，植树造林，建立稳产高产的饲草饲料基地，逐步改变靠天养畜的被动局面，要合理利用草原，实行科学放牧。“要严格执行中央关于在牧区‘禁止开荒，保护牧场’的政策。各级党政机关、企事业单位、学校、部队和农区社队，都不准任意到牧区开荒。已经开垦的，凡影响放牧，有引起沙化危险的，要坚决封闭。”②

1972 内蒙古自治区遭受严重的自然灾害，畜牧业受到影响。为了总结 1972 年抗灾保畜经验，部署 1973 年基本草牧场建设和畜牧业生产任务，1973 年 2 月 16 日至 3 月 2 日，经中共内蒙古自治区委员会批准，内蒙古自治区革命委员会畜牧局在呼和浩特市组织召开了全区畜牧业生产会议。在会后发布的会议纪要中再一次重申：严格执行中央关于在牧区“禁止开荒，保护牧场”的政策，不准随意开垦草场。已经开垦的，凡影响放牧，有引起沙化危险的，要坚决闭掉，改种牧草。牧区的饲草饲料地，要为畜牧业服务，解决牲畜饲草饲料问题。饲料基地生产的精饲料，坚决贯彻执行“计产，不计征，不计购”的政策。要认真落实固定草牧场使用权的政策，充分调动使用单位保护、建设草原的积极性。半农半牧区要农牧并举，农林牧结合，因地制宜，全面发展。“开荒不得破坏草场、草片。”③

---

①《内蒙古自治区草原建设现场会议纪要》（节录），内蒙古党委政策研究室、内蒙古自治区农业委员会编印：《内蒙古畜牧业文献资料选编》第四卷草原（内部资料），1987 年，第 223—264 页。

②《内蒙古党委关于当前落实党的民族政策中几个问题的指示》，内蒙古党委政策研究室、内蒙古自治区农业委员会编印：《内蒙古畜牧业文献资料选编》第二卷综合（下册）（内部资料），1987 年，第 238—239 页。

③《全区畜牧业生产会议纪要》，内蒙古党委政策研究室、内蒙古自治区农业委员会编印：《内蒙古畜牧业文献资料选编》第二卷综合（下册）（内部资料），1987 年，第 245 页。

1973 年 8 月 18 日颁布的《内蒙古自治区草原管理条例》，可以看作是这一时期政策调整的标志。该条例是对 1965 年颁布的暂行条例的修改，有两个显著的变化：一是缩小了盟和旗（县）的开垦草原的审批权限。1965 年的条例规定，开垦草原 1000 亩以内由旗（县）人民委员会批准，1000～5000 亩由盟公署（市人民委员会）批准，开垦 5000 亩以上的草原由内蒙古自治区人民委员会批准。①1973 年的条例规定，开垦 500 亩以内的草原由旗（县）革命委员会批准，开垦 1000 亩以内的草原由盟革命委员会批准，开垦 1000 亩以上的草原由自治区革命委员会批准。二是规定各级党政机关、企、事业单位、部队、兵团、学校和农区社、队都不得在牧区和半农半牧区任意开垦草原。②

1973 年 11 月，内蒙古自治区畜牧局党委就全区牧业学大寨检查评比向中共内蒙古自治区委员会做了报告。据内蒙古自治区畜牧局对牧区生产检查，1973 年上半年的畜牧业生产势头良好，牧区新建草库伦 60 多万亩，相当于牧区历年建设总和的 73%，植树 11.8 万亩，相当于牧区历年植树的 2.5 倍。饲料基地 93 万多亩，种草 28.3 万亩。“草原建设规模之大，速度之快，超过以往任何一年。”乌审召式的典型公社由 1 个增加到了 9 个，典型大队由 3 个增加到 26 个。出现了镶黄旗、阿巴嘎旗、乌审旗等以旗为单位的先进典型。③

1974 年 6 月召开的全区农区半农半牧区畜牧业工作会议，对草原保护的方针政策做了进一步的阐述。会议提出：“在领导农业学大寨运动中，要纠正与克服以农挤牧的倾向，只讲以粮为纲，不讲全面发展的观点是错误的。在发展粮食生产中，不搞高产稳产田建设，大量开垦草场，广种薄收，靠天吃饭，不是大寨道路。”“要严格执行中央‘禁止开荒，保护牧场’的政策，落实《全区草原管理条例》，固定草牧场使用权，颁发草牧场使用证。今后在农区、半农半牧区要严禁开垦草牧场。对过去开垦的要进行检查，凡是影响放牧，容易造成沙化的，必须坚决封

---

①《内蒙古自治区草原管理暂行条例（草案）》，内蒙古党委政策研究室、内蒙古自治区农业委员会编印：《内蒙古畜牧业文献资料选编》第四卷草原（内部资料），1987 年，第 184—185 页。

②《内蒙古自治区草原管理条例》，内蒙古党委政策研究室、内蒙古自治区农业委员会编印：《内蒙古畜牧业文献资料选编》第四卷草原（内部资料），1987 年，第 229 页。

③《畜牧局党委关于全区牧业学大寨检查评比会议几个问题的报告》，内蒙古党委政策研究室、内蒙古自治区农业委员会编印：《内蒙古畜牧业文献资料选编》第二卷综合（下册）（内部资料），1987 年，第 263—264 页。

闭，改种优良牧草，要对农区半农半牧区的干部和群众，进行党的民族政策的再教育，严禁到牧区开垦牧场、搂草、抢牧，农村社队在牧区开垦的牧场，一律封闭，退耕还牧。今后在农区、半农半牧区开垦小片草场，要经盟、市革委会批准；大面积开荒，必须经自治区革委会批准。对严重破坏保护草场政策，乱垦草场，屡教不改的，要严肃处理。对蓄意制造民族矛盾，破坏民族团结的阶级敌人，要严厉打击。"[①]

1974 年 7 月 7 日至 8 月 3 日，内蒙古自治区畜牧局组织召开了全区草原工作经验交流会，先后参观了伊克昭盟、乌兰察布盟、锡林郭勒盟等盟 9 个旗的 20 个先进社、队，最后在镶黄旗召开了 10 天的会议，讨论了草原建设的规划和任务。关于草原保护和建设政策，会议要求"各地要采取更加有力的措施，彻底封闭不应开垦的草原，退还占用社、队的草牧场。牧区社队自行开垦的草原，不能体现'以牧为主'的，要转轨定向，改种牧草；引起沙化、水土流失的，要尽快封闭。今后，要严禁农区社、队到牧区开垦草原。对纯牧业公社，一律不下粮食征购任务"。会议规划：力争三年内，把草牧场使用权全面固定下来。1975 年开始，以封育为主，每年改良天然草场 1000 万亩。1975 年每个基本核算单位建设基本草牧场 3000～5000 亩。健全并充实草原专职机构和专业技术队伍。[②]

随着草原建设综合服务站在牧区各地的相继恢复和新建，为了发挥该机构的作用，1975 年 1 月 19 日，内蒙古自治区革命委员会制定并公布了《关于草原建设综合服务站若干问题的暂行规定》，规定了草原综合服务站的职责。

1973 年 8 月 18 日颁布的《内蒙古自治区草原管理条例》规定各级党政机关、企事业单位、部队、兵团、学校和农区社、队都不得在牧区和半农半牧区任意开垦草原。根据该项规定，从 1974 年开始，在中共内蒙古自治区委员会的直接领导下，连续两年对外单位、外地区在牧区开垦、占用草牧场的问题进行了全面调查。查处有关党政机关、团体、学校、厂矿企事业、部队、兵团以及农区社队在牧区 16 个旗开垦草原 323 万亩，建立肉食、副食基地占用草牧场 5118 万亩。部队开垦

---

① 《全区农区半农半牧区畜牧业工作会议纪要》，内蒙古党委政策研究室、内蒙古自治区农业委员会编印：《内蒙古畜牧业文献资料选编》第二卷综合（下册）（内部资料），1987 年，第 272—273 页。

② 《全区草原工作经验交流会议纪要》（节录），内蒙古党委政策研究室、内蒙古自治区农业委员会编印：《内蒙古畜牧业文献资料选编》第四卷草原（内部资料），1987 年，第 232—234 页。

和占用的专题上报了中共内蒙古自治区委员会，地方单位开垦和占用的，一部分已经封闭还牧，一部分正在清理。[①]

1975 年 5 月 24 日至 7 月 4 日，经国务院批准，在北京召开了全国牧区畜牧业工作座谈会。会议形成了纪要，9 月 29 日，国务院批转给内蒙古、新疆等相关的省和自治区。在纪要中，国务院批评了“重农轻牧”的思想，批评了开垦草场，广种薄收的错误做法，要求必须“正确贯彻执行党的方针政策”，坚决保护牧场，禁止开荒。要求“草场使用权未固定的地方，应先行试点，尽快固定，以利于制止乱垦滥牧，防止草场纠纷，促进草场建设。部队、机关和国营企事业单位，未经县以上领导机关批准占用社队的草场，应当主动退还；经过批准占用而对群众生产、生活影响较大的，应当本着不与民争利的原则，协商解决”。“像大搞农田基本建设一样大搞草原建设，像建设大寨田一样建设基本草场。”[②]

1976 年 10 月，粉碎了“四人帮”，结束了危害十年的“文化大革命”，内蒙古自治区的政策有了进一步的转变。一方面，继续强调草原建设，大力围封草库伦，要求为每头牲畜建设 1 亩草库伦；另一方面，在草原荒漠化的预防方面，有了新的内容。1977 年 1 月，在全区畜牧业工作座谈会上，中共内蒙古自治区委员会书记提出：“今后，任何单位都不准开垦牧场，不准到牧区搞副食品基地和牧场。无论农区、牧区、半农半牧区都要严禁开荒。已经开垦的草原，要认真进行一次检查，党政军机关和全民所有制的企事业单位，未经批准侵占草原的要退出来，未经旗县以上领导机关批准建立的副食品基地和牧场要交给当地处理，农村社队一律不准到牧区种地，不能视草原为荒地。”“总之，我们一定要采取有效的措施，防止由于滥开草场，广种薄收而造成的‘农业吃牧业，风沙吃农业’的严重现象继续发展。”[③]会后，以纪要的形式，把上述精神通报了全区。“无论农区、牧区、半农半牧区都要严禁开荒”，这是保护草原政策的一个很重大的转变，意味着草原保护力度到了一个新高度。

---

① 《全区一九七五年草原工作总结》（节录），内蒙古党委政策研究室、内蒙古自治区农业委员会编印：《内蒙古畜牧业文献资料选编》第四卷草原（内部资料），1987 年，第 239 页。

② 《全国牧区畜牧业工作座谈会纪要》，内蒙古党委政策研究室、内蒙古自治区农业委员会编印：《内蒙古畜牧业文献资料选编》第一卷综合（内部资料），1987 年，第 204—206 页。

③ 《尤太忠同志在全区畜牧业工作座谈会议上的讲话》，内蒙古党委政策研究室、内蒙古自治区农业委员会编印：《内蒙古畜牧业文献资料选编》第二卷综合（下册）（内部资料），1987 年，第 284—285 页。

第四节　1966～1977年内蒙古防治荒漠化的效果

“文化大革命”对各项工作都形成了冲击。比较起来，对城市的冲击远远大于对农村牧区的冲击，对文化教育及行政机关的冲击远远大于对于经济领域冲击。“文化大革命”十年，荒漠化防治工作在不同地区受到冲击的程度不同，在不同的年度受到的影响也不同，对荒漠化预防的冲击远远大于对荒漠化治理工作的冲击，这也是荒漠化治理工作取得一定成绩的同时，荒漠化趋势没有得到控制的根本原因。在荒漠化治理方面，1966至1977年至少取得了如下的成绩：

到1976年，今内蒙古西部的锡林郭勒盟、乌兰察布盟、呼和浩特市、包头市、乌海市（1976年设）、巴彦淖尔盟、伊克昭盟等4盟3市[①]，森林面积发展到1458万亩，比中华人民共和国成立初期增长了1.5倍。森林覆盖率由中华人民共和国初期的0.85%提高到1.73%。在治理沙漠方面，到1976年，4盟3市已经治理沙漠1227万亩，7%的沙漠已经绿化。地处乌兰布和沙漠边缘的磴口县和杭锦后旗，在沙漠边缘营造了一条长达308华里的大型防沙林带，形成了一道绿色屏障。黄河中游的伊金霍洛旗和凉城县森林覆盖率分别达到了13%和10%，被评为全国植树造林先进单位。全区绿化铁路干线490公里、公路2600多公里。巴彦淖尔盟河套灌区国家管理的2200公里渠道，已经有90%的地段栽了树。全区以山杏和文冠果为主的木本油料和水果等经济林，已经由中华人民共和国成立初期的5.5万亩发展到42万多亩。[②]表3-2是1965年至1975年内蒙古西部4盟3市植树造林一览表，反映出“文化大革命”前后不同年度植树造林的成绩。

---

① 1969年内蒙古自治区东部的呼伦贝尔盟划归黑龙江省管辖，哲里木盟划归了吉林省管辖，昭乌达盟划归了辽宁省管辖，阿拉善盟划归了宁夏回族自治区管辖，内蒙古自治区管辖范围缩小到4盟2市。

②《内蒙古自治区三十年》编写组编：《内蒙古自治区三十年（1947—1977）》，呼和浩特：内蒙古人民出版社，1977年，第71页。

表 3-2　1965～1975 年内蒙古西部 4 盟 2 市造林统计表　　（单位：万亩）

年份	全区	呼和浩特	包头	锡林郭勒盟	乌兰察布盟	伊克昭盟	巴彦淖尔盟
1965	139.4	7.3	3.9	2.6	35	53.7	36.9
1966	80.1	6.7	5.9	—	42.8	—	24.7
1967	46.4	4.9	3.6	—	31	—	6.9
1968	61.5	3.8	2.4	—	26.7	23.1	3.6
1969	41.1	3.6	1.8	—	17.4	15.1	1.9
1970	56	3.6	3.1	—	22.7	20.5	4.1
1971	65	4.6	2.4	2.5	26.1	24.7	3.1
1972	82.7	2.7	1.7	4.9	29.9	35.9	3.7
1973	90.6	5.2	2.8	4.4	38.3	55.8	4.2
1974	101	3.9	2.7	5.5	27.6	55.5	4.6
1975	140.1	4.2	3.5	5.2	30.8	88.9	7.5
合计	903.9	50.5	33.8	25.1	328	373.2	101.2

注：此表系根据内蒙古自治区革命委员会统计局 1975 年编《内蒙古自治区分旗县农牧业生产统计资料（1949～1975）》（内部资料）第 18—31 页编制，原表无 1966 和 1967 年全区的数字，本表中全区数字系加总求和得出。1968～1974 年全区数字原表如此，与现表中的 4 盟 2 市数字不符合，保留原貌，存疑。

1950 年至 1975 年的 26 年间，内蒙古西部的 4 盟 2 市植树造林面积累计 1569.1 万亩，年均造林 60.35 万亩。有统计数字的 1968 年至 1975 年的 8 年间造林面积累计 638 万亩，年均造林面积 79.75 万亩，超过了平均数。①

据 1980 年普查，中华人民共和国成立以来，锡林郭勒全盟造林约 150 多万亩，保存下来的有 35.7 万亩，保存率为 23.8%；四旁植树保存下来的有 330 万株。森林总面积为 380 多万亩，森林覆盖率为 1.48%。而中华人民共和国成立初期，锡林郭勒盟只有在东乌珠穆沁旗、西乌珠穆沁旗、阿巴嘎旗、正蓝旗和多伦县等 5 个旗县的部分地区有灌木林 680 亩，乔木 200 亩，人工林 80 余亩。②

① 内蒙古自治区革命委员会统计局编：《内蒙古自治区分旗县农牧业生产统计资料（1949—1975）》（内部资料），1975 年，第 18—31 页。

② 徐峰文：《锡盟林业简志》，锡盟盟史编纂委员会办公室、锡盟蒙古史学会编：《锡盟史稿》（锡林浩特）1982 年第 1 期，第 55 页。

1964 年以后，巴彦淖尔盟造林重点转向“四旁植树”，营造农田防护林。到 1977 年，河套地区的农田防护林总长度达 8500 公里，面积 5666 公顷，开始发挥效益。①

1966 年至 1970 年，赤峰市人工造林累计 305.1 万亩，年均造林 61 万亩，四旁植树合计 9145.5 万株，年均 1829.1 万株；1971 年至 1975 年人工造林 442.9 万亩，年均 88.6 万亩，四旁植树合计 5299 万株，年均 1059.9 万株。②

内蒙古大兴安岭岭南次生林区，1960 年有林地面积为 244.57 万公顷，蓄积量为 9099 万立方米，森林覆盖率为 25.82%。到 1980 年森林资源清查时，有林地面积达到了 296.53 万公顷，蓄积量达到了 16536 万立方米，森林覆盖率为 32.7%，有林地面积、蓄积量、森林覆盖率分别提高了 21.24%、81.73%和 6.88%。呼和浩特市大青山林场白石头沟营林区地处阴山南麓，1958 年建场时只有 4 公顷林地，经过 22 年的封山育林，到 1980 年，森林面积发展到 4227 公顷，森林覆盖率达到 44%，植被覆盖高度提高到 70%以上。③

20 世纪 50 年代末 60 年代初，在科尔沁草原、鄂尔多斯草原的部分沙地和一些自然条件较好的半农半牧区开展了治沙造林和封山（沙）育林活动，在地广人稀的北部牧区，国家有计划地建立了一批国营林场、苗圃，有重点地开展了国营造林。到 20 世纪 70 年代，牧区造林的好处逐步被一些牧民群众和牧区基层干部认识，牧区造林由点到面推开。据统计，到 1977 年，共造林 27.5 万公顷，其中国营造林占 40%。④

1975 年全区新建草库伦 185.2 万亩。⑤1976 年新建草库伦 2800 多万亩，相当于过去兴建草库伦总和的 50%。⑥

---

① 中共巴彦淖尔盟党史办公室编：《新时期农村牧区变革·巴彦淖尔盟卷》，呼和浩特：内蒙古人民出版社，1999 年，第 223—224 页。

② 赤峰市地方志编纂委员会编：《赤峰市志》（上），第 797 页。

③ 中共内蒙古自治区委员会党史研究室：《守望家园：内蒙古生态环境演变录》，第 216 页。

④ 宝音图主编：《内蒙古农牧林业论丛》第一卷，呼和浩特：内蒙古人民出版社，1990 年，第 378 页。

⑤《全区一九七五年草原工作总结》（节录），内蒙古党委政策研究室、内蒙古自治区农业委员会编印：《内蒙古畜牧业文献资料选编》第四卷草原（内部资料），1987 年，第 238 页。

⑥《全区畜牧业工作座谈会议纪要》，内蒙古党委政策研究室、内蒙古自治区农业委员会编印：《内蒙古畜牧业文献资料选编》第二卷综合（下册）（内部资料），1987 年，第 290 页。

锡林郭勒盟镶黄旗从1971年开始围建草库伦，到1977年围建了90多万亩，平均每头牲畜达到了2.3亩以上。很多草库伦内种植或补种了优良牧草和树木，兴修了水利设施。全区（乌兰察布、锡林郭勒、伊克昭、巴彦淖尔4个盟和呼和浩特、包头、乌海3个市）1965年草库伦面积只有10万亩，1975年猛增到550多万亩，1976年新建草库伦540多万亩。据不完全统计，1976年全区饲草饲料基地收获优良牧草1亿斤以上。有筒井3万多眼，机电井3300多眼，解决了800万头牲畜的饮水，开辟了8万多平方公里的缺水草场。[①]

位于毛乌素沙地东北部的伊金霍洛旗，原以农业为主，1949年有耕地123万亩，1960年的大开荒使耕地面积增加到144万亩，由于不合理的土地利用方式，1973年全旗沙化面积达20万公顷，占全旗总面积的三分之一。总结经验教训后，该旗确定了以林牧为主的方针，耕地面积由高峰时期（1960年）的144万亩压缩到1975年的44万亩，大力营造防风固沙林和用材林，到1978年全旗实有林面积达14.5万公顷，其中柠条3.3333万公顷，森林覆盖率达到24.2%，使25万公顷的土地恢复了植被。[②]

呼和浩特市郊区从1949年开始造林，截至1973年没有间断。25年间造林累计面积为24.6143万亩，年均造林9845.72亩。1966年至1973年的8年间，造林累计面积为10.1664万亩，年均造林面积为1.2708万亩，超过平均数2862.28亩，详见表3-3。

表3-3　呼和浩特市郊区1965～1973年造林面积统计表[③]　　（单位：亩）

年份	1965	1966	1967	1968	1969	1970	1971	1972	1973
面积	33959	20129	17000	8331	11669	7889	11262	10609	14775

赤峰林业科学研究所于1966年指导赤峰县太平地公社在老哈河右岸沙质灌溉耕地营造了401条林带，形成了375个400米见方的网眼，林带全长350公里，保

① 《内蒙古自治区三十年》编写组编：《内蒙古自治区三十年（1947—1977）》，第80—81页。

② 《内蒙古森林》编辑委员会编著：《内蒙古森林》，第302页；内蒙古自治区革命委员会统计局编：《内蒙古自治区分旗县农牧业生产统计资料（1949—1975）》（内部资料），1975年，第262页。

③ 呼和浩特市郊区计划委员会：《呼和浩特市郊区国民经济统计资料汇编（1949—1973年）》（内部资料），1976年，第72—73页。

护农田 4400 公顷。据调查，到 1979 年，林带的杨树平均高度为 19 米，平均直径为 22 厘米。林带形成前的 1965 年，该地区粮食平均每公顷 1470 公斤，防护林发挥作用的 1970 年，粮食平均每公顷达 3022 公斤，1976 年达 3772 公斤。[①]

1970 年，磴口县、杭锦后旗靠近乌兰布和沙漠的社队又开始治沙造林。到 1985 年，乌兰布和沙漠地区有林面积 1.1445 万公顷，占人工林木总面积的 10.19%，占乌兰布和沙漠区林木总面积的 74.12%（有天然红柳灌木林近 4000 公顷，占 25.88%）。其中，有林地 6458 公顷，占人工有林地总面积的 12.55%；疏林地 1233 公顷，占人工疏林地总面积的 12.39%；未成林造林地面积 3754 公顷，占人工未成林造林地总面积的 8.03%。四旁零星树占地 4135 公顷，活立木蓄积 41.5 万立方米，森林覆盖率为 3.06%。树种以杨、柳、沙枣为主。[②]

据 1977 年底不完全统计，伊克昭盟草库伦 1857 处，面积达 750 万亩。草库伦内建设基本草牧场 130 多万亩。全盟人工种植牧草近 100 万亩，种植柠条 130 万亩，造林 622 万亩，治沙 833 万亩，牧区打井 16800 多眼，其中机电井 750 多眼，草原灭鼠 700 万亩，草原灭虫 78 万亩，生产各种草籽 250 万斤。[③]

内蒙古自治区西部的锡林郭勒盟、乌兰察布盟、伊克昭盟、巴彦淖尔盟、呼和浩特市、包头市等 4 盟 2 市（1969 至 1979 年的内蒙古自治区行政区域范围），截至 1972 年底有水库 201 座，黄河两岸共修建防洪堤 787.04 公里，大黑河两岸修建防洪堤 122 公里。截至 1973 年 4 月末，打成机电井 2.5768 万眼，其中牧区打机电井 1159 眼（包括深机井 191 眼）；全区有筒井 7.5 万眼，其中牧区 3.3 万眼。[④]丘陵山区水土保持治理面积 6297.427 平方公里，占水土流失面积 15.0544 万平方公里的 4.18%。其中修水平梯田 60.5682 万亩，培地埂 223.4913 万亩，造水土保持林 185.5356 万亩，种草保存面积 53.7977 万亩，修塘坝 2560 座，修淤地坝 1.7245 万座，淤地 25.9984 万亩，修谷坊 4.5207 万座，引洪淤地 37.5167 万亩，封山育林

① 《内蒙古森林》编辑委员会编著：《内蒙古森林》，第 306 页。

② 巴彦淖尔盟志编纂委员会编：《巴彦淖尔盟志》（上），第 525 页。

③ 伊克昭盟草原建设工作站：《伊克昭盟草原畜牧业现状及今后实现现代化的意见》，伊克昭盟档案馆编：《绿色档案 · 治理荒漠者的足迹》（下册）（内部资料），2001 年，第 326 页。

④ 内蒙古自治区革命委员会水利局编：《内蒙古自治区水利建设资料汇编（1949—1975）》（内部资料），1975 年，第 2 页。

82.7698 万亩。[①]

截至 1980 年底，伊克昭盟初步治理水土流失面积 4101.3 平方公里（615.19 万亩）。其中水平梯田 6.6341 万亩，水土保持林 488.96 万亩（柠条 406 万亩），打坝淤地 4.6059 万亩，引洪淤澄地近 25 万亩，种草保存面积 115 万亩，建水库 107 座，建塘坝 972 座。大体上以每年 500～700 平方公里的治理速度前进。[②]

呼和浩特市郊区从 1956 年开始治理水土流失，截至 1973 年，18 年间共治理水土流失 2047.1 平方公里，年均 113.73 平方公里。其中 1966 年至 1973 年共治理水土流失 1364 平方公里，年均 170.5 平方公里，远远超过了 18 年间的平均数，详见表 3-4。

表 3-4　呼和浩特市郊区年度水土保持治理面积统计表[③]　　（单位：平方公里）

年份	1956	1957	1958	1959	1960	1961	1962	1963	1964
面积	3.2	32.9	45	57	65	76	85	94	105
年份	1965	1966	1967	1968	1969	1970	1971	1972	1973
面积	120	130	138	150	165	173	186	202	220

① 内蒙古自治区革命委员会水利局编：《内蒙古自治区水利建设资料汇编（1949—1975）》（内部资料），1975 年，第 169 页。

② 伊克昭盟水利局：《伊克昭盟三十年来水土保持工作总结》，伊克昭盟档案馆编：《绿色档案 · 荒漠治理者的足迹》（下册）（内部资料），2001 年，第 423 页。

③ 呼和浩特市郊区计划委员会：《呼和浩特市郊区国民经济统计资料汇编（1949—1973 年）》（内部资料），1976 年，第 82—83 页。原表中 1969 年的数字为 1.65，根据该书第 73 页年内造林面积以及该表前后数字变化推断应为 165。

第四章　1978～1998 年内蒙古自治区的荒漠化防治工作

第一节　十一届三中全会前内蒙古的环境恶化状况

1975 年，内蒙古自治区的荒漠化土地面积总和为 226091.13 平方公里。其中极重度荒漠化土地为 24465.98 平方公里，重度荒漠化土地为 33488.34 平方公里，中度荒漠化土地为 51643.25 平方公里，轻度荒漠化土地为 69757.79 平方公里，潜在荒漠化土地为 46735.77 平方公里。①

20 世纪 70 年代中期，鄂尔多斯草原、科尔沁地区（哲盟及乌盟）、乌兰察布盟后山草原牧区及农垦区的沙漠化面积分别达到了 43407 平方公里、51384 平方公里、10476.4 平方公里，占监测区总面积的 88.3%、48.7%、22.5%。②乌兰察布草原北部的沙漠化面积占该区总面积的 18.1%，锡林郭勒盟南部四旗也有 7.5%的荒漠化草场，是荒漠化程度加剧比较突出的地区。③

20 世纪 50 年代末到 20 世纪 70 年代中期是科尔沁地区沙漠化土地扩展最迅速的时期，由 20 世纪 50 年代末期的约 42300 平方公里增加到了 1975 年的 51384 平方公里，净增 9084 平方公里，增加了 21.48%。其中以中度沙漠化土地为主，为

① 高会军、姜琦刚、霍晓斌：《中国北方沙质荒漠化土地动态变化遥感分析》，《灾害学》（西安）2005 年第 3 期，第 38 页。

② 王涛、吴薇、薛娴，等：《近 50 年来中国北方沙漠化土地的时空变化》，《地理学报》（北京）2004 年第 2 期，第 209 页。

③ 朱震达：《中国土地沙漠化的态势及其治理的基本模式》，《中国科学基金》（北京）1992 年第 1 期，第 13 页。

22495平方公里，其次是轻度沙漠化土地，为18175平方公里，重度和严重沙漠化土地分别为7885平方公里和2829平方公里。[①]20世纪50年代末期，科尔沁地区各种不同类型沙化土地占土地面积的20%，到20世纪70年代末期，沙漠化土地面积已经占总面积的53.8%。[②]

1975年，呼伦贝尔草原共有沙漠化土地2345.7平方公里，其中重度沙漠化土地面积达到了1020.3平方公里，严重沙漠化面积为441平方公里。该区的沙漠化土地是以重度沙漠化土地为主。从分布情况看，在呼伦贝尔北、中、南分布有三条沙带，北部沙带位于海拉尔河南岸，长约110公里，宽6～30公里；中部沙带沿辉河古河道分布，长约100公里，宽约5～18公里；南部沙带东南起伊敏河，西北至甘珠尔庙沼泽边缘，长约50公里，宽约10公里。这三条沙带本是固定沙地，由于人类不合乎自然规律的生产活动，使得固定沙丘活化，是呼伦贝尔生态最脆弱的地区。[③]

处于农牧交错地带的哲里木盟、赤峰市、乌兰察布后山地区、锡林郭勒盟南五旗、伊克昭盟的沙质荒漠化土地分别占该地区面积的43.37%、21.35%、28.4%、28.7%、88.3%，锡林郭勒盟北部草原牧区的荒漠化土地面积也达到了该地区总面积的25.5%。[④]具体详见表4-1所示。

20世纪60年代初期，库布齐沙漠沙漠化土地面积为10453平方公里，到20世纪70年代中期陡然增长到16993平方公里，新增了6540平方公里，年增长率高达4.17%。[⑤]

---

① 吴薇：《近50a来科尔沁地区沙漠化土地的动态监测结果与分析》，《中国沙漠》2003年第6期，第648页。

② 朱震达：《中国北方沙漠化现状及发展趋势》，《中国沙漠》1985年第3期，第4页。

③ 郭坚、薛娴、王涛，等：《呼伦贝尔草原沙漠化土地动态变化过程研究》，《中国沙漠》2009年第3期，第399页。

④《中国荒漠化（土地退化）防治研究》课题组编著：《中国荒漠化（土地退化）防治研究》，北京：中国环境科学出版社，1998年，第17页。

⑤ 杨文斌、张团员、闫德仁，等主编：《库布齐沙漠自然环境与综合治理》，呼和浩特：内蒙古大学出版社，2005年，第43页。

表 4-1 内蒙古农牧交错地区沙漠化土地的分布状况[1]　（单位：平方公里）

地区	农牧交错地区土地面积	沙化土地面积	沙化土地占农牧交错地区的（%）
科尔沁草原及其邻近地区（哲里木盟及兴安盟东南）	54355	31266	57.5
西辽河上游及兴安岭东南麓的山前平原及河流沿岸（昭乌达盟）	43239	17833	41.2
察哈尔草原、乌兰察布草原南部（锡盟南部、乌盟后山地区及坝上地区）	36787	4028	10.9
鄂尔多斯草原（伊克昭盟等）	86396	75926	87.8

20 世纪 70 年代中期，毛乌素沙地的沙漠化土地面积就发展到了 41108 平方公里，严重沙漠化土地面积达到了 22376 平方公里，占该区沙漠化土地面积的 50%以上，中度沙漠化土地面积也有 10216 平方公里，轻度沙漠化土地面积为 8561 平方公里。[2]

从 1958 年到 1978 年，昭乌达盟（1983 年改设赤峰市）每年有 63 万亩草原沙化，严重水土流失的黄土丘陵已达 1400 多万亩。[3]据 1977 年普查，伊克昭盟全境 6.5 万平方公里的草原，都存在不同程度的退化、沙化、盐碱化现象。部分草原的退化、沙化、盐碱化现象还处于上升趋势。具体表现是：第一，草群稀疏、低矮。如梁地草场在 10 年前草的覆盖度是 80%以上，草高 30～40 厘米，现在覆盖度只有 30%～40%，草高度只有 8 厘米到 10 厘米。第二，草群中毒草、害草增多。毛乌素地区毒草、害草、杂草达 60 种以上，苦豆子、牛心卜子、沙旋复花、狼毒草等在草原上成片地生长。第三，草群组成改变。过去草群中植物常常有 10 至 20 种，现在只有 5 至 8 种。第四，产草量普遍降低。据不完全统计，20 年来，全盟草原的产草量降低了 40%～50%。[4]中国科学院内蒙古宁夏综合考察队运用 1957

① 朱震达、刘恕：《中国北部农牧交错地区沙漠化治理的途径》，中国科学院兰州沙漠研究所编：《中国科学院兰州沙漠研究所集刊》第 3 号，北京：科学出版社，1986 年，第 3 页。

② 吴薇：《近 50 年来毛乌素沙地的沙漠化过程研究》，《中国沙漠》2001 年第 2 期，第 166 页。

③ 达夫图、裴海涛：《昭盟盟委联系实际贯彻中央对内蒙古工作的指示：绘出全盟林牧为主多种经营的建设蓝图》，《内蒙古日报》1982 年 2 月 15 日，第 1 版。

④ 伊克昭盟草原建设工作站：《伊克昭盟草原畜牧业现状及今后实现现代化的意见》，伊克昭盟档案馆编：《绿色档案 · 治理荒漠者的足迹》（下册）（内部资料），2001 年，第 328 页。

年的航片作比较，20 年来，伊克昭盟强度沙漠化的发展速率为 0.62%，已经失去生产能力的强度沙漠化土地占伊克昭盟土地总面积(8.6 万平方公里)的 31.4%。[①]20 世纪 80 年代以前，哲里木盟由于乱砍滥伐，平均每年以 17 万亩的沙化速度吞噬着农田、草牧场，沙化面积已达 700 多万亩。[②]20 世纪 80 年代初期，哲里木盟流沙面积达 709 万亩，是 20 世纪 60 年代初（182 万亩）的 3.9 倍。[③]

20 世纪 50 年代，科尔沁左翼后旗西部地区的流沙面积、半固定沙丘面积分别占 15%、40.2%，到 20 世纪 70 年代中期，流沙面积占该地区面积的 20.7%，半固定沙丘也增加到了 49.8%。[④]20 世纪 70 年代，库伦旗也是风沙肆虐、水土流失严重的地区，水土流失造成了 1.37 万多条 20 米以上的侵蚀沟，生态环境的极其恶劣造成了该旗多灾、低产、贫困。[⑤]在 20 世纪 60 年代，扎鲁特旗全旗无流沙，到 20 世纪 80 年代初期，流沙发展到 18 万亩。在 20 世纪 60 年代，奈曼旗有流沙 98 万亩，到 20 世纪 80 年代初期，流沙发展到 270 万亩。开鲁县的流沙面积由 20 世纪 60 年代的 2 万亩扩展到 20 世纪 80 年代的 20 万亩。[⑥]

20 世纪 70 年代，敖汉旗的年均沙化土地面积有 7 万亩，粮食单产平均仅为 25 公斤。敖汉旗的种植业曾有“种一坡，拉一车，打一簸箕，煮一锅”的说法。20 世纪 70 年代，乌审旗的沙化土地总面积达到了 1710 万亩，年均沙化面积为 27.8 万亩，“畜无草、人缺粮，一年不如一年强”是这里的真实写照。[⑦]

1975～1977 年间，多伦县的沙漠化土地有 469.25 平方公里，占多伦县土地总面积的 12.04%。沙漠化土地中面积最大的是轻度沙漠化土地，约 196.58 平方公里；中度沙漠化土地次之，为 119.81 平方公里；潜在沙漠化土地有 389.67 平方公里；重度和严重沙漠化土地分别为 75.05 平方公里和 77.81 平方公里，面临着严重沙漠

---

① 中国科学院兰州沙漠研究所伊克昭盟沙漠化考察队：《内蒙古伊克昭盟土地沙漠化及其防治》，中国科学院兰州沙漠研究所编：《中国科学院兰州沙漠研究所集刊》第 3 号，第 35—39 页。

②《哲盟采取措施治理沙丘控制沙化》，《内蒙古日报》1981 年 6 月 24 日，第 1 版。

③ 哲里木盟沙化研究会筹委会：《哲里木盟土地沙漠化状况及其整治意见》，《中国沙漠》1982 年第 1 期，第 42 页。

④ 王一谋：《遥感在沙漠化动态研究中的应用——以内蒙古科尔沁大青沟地区为例》，中国科学院兰州沙漠研究所编：《中国科学院兰州沙漠研究所集刊》第 3 号，第 82 页。

⑤ 阿拉坦仓、王山虎、徐东洋：《库伦旗绿化山河建奇功》，《内蒙古日报》1991 年 6 月 12 日，第 1 版。

⑥ 哲里木盟沙化研究会筹委会：《哲里木盟土地沙漠化状况及其整治意见》，《中国沙漠》1982 年第 1 期，第 42 页。

⑦《高原添新绿　塞外果飘香——记步入全国前列的我区三大绿色工程建设》，《内蒙古日报》1994 年 9 月 28 日，第 1 版。

化的危险。[①]

内蒙古自治区还是全国水土流失严重的地区之一。1981 年内蒙古水利大检查的结果显示，内蒙古自治区水土流失面积为 18.6 万平方公里，约占全自治区总面积 118.3 万平方公里的 15.7%。水土流失区主要分布于大兴安岭东南坡低山丘陵区、燕山北坡低山丘陵区、阴山山脉以南的中低山区和黄土丘陵区。以水系分，内蒙古自治区境内的嫩江、西辽河、黄河、永定河、滦河及内陆河等流域，都有程度不同的水土流失。流失区涉及 60 个旗县，约 900 万人。[②]

第二节　十一届三中全会后党和政府对内蒙古环境问题的认识

十一届三中全会以后，中共内蒙古自治区委员会和政府开始深刻反思农牧业生产中的教训，全面纠正农牧业生产中的“左”倾错误，重新确立了“禁止开荒，保护牧场”的正确方针。在这一转变过程中，深化了对内蒙古的生态环境问题的认识。

1979 年 1 月 22 日，中共内蒙古自治区委员会书记周惠在中共内蒙古自治区委员会工作会议第二次全体会议上的讲话，解释了“严禁开荒”的理由：“我们人少，地多，现有耕地还种不完，还开什么荒？还没吃够沙化的亏？极个别国营大企业，经自治区批准，在确可利于开荒的地方开荒，也要先栽树，搞起防护林带，保证不沙化的前提下，然后才能开。”[③]2 月 7 日，中共内蒙古自治区委员会出台了《关于尽快地把我区农牧业生产搞上去的意见》，分析归纳了内蒙古自治区农牧业落后的四条原因，其中一条原因是“不是根据土壤、气候、降雨量等自然条件因地制宜地安排生产，而是千篇一律地片面强调抓粮食，排挤林业和畜牧业。粮食越上

① 阿如旱：《近 50a 京津风沙源区土地沙漠化时空变化规律及其发展趋势研究——以内蒙古多伦县为例》，内蒙古大学博士学位论文，2007 年，第 25 页。

② 《内蒙古自治区志 · 水利志》编纂委员会编：《内蒙古自治区志 · 水利志》，第 841 页。

③ 内蒙古自治区档案馆：《内蒙古自治区畜牧业政策资料摘编一九四七——一九八三年》（内部资料），1983 年，第 183 页。

不去越大量开荒，破坏了生态平衡，造成严重后果”。[①]

中共中央对于内蒙古的生态环境问题的认识是非常清晰的。中共内蒙古自治区委员会根据中共中央的指示，不断总结正反两方面的经验教训，对于什么样的农牧业的生产方式才符合内蒙古的生态环境特点，逐渐有了明确的认识。1981 年 7 月 16 日上午，中共中央书记处第 111 次会议主要讨论了内蒙古自治区的工作。会议由胡耀邦主持，中共内蒙古自治区委员会书记周惠做了关于内蒙古自治区工作情况的汇报。周慧在汇报内蒙古自治区经济建设方针问题时谈道：“内蒙古降雨量少，地下水缺，无霜期短，大多数地区不具备发展粮食生产的条件。长期以来，不顾客观条件和后果地‘以粮为纲’，大规模开荒，走了一条‘粮化—沙化—贫困化’的路子。自然生态失去平衡，物质基础十分薄弱。”[②]其认识到大力开荒违背了内蒙古自然规律。

1982 年，周惠在全区旗县委书记会议上讲话，详细地阐述了自己对该问题的认识，代表了这个时期中共内蒙古自治区委员会和内蒙古自治区政府对该问题的认识水平。周惠指出：“在我们内蒙古的绝大多数地方，就是这样一个降雨量不多，地下水源缺乏，土壤团粒结构差和无霜期短的自然条件，加之自然植被已经遭到严重破坏的情况，怎么办呢？在内蒙古广大人民群众的长期实践中，有两种典型经验值得仔细深刻地领悟。一种是种树种草，发展畜牧业，并根据条件发展粮食生产和多种经营，结果林茂粮丰，六畜兴旺。后来把它归结为‘林（草）—牧—粮（多种经营）’的路子。这是正确的典型。与此相反，还有另一种典型，就是在那些根本不适宜搞粮食生产的地方，不顾客观条件，片面强调‘以粮为纲’，甚至不顾后果地毁林、毁草、开荒种粮，结果是‘农业吃牧业（开垦草牧场种粮），风沙吃农业（土地沙化）’，农牧业两败俱伤，整个经济失去基础，人民生活难以维持。后来把它归纳为‘粮化—沙化—贫困化’的路子。这两种经验在内蒙古不同地区、不同时期、不同程度都有。很显然‘林（草）—牧—粮（多种经营）’的路子，是成功的，应该推广。‘粮化—沙化—贫困化’的路子是失败的，应该扭转。

① 《内蒙古党委关于尽快地把我区农牧业生产搞上去的意见》，内蒙古党委政策研究室、内蒙古自治区农业委员会编印：《内蒙古畜牧业文献资料选编》第二卷综合（下册）（内部资料），1987 年，第 355 页。

② 《关于内蒙古自治区工作情况的汇报提纲》，内蒙古党委政策研究室、内蒙古自治区农业委员会编印：《内蒙古畜牧业文献资料选编》第一卷综合（内部资料），1987 年，第 312 页。

不论从生态学的角度还是从经济学的观点来考虑，都应该如此。”[①]

伊克昭盟地处鄂尔多斯高原，气候寒冷，干旱缺水，风沙大，全盟只有部分地区适合发展种植业，其他大部分地区都是荒漠、半荒漠草原，只适宜发展林业和畜牧业，根本不适合发展种植业。1957 年到 1962 年伊盟的两次大开荒造成了草场的大面积沙化，农牧业遭受了极大损失。1972 年“牧民不吃亏心粮”的口号提出以后，伊盟又进行了第三次大开荒。三次开荒面积多达 600 多万亩，牧场大面积沙化、退化，造成农牧业生产大倒退。[②]1979 年 5 月 3 日，中共伊克昭盟委员会和伊克昭盟行政公署做出了《关于认真抓好草原保护和建设的决定》，对于滥垦、滥牧、滥伐导致的草原退化、沙化、盐碱化问题进行了深刻的反思，提出“我们要认真吸取解放三十年来我盟三次大开荒的深刻教训，认识‘三滥’导致草原‘三化’的严重恶果，从而采取有效措施，及时果断地改变这种被动局面”。[③]

中共昭乌达盟委员会根据中共中央对内蒙古工作的指示，总结了本盟 32 年建设的经验教训，指出：昭乌达盟虽然土地面积辽阔，资源丰富，具有农林牧副渔全面发展的优越条件和巨大潜力，但在改革开放前长期存在着“左”的指导思想的影响，不顾生态规律和经济效益地片面强调“以粮为纲”，毁林毁草，破坏了生态平衡，走的是一条“粮化—沙化—贫困化”的错误路子，造成了全盟草原的沙化和退化。单纯的抓粮食生产或牲畜，是过去增产不增收的主要原因，因此昭盟发展多种经营才有广阔的前途。[④]

多伦县水草条件好，但是春旱、低温、早霜的特点，决定了多伦县适宜发展畜牧业，不适宜发展种植业。由于人们对该地区的自然特点认识不足，错误地强调“以粮为纲”，不断开荒，导致风蚀严重，水土流失，粮食却越打越少，进入了“粮食不够—开荒多种—生荒地沙化不打粮—再开荒”的恶性循环。十一届三中

---

① 内蒙古自治区档案馆编：《内蒙古自治区畜牧业政策资料摘编一九四七——一九八三年》（内部资料），1983 年，第 146—147 页。

② 包俊臣：《伊盟干部和群众联系三十年建设实际学习中央对内蒙古工作的指示，林牧业为主多种经营是唯一正确方针》，《内蒙古日报》1981 年 12 月 11 日，第 1 版。

③《中共伊克昭盟委员会、伊克昭盟行政公署关于认真抓好草原保护和建设的决定》，伊克昭盟档案馆编：《绿色档案 · 荒漠治理者的足迹》（上册）（内部资料），2001 年，第 178 页。

④ 达夫图、裴海涛：《昭盟盟委联系实际贯彻中央对内蒙古工作的指示，绘出全盟林牧为主多种经营的建设蓝图》，《内蒙古日报》1982 年 2 月 15 日，第 1 版。

全会后，在总结农牧业生产教训的过程中，中共多伦县委深刻地认识到土地开荒的严重后果。[①]

鄂托克旗土地面积3万多平方公里，可利用草场占88%。发展畜牧业是该旗最合理的生产方式，但是“文化大革命”时期在“牧民不吃亏心粮”的政治压力下，该旗不顾自然规律开垦草原，大搞粮食生产，造成了“头年开荒，第二年打粮，三年头上变沙梁，四年五年就得重新搬家盖房”的严重后果，牧场严重沙化，生态环境遭到极大破坏。“文化大革命”结束后，中共鄂托克旗委深刻总结了这些教训，积极主动地响应中共内蒙古自治区委员会提出的“以牧为主，多种经营”生产建设方针。[②]

“禁止开荒”只是认识到了“禁”的重要性，对于“种草种树”的重要性的认识则是对“治”的认识的不断提高。

1980年6月6日，《内蒙古日报》登载了内蒙古自治区人民政府副主席石光华所作的《大抓种树种草，加快草原建设》的报告。石光华首先论述了草原建设的重要性，认为“草原建设得好坏，是关系着畜牧业发展的一个重大问题。没有草原建设，畜牧业就不可能有大的发展”，而没有畜牧业的发展，农业也上不去，所以搞好草原建设是提高人民生活水平，搞好民族团结，实现四个现代化的重大任务。但是搞好草原建设并不容易，草原建设不仅是和自然做斗争，而且要和旧思想、旧习惯做斗争，因此“要把草原建设看作是一场革命，拿出一股子革命干劲来搞”[③]。

1981年3月11日召开的内蒙古自治区人民政府第八次常务会议讨论了种树种草的问题。会议认为内蒙古自治区风沙、干旱、水土流失等自然灾害十分严重，会给农牧业生产和国民经济发展带来不利影响，而种树种草能够调节气候、涵养水源、保持水土、避免干旱、改善生态，保障农牧业生产的顺利发展，因此种树种草是改变自治区自然和经济面貌的重大措施，是造福子孙后代的大事。[④]4月4日，中共内蒙古自治区委员会和内蒙古自治区人民政府做出《关于大力种树种草

---

① 苏何：《向半农半牧，以牧为主过渡》，《内蒙古日报》1980年2月9日，第2版。

② 武力吉仓：《坚持“以牧为主”，调整农牧布局》，《内蒙古日报》1980年2月9日，第2版。

③ 石光华：《大抓种树种草，加快草原建设》，《内蒙古日报》1980年6月6日，第2版。

④ 孙兆林：《自治区人民政府常务会议决定全区进一步大力开展种树种草工作》，《内蒙古日报》1981年3月12日，第1版。

的决定》，阐述了对内蒙古环境问题的认识："长期以来，在左的错误的影响下，我区森林和草原破坏严重，草场面积逐步缩小，自然生态环境不断恶化，全区森林覆盖率只有 12.1%，而且主要分布在大兴安岭林区，多数地方少林无林。这种状况如果继续下去，不仅农牧业生产上不去，人们的生存也将成为问题。"①

20 世纪 50 年代禁止开荒比较多地强调农牧矛盾和蒙汉民族关系，20 世纪 60 年代，对环境问题的认识比较多地强调了环境和生产的关系，此时进一步地认识到了环境和人的生存关系。

1983 年 10 月 26 日，《内蒙古日报》刊登了内蒙古自治区人民政府副主席白俊卿的《种树种草，建设繁荣昌盛的内蒙古》的报告。白俊卿从三个方面阐述了种树种草的重要性：第一，种树种草符合内蒙古自治区的区情。内蒙古自治区自然资源丰富，但是植被稀少，干旱少雨，水土流失严重等不利自然条件也很多，限制了内蒙古自治区的经济发展。内蒙古自治区的基础是农牧业，提高林草覆盖率是发展农牧业的大前提。第二，种树种草是治穷致富，实现生态系统的良性循环，改变农牧业生产条件的必由之路。内蒙古自治区具有风沙、干旱、水土流失、土地贫瘠的特点，种树种草是使这些破坏了的生态平衡恢复起来的最有力措施。第三，种树种草是贯彻我区"林牧为主，多种经营"建设方针的根本措施。②

经过十一届三中全会后几年的整顿，1984 年 7 月 4 日至 14 日，中共内蒙古自治区委员会和内蒙古自治区人民政府召开了"文化大革命"结束后的第一次全区牧区工作会议。这是统一牧区工作思想，落实相关方针政策的会议。内蒙古自治区人民政府主席布赫在大会开幕式讲话中，第一次提出了内蒙古牧区是祖国北方绿色屏障的观点。布赫指出："牧区又是东北、华北、西北广大地区的生态屏障，风沙、干旱不仅对我区各项经济建设不利，而且严重地威胁者毗邻及内地省、市、自治区。搞好牧区建设，保护好草原，既为全区创造一个良好的生态环境，也可为祖国北方包括首都北京建立一道绿色屏障，这是造福子孙的千秋大业，也是一

---

①《内蒙古党委、自治区人民政府关于大力种树种草的决定》，内蒙古党委政策研究室、内蒙古自治区农业委员会编印：《内蒙古畜牧业文献资料选编》第四卷草原（内部资料），1987 年，第 356 页。

② 白俊卿：《种草种树，建设繁荣昌盛的内蒙古》，《内蒙古日报》1983 年 10 月 26 日，第 2 版。

项带有根本性的战略任务。”[①]布赫第一次把内蒙古自治区的生态环境建设提高到了战略的高度，意味着内蒙古自治区的荒漠化防治工作将要得到突出的重视。

1984 年 3 月 1 日，内蒙古自治区第六届人大第五次会议通过了自治区林业厅长代表自治区人民政府作的《关于种树种草工作情况的报告》。报告认为过去在“左”倾思想指导下，不尊重自然规律和经济规律，掠夺性生产，滥垦滥伐，森林减少，草原退化，耕地沙化，水土流失，生态环境不断恶化，农牧业生产停滞。要从根本上改变这种状态，就要种树种草，逐步恢复和扩大植被，使生态环境由恶性循环转向良性循环，改变自治区的自然面貌。这样才能使林草茂盛，畜肥粮多，促进农牧业的兴盛，进而带动其他产业的发展，使自治区的落后面貌得到根本改变。因此，“大力种树种草是彻底改变自治区自然面貌和经济落后面貌的全局性的一项战略任务”[②]。

第三节 1978～1998 年内蒙古防治荒漠化的政策和措施

经过 20 世纪 70 年代初期的政策调整，与 20 世纪 50 年代末、60 年代初期相比，内蒙古自治区的荒漠化防治政策有了很大的改进，但是不够彻底。1976 年 10 月，粉碎了“四人帮”，内蒙古自治区的防治荒漠化政策有了进一步的转变。1977 年 1 月，中共内蒙古自治区委员会书记明确地提出了“无论农区、牧区、半农半牧区都要严禁开荒”政策。这是“文化大革命”结束后内蒙古自治区防治荒漠化政策发生重要转变的开始。内蒙古自治区防治荒漠化的政策发生明显变化是在 1978 年党的十一届三中全会之后，内蒙古自治区的防治荒漠化工作也迎来了春天。

① 《布赫同志在全区牧区工作会议上的讲话》，内蒙古党委政策研究室、内蒙古自治区农业委员会编印：《内蒙古畜牧业文献资料选编》第二卷综合（下册）（内部资料），1987 年，第 505 页。

② 《关于大力种树种草的决议》，《内蒙古日报》1984 年 3 月 2 日，第 1 版。

一、“林牧为主，多种经营”生产方针的确立

经过“文化大革命”后的思索，在十一届三中全会精神指导下，1979年2月，中共内蒙古自治区委员会认真总结内蒙古自治区30年来经济建设中的正反两方面的经验教训：内蒙古自治区的农牧业虽然取得了很大的成绩，但是仍处于落后状态，其中的一个原因是“不是根据土壤、气候、降雨量等自然条件因地制宜地安排生产，而是千篇一律地片面强调抓粮食，排挤林业和畜牧业。粮食越上不去越大量开荒，破坏了生态平衡，造成严重后果”。提出内蒙古发展农牧业的方针是“农牧林结合，宜农则农，宜牧则牧，宜林则林”。具体把全区分成四类地区，即牧业区、半农半牧区、黄河中游水土流失严重地区、农业区。在四个地区实施不同的生产方针。牧业区“要加速草牧场建设。要认真执行‘禁止开荒，保护牧场’的政策。已经开垦的地方，必须尽快采取措施，恢复植被，还牧还林。沙化严重、沙漠面积大的牧区，要大力造林种草，治理沙漠，防止过度放牧，减少并逐步控制草场退化沙化”。半农半牧区要把部分耕地退耕还牧，要恢复和提倡粮草轮作、压青轮歇制度。黄河中游水土流失严重地区要逐步实行以林牧为主的方针，种树种草促进农业，要扩大林地草场面积，逐步建成水土保持林基地和畜牧业基地。农业区主要是河套、土默川平原、伊盟沿河地区及乌盟前山地区，实现以农为主，农林牧结合，多种经营，全面发展的方针。[①]这是内蒙古自治区生产方针发生重大变化的开始。

1979年春，内蒙古自治区把生产建设方针概括为：“以牧为主，农林牧结合，因地制宜，各有侧重，多种经营，全面发展。”[②]1981年7月16日上午，中共中央书记处第111次会议主要讨论内蒙古自治区的工作。中共内蒙古自治区委员会书记周惠汇报了内蒙古自治区的工作，会后形成了《中央书记处讨论内蒙古自治区工作的纪要》，肯定了内蒙古自治区提出的上述方针，并做了科学的提炼，指出“内蒙古自治区的经济建设方针，应下决心以二、三十年或半个世纪的时间，用愚公

---

① 《内蒙古党委关于尽快地把我区农牧业生产搞上去的意见》，内蒙古党委政策研究室、内蒙古自治区农业委员会编印：《内蒙古畜牧业文献资料选编》第二卷综合（下册）（内部资料），1987年，第355—357页。

② 《关于内蒙古自治区工作情况的汇报提纲》，内蒙古党委政策研究室、内蒙古自治区农业委员会编印：《内蒙古畜牧业文献资料选编》第一卷综合（内部资料），1987年，第310页。

移山的精神，因地制宜，走出一条以林牧业为主的多种经营的路子”。“要放手发展林牧业，多种树，多种草，用几十年的时间，坚持不懈地把林业和草原发展起来。目前主要任务是发展和扩大草原，保护草原，改良草原。草原发展了，不仅畜牧业可以得到迅速发展，还可以调节气候，增加雨量，保护水土，减少风沙。”[①]这是内蒙古的“林牧为主，多种经营”方针的由来。

1986 年 11 月，内蒙古自治区召开了全区旗县的旗县长书记会议，会议开了 24 天，到 11 月 28 日结束。会议的目的是进一步贯彻“林木为主，多种经营”的生产建设方针，提出了“念草木经，兴畜牧业”的口号。

二、保护与建设草原

1. 禁止开荒，保护牧场

1978 年 8 月 19 日，内蒙古自治区革命委员会召开了全区农区、半农半牧区畜牧业工作会议。内蒙古自治区农委副主任暴彦巴图在会上做了报告，就禁止开荒，保护牧场政策指示：“禁止开荒，保护牧场，中央早已明确规定，自治区有《草原管理条例》，每年有关农牧业的会议都反复讲过，但在执行中总受到这样、那样的干扰。现在，再一次重申这个问题。”[②]

1979 年 2 月 8 日，中共内蒙古自治区委员会、内蒙古自治区革命委员会做出的《关于农村牧区若干政策问题的决定》，对禁止开荒做出如下明确规定：

“机关、厂矿、学校、企事业等单位在牧区、半农半牧区建立的各种副食品基地，除牧区民族学校的小型牧场、专业学校的教学牧场以及商业部门的食品牧场外，其他一律在一九七九年内全部撤销。

除牧区的工矿企业可以允许在矿区内种植部分蔬菜外，其他各单位在牧区开荒种地的立即全部封闭。

农区社队到牧区、半农半牧区开荒种地，要一律封闭，退耕还牧。个别确有困难的，由盟、旗负责组织双方协商，适当调整。

---

① 《中央书记处讨论内蒙古自治区工作的纪要》，内蒙古党委政策研究室、内蒙古自治区农业委员会编印：《内蒙古畜牧业文献资料选编》第一卷综合（内部资料），1987 年，第 322 页。

② 《暴彦巴图同志在全区农区、半农半牧区畜牧业工作会议的报告》，内蒙古党委政策研究室、内蒙古自治区农业委员会编印：《内蒙古畜牧业文献资料选编》第二卷综合（下册）（内部资料），1987 年，第 330 页。

要严格执行《内蒙古自治区草原管理条例》，尽快固定草牧场使用权，禁止任何单位到牧区、半农半牧区滥垦、滥牧。对屡教不改、肆意破坏国家资源的，要依法惩办。”[①]

1980 年 4 月 21 日至 28 日，在通辽市召开了全区草原工作会议。会议对《草原管理条例》执行不力，导致滥垦、滥挖、滥搂、滥砍、滥牧等情况仍然存在的现象提出了批评，要求与执行其他法律一样，执行《草原管理条例》，坚决纠正有法不依，执法不严，违法不究的作风。要求各地要合理利用草原，逐步实行以草定畜，实现草畜平衡。[②]

1979 年冬 1980 年春，乌兰察布盟的商都、化德、二连、察右后旗、卓资县，以及河北、宁夏、甘肃等省区有大批零散人员进入锡林郭勒盟草原和阿拉善盟草原，滥采滥搂发菜，所到之处，草场受到不同程度破坏，并引起了当地社会治安问题。1980 年 5 月 12 日，内蒙古自治区人民政府发出通知，要求各盟公署责成有关单位，对滥采发菜情况进行调查并严肃处理，“禁止外省区任何个人和未经自治区人民政府批准的单位，随意进入牧区采集发菜、挖药材”。[③]根据内蒙古自治区人民政府的指示，有关单位进行了检查和处理。锡林郭勒盟在一个月的时间里，没收发菜 2120 斤，自行车 170 辆，马车、牛车、毛驴车各 2 辆，手推车 1 辆，大小耙子 1270 把，黄羊 245 只，罚款 9191 元。乌兰察布盟的四子王旗 1981 年收容遣返搂发菜人员 500 多人，没收自行车 540 辆，对不听劝阻态度恶劣的十几个人进行了拘留，对触犯法律的 2 人予以逮捕。通过采取措施，有效地制止了这些地区的搂发菜破坏草牧场行为。[④]

1982 年 3 月 10 日，中共内蒙古自治区委员会和内蒙古自治区人民政府下达了《关于大力种树种草加快绿化和草牧场建设的指示》，重申“禁止开荒，保护牧场”

---

① 《关于农村牧区若干政策问题的决定》内蒙古党委政策研究室、内蒙古自治区农业委员会编印：《内蒙古畜牧业文献资料选编》第二卷综合（下册）（内部资料），1987 年，地 369 页。

② 《全区草原工作会议纪要》，内蒙古党委政策研究室、内蒙古自治区农业委员会编印：《内蒙古畜牧业文献资料选编》第四卷草原（内部资料），1987 年，第 336 页。

③ 《内蒙古自治区人民政府关于禁止滥采发菜的通知》，内蒙古党委政策研究室、内蒙古自治区农业委员会编印：《内蒙古畜牧业文献资料选编》第四卷草原（内部资料），1987 年，第 342 页。

④ 《内蒙古自治区人民政府关于检查制止滥搂发菜情况的通报》，内蒙古党委政策研究室、内蒙古自治区农业委员会编印：《内蒙古畜牧业文献资料选编》第四卷草原（内部资料），1987 年，第 381 页。

的政策。要求："对于'文革'以来在牧区开垦的草牧场要全面地进行复查，凡是沙区、陡坡区、过牧道和生产很不稳定的垦地，应逐步封闭，种树种草。需要保留的要重新履行审批手续，并要在垦地上营造防风固沙林，防止沙化、退化"。"今后任何单位和个人均不准擅自开垦草牧场"，"不准毁林开荒"。[①]依据"禁止开荒，保护牧场"的政策，10月26日，内蒙古自治区人民政府下文对霍林河煤矿乱垦牧场的行为进行了严肃处理。霍林河煤矿1977年从吉林省革命委员会接管"五七军马场"，到1981年5年的时间，新开垦草牧场9万亩，由原来的3万亩增加到12万亩。内蒙古自治区人民政府于1981年6月4日和7月9日下达禁止开垦令和指示后，仍然开垦了0.8万亩，草原植被遭到破坏，草场严重沙化，严重地影响了牧业生产。内蒙古自治区人民政府于10月26日下文令霍林河煤矿把牧场按照原行政区划退还哲里木盟、兴安盟、锡林郭勒盟所属旗政府。[②]

1984年5月31日至6月7日，内蒙古自治区第六届人大第二次会议在呼和浩特市召开，审议通过了《内蒙古自治区草原管理条例（试行）》。该条例是十一届三中全会后新形势下，于1981年成立的《草原管理条例》起草领导小组起草，1982年在全区44个旗县的102个公社进行试点，历经几次修改后，提交内蒙古自治区人民代表大会通过的。该条例与1973年条例不同的地方是：第一，把单一的全民所有制改为全民所有和集体所有两种所有制，对人民公社生产队经营的草原实行集体所有。第二，把草原的使用权、责任制落实到最基层的经营单位，即承包组、承包户，改革草原管理体制。第三，改变重农轻牧，把草原当作荒地的传统观念，严禁滥垦草原。第四，调整草畜关系，实行以草定畜。第五，坚决改变滥占草原、破坏草原植被，吃草原"大锅饭"的无政府状态。[③]《内蒙古自治区草原管理条例》是内蒙古相关部门管理草原的地方法规。它的修订和通过对内蒙古草原保护和建设都具有重要的作用。以前，政府曾多次强调"保护牧场，禁止开荒"，但是，违

---

① 《内蒙古党委、人民政府关于大力种树种草加快绿化和草牧场建设的指示》，内蒙古党委政策研究室、内蒙古自治区农业委员会编印：《内蒙古畜牧业文献资料选编》第四卷草原（内部资料），1987年，第373页。

② 《内蒙古自治区人民政府关于霍林河煤矿农牧场存在问题和解决意见的报告》，内蒙古党委政策研究室、内蒙古自治区农业委员会编印：《内蒙古畜牧业文献资料选编》第四卷草原（内部资料），1987年，第386页。

③ 《巴图巴根同志在〈草原管理条例〉试行试点经验交流会议上的总结》，内蒙古党委政策研究室、内蒙古自治区农业委员会编印：《内蒙古畜牧业文献资料选编》第四卷草原（内部资料），1987年，第390—391页。

反政策开荒现象始终没有停止过。开荒屡禁不止最重要的原因就是草原的全民所有制问题。因为草原归全民所有，农村社队实行的是耕地集体所有，把草原变成耕地，其性质就从全民所有变成了部分人（生产队的社员）的集体所有。很明显，这是有利可图的事情。同时，草原的全民所有，也是抢牧、滥牧、过牧的重要原因。牲畜归生产队所有，最大限度地利用草场，就可以使生产队获得最大的利益。其结果就是对草原的索取大于对草原的建设投入，久而久之，草原退化。

鉴于牧区滥搂发菜屡禁不止，1987 年 6 月 16 日，内蒙古自治区人民政府专门召开电话会议，研究解决自治区内外大量人员进入牧区滥搂发菜的问题。会议做出具体部署：第一，各级人民政府一定要态度坚决、旗帜鲜明地进行清理，不能有丝毫含糊。第二，既要集中清理，又要持之以恒，要组织公安、武警、边防、铁路、交通、畜牧、草原监理等有关部门统一行动，开展地区之间的联合行动。另外，有群众到牧区搂发菜的旗县，都要由旗县负责人亲自抓，一定要把到牧区搂发菜的歪风刹住。第三，既要依法清理，又要多做宣传教育。在清理工作中，对于那些严重破坏草原、破坏民族团结，严重扰乱社会治安的，必须绳之以法，绝不姑息迁就；对于搂发菜的大多数群众，要宣传《草原法》和《草原管理条例》，进行民族政策教育，使他们能自觉地不再到牧区滥搂发菜。[①]

2. 改革草原的管理体制

中共十一届三中全会以后，内蒙古自治区在草原保护与建设方面最大的变化是根据家庭联产承包责任制的精神，在全区范围内推行各种形式的畜牧业联产承包责任制，“首先实行了牲畜由包到卖的责任制，而后又实行了草原由统到包的责任制，使广大牧民在经营牲畜和草原上权、责、利一致起来”[②]。

“文化大革命”结束后，中共内蒙古自治区各级组织和政府认真反思新中国成立之后的 30 年间在畜牧业发展中的经验教训，深刻地认识到“一大二公”，“平均主义”是导致草原破坏、畜牧业徘徊不前的根本原因。最初从贯彻“按劳分配”原则入手，提出“两定一奖”政策。1977 年 1 月 28 日至 2 月 1 日，召开了全区畜

① 张树泉：《自治区人民政府召开电话会议要求坚决制止滥搂发菜努力保护我区草原》，《内蒙古日报》1987 年 6 月 17 日，第 1 版。

② 《布赫同志在全区牧区工作会议上的讲话》，内蒙古党委政策研究室、内蒙古自治区农业委员会编印：《内蒙古畜牧业文献资料选编》第二卷综合（下册）（内部资料），1987 年，第 548 页。

牧业工作座谈会，会议决定"当前，在经营管理上，要建立健全生产责任制。在畜群管理上，基本核算单位向生产小队和畜群作业组实行定产、定工、超产奖励的制度，工作责任要落实到人"。[①]中共内蒙古自治区委员会副书记宝日勒岱在1977年9月25日的全区畜牧业学大寨检查评比总结会议上讲话指示，1977年内必须全面推行"两定一奖"制度，做到指标落实到畜群组，措施落实到畜群，责任落实到人。[②]1978年8月28日，中共内蒙古自治区委员会做出了《关于当前农村牧区若干经济政策问题的规定（试行草案）》，规定：牧区要把定产、定工、超产奖励的"两定一奖"生产责任制落实到畜群，按劳动的数量和质量付给合理的报酬。[③]1979年2月7日中共内蒙古自治区委员会发出的《关于尽快地把我区农牧业生产搞上去的意见》和2月8日中共内蒙古自治区委员会和内蒙古自治区革命委员会做出《关于农村牧区若干政策问题的决定》，再次强调牧区要认真推行"两定一奖"，"定产、定工指标落实到畜群，责任落实到人。对大小队干部也要规定奖罚制度"。[④]1980年2月9日，中共内蒙古自治区委员会和内蒙古自治区人民政府（原革命委员会名称撤销）公布了《关于畜牧业方针政策的几项规定》，肯定了执行1年的《关于农村牧区若干政策问题的决定》，指示：现行的"两定（定产、定工）一奖"或"三定（定产、产[定]工、定费用）一奖"制度，基本上适合目前生产力发展水平和经营管理水平，要继续积极推行。[⑤]

除了中共内蒙古自治区委员会和内蒙古自治区人民政府规定的"两定一奖"形式的生产责任制外，各地区在家庭联产承包责任制的精神指导下，也在积极探索各种形式的牧区责任制。1982年9月，中共内蒙古自治区委员会副书记李文在全区畜牧局局长会议上，根据自己的调查，总结了各地区已经出现的畜牧业四种

---

① 《全区畜牧业工作座谈会议纪要》，内蒙古党委政策研究室、内蒙古自治区农业委员会编印：《内蒙古畜牧业文献资料选编》第二卷综合（下册）（内部资料），1987年，第295页。

② 《宝日勒岱同志在全区畜牧业学大寨检查评比总结会议上的讲话》，内蒙古党委政策研究室、内蒙古自治区农业委员会编印：《内蒙古畜牧业文献资料选编》第二卷综合（下册）（内部资料），1987年，第310页。

③ 《内蒙古党委关于当前农村牧区若干经济政策问题的规定（试行草案）》，内蒙古党委政策研究室、内蒙古自治区农业委员会编印：《内蒙古畜牧业文献资料选编》第二卷综合（下册）（内部资料），1987年，第343页。

④ 《内蒙古党委关于尽快地把我区农牧业生产搞上去的意见》，内蒙古党委政策研究室、内蒙古自治区农业委员会编印：《内蒙古畜牧业文献资料选编》第二卷综合（下册）（内部资料），1987年，第359页。

⑤ 《内蒙古党委、人民政府关于畜牧业方针政策的几项规定》，内蒙古党委政策研究室、内蒙古自治区农业委员会编印：《内蒙古畜牧业文献资料选编》第二卷综合（下册）（内部资料），1987年，第409页。

生产责任制：第一种是“两定一奖”或“三定一奖”；第二种是包群到户；第三种是联产计酬，专业承包；第四种是包畜到户，分户经营，每户都有牛马羊。[①]对于群众在实践中摸索的经验，中共内蒙古自治区委员会和内蒙古自治区人民政府持鼓励态度。8月7日召开了内蒙古西部地区畜牧业座谈会，在会议纪要中，表达了对于各种形式的生产责任制的意见，“当前，主要是把各种形式的生产责任制稳定下来，并在发展生产的过程中，逐步总结、完善”。[②]

1982年冬季到1983年春季，哲里木盟和伊克昭盟的一些地方开始采取把牲畜作价归户承包的办法。这属于一种探索，一种尝试。在1983年1月召开的内蒙古自治区旗县委书记会议上，科尔沁左翼后旗伊胡塔公社创造的作价保本，提留包干，现金兑现，一定几年形式的生产责任制被作为典型材料，散发给了与会者学习参考。1983年底的旗县委书记会议上，又提出了牲畜作价归户的经营形式，比作价归户承包又进了一步。[③]昭乌达盟的巴林右旗从1982年就开始把落实草场使用权和落实牲畜承包责任制作为一个整体贯彻。伊克昭盟的几个牧业旗从1983年下半年开始实行“双承包”。[④]

总结内蒙古牧区生产责任制实践的经验教训，中共内蒙古自治区委员会书记在1983年10月7日发表了《继续落实和完善牧业责任制》，形成了科学的牧业生产责任制认识。他提出：“实行畜牧业责任制仅注意落实牲畜饲养管理的责任制还不够，必须结合落实草牧场使用、管理和建设的责任制，才能使畜牧业责任制的内容更为全面。”[⑤]1984年5月，周惠又在中共中央机关刊物《红旗》上发表了《谈谈固定草原使用权的意义》，第一次提出了既包牲畜又包草原的“双承包制”的概念，全面地阐述了“双承包制”的原因和意义，这是对畜牧业贯彻家庭联产承包

① 《李文同志在全区畜牧局局长会议的讲话》，内蒙古党委政策研究室、内蒙古自治区农业委员会编印：《内蒙古畜牧业文献资料选编》第二卷综合（下册）（内部资料），1987年，第452页。

② 《关于西部地区畜牧业座谈会纪要》，内蒙古党委政策研究室、内蒙古自治区农业委员会编印：《内蒙古畜牧业文献资料选编》第二卷综合（下册）（内部资料），1987年，第457页。

③ 《周惠同志在全区牧业工作会议上的讲话（要点）》，内蒙古党委政策研究室、内蒙古自治区农业委员会编印：《内蒙古畜牧业文献资料选编》第二卷综合（下册）（内部资料），1987年，第514—515页。

④ 《白俊卿同志在全区牧区工作会议上的总结讲话》（1984年7月14日），内蒙古党委政策研究室、内蒙古自治区农业委员会编印：《内蒙古畜牧业文献资料选编》第二卷综合（下册）（内部资料），1987年，第527—528页。

⑤ 周惠：《继续落实和完善牧业责任制》，内蒙古党委政策研究室、内蒙古自治区农业委员会编印：《内蒙古畜牧业文献资料选编》第十卷文稿（内部资料），1987年，第244页。

责任制的理论创新。[①]周惠的文章是为即将召开的全区牧区工作会议做的理论准备。1984 年 7 月 4 日，在呼和浩特市召开了全区牧区工作会议，这是“文革”结束后召开的第一次专门研究牧区工作的会议。会议的目的是总结经验，统一认识，进一步明确牧区工作的方针政策。会议的中心任务是要把认识统一到“把畜群责任制同草牧场责任制结合起来的问题”。内蒙古自治区人民政府主席布赫和中共内蒙古自治区委员会书记周惠在讲话中，都特别强调了全面推行和坚持贯彻“双承包”制的历史原因和重要意义。强调实行“双承包”，“这是符合民意的，也是适应当前生产力水平的，是符合马克思主义基本原理的”。[②]1984 年的全区牧区工作会议具有突出的历史意义，那就是在总结 30 多年来牧区工作以及畜牧业经验教训的基础上，特别是在总结十一届三中全会以来的成功的经验的基础上，开展了对牧区再认识的讨论，“做出了全面推广‘草畜双承包’责任制，从根本上改革草原畜牧业经营方式的决策”。[③]内蒙古自治区人民政府主席布赫在 1985 年代全区牧区工作会议上讲话强调“必须明确指出，没有草场的责任制，就没有群众性的草原建设，而没有群众性的草原建设，草原畜牧业就失去了发展的基础。一句话，‘草畜双承包’是草原畜牧业发展的原动力”。[④]

“草畜双承包”责任制的确是顺民心，符合生产力状况的正确决策。该政策一经颁布，就立即得到拥护，并在各地积极推行。从 1984 年 7 月的全区牧区工作会议，到 1985 年 8 月的全区牧区工作会议，仅仅 1 年多的时间，全区 95%的集体牲畜作价归了户，全区 10 亿亩可利用草原已经落实所有权和使用权的面积将近 8 亿亩。其中，已经承包到户的近 6 亿亩。[⑤]

到 20 世纪 90 年代，相关政策更加完备。关于草原承包责任制，完善了实施

---

① 周惠：《谈谈固定草原使用权的意义》，内蒙古党委政策研究室、内蒙古自治区农业委员会编印：《内蒙古畜牧业文献资料选编》第十卷文稿（内部资料），1987 年，第 245—252 页。

②《周惠同志在全区牧区工作会议上的讲话（要点）》，内蒙古党委政策研究室、内蒙古自治区农业委员会编印：《内蒙古畜牧业文献资料选编》第二卷综合（下册）（内部资料），1987 年，第 516 页。

③《布赫同志在全区牧区工作会议上的讲话》，内蒙古党委政策研究室、内蒙古自治区农业委员会编印：《内蒙古畜牧业文献资料选编》第二卷综合（下册）（内部资料），1987 年，第 547 页。

④《布赫同志在全区牧区工作会议上的讲话》，内蒙古党委政策研究室、内蒙古自治区农业委员会编印：《内蒙古畜牧业文献资料选编》第二卷综合（下册）（内部资料），1987 年，第 553 页。

⑤《布赫同志在全区牧区工作会议上的讲话》，内蒙古党委政策研究室、内蒙古自治区农业委员会编印：《内蒙古畜牧业文献资料选编》第二卷综合（下册）（内部资料），1987 年，第 548 页。

原则，包括："大稳定，小调整"原则，公平和效益结合的原则，统分结合的双层经营原则，权、责、利结合的原则，草畜平衡、增草增畜原则。规定草原承包 30 年不变，也可以 50 年不变，允许依法继承、转让。坚持草原有偿承包使用制度。[①]

3. 围建草库伦、人工种草

十一届三中全会后，草原建设也出现了新气象，其一是追求草库伦建设的质量，其二是大力试验飞播牧草，其三是"五荒"承包。

草库伦建设始于 1958 年乌审旗乌审召公社。1965 年乌审召公社被树为牧区大寨的典型后，草库伦建设经验在全区得到推广，在 20 世纪六七十年代，围建草库伦成为草原建设的最重要的举措，全区草库伦建设面积直线攀升，到 1976 年，全区草库伦发展到 1200 多万亩。草库伦建设的规模很大。[②]但是"大量的还只是停留在围建草库伦，把草牧场圈起来的阶段。这个建设，还是低标准的"[③]。对于这个情况，中共内蒙古自治区委员会书记、内蒙古自治区革命委员会主任尤太忠在 1977 年 1 月召开的全区畜牧业工作座谈会上指示："大搞草原基本建设，不是圈起草库伦就完事，更不是那里有石头就在那里圈起来，同畜群生产活动相脱节，而是要像乌审召那样，因地制宜，有规划地进行，建设高标准的水、草、林、料相结合的草库伦。"[④]同年 9 月 25 日，中共内蒙古自治区委员会副书记宝日勒岱在全区畜牧业学大寨检查评比总结会议上对草库伦建设提出了相同的意见。

草原是制约畜牧业发展的关键因素。针对内蒙古自治区畜牧业始终徘徊的局面，历次畜牧业会议都提出了大力建设草原的方针。在 1977 年 1 月召开的全区畜牧业工作座谈会上，尤太忠提出：到 1980 年以前，给每头牲畜建设 1 亩草库伦。[⑤]1979 年，中共内蒙古自治区委员会提出争取三五年内每 10 头牲畜有 1 亩基

---

① 《内蒙古自治区人民政府关于印发〈内蒙古自治区进一步落实完善草原"双权一制"的规定〉的通知》，《内蒙古政报》1997 年第 1 期，第 25 页。

② 《宝日勒岱同志在全区畜牧业学大寨检查评比总结会议上的讲话》，内蒙古党委政策研究室、内蒙古自治区农业委员会编印：《内蒙古畜牧业文献资料选编》第二卷综合（下册）（内部资料），1987 年，第 306 页。

③ 《石光华同志在全区草原工作会议上的讲话》，内蒙古党委政策研究室、内蒙古自治区农业委员会编印：《内蒙古畜牧业文献资料选编》第四卷草原（内部资料），1987 年，第 325—326 页。

④ 《尤太忠同志在全区畜牧业工作座谈会议上的讲话》，内蒙古党委政策研究室、内蒙古自治区农业委员会编印：《内蒙古畜牧业文献资料选编》第二卷综合（下册）（内部资料），1987 年，第 282 页。

⑤ 《尤太忠同志在全区畜牧业工作座谈会议上的讲话》，内蒙古党委政策研究室、内蒙古自治区农业委员会编印：《内蒙古畜牧业文献资料选编》第二卷综合（下册）（内部资料），1987 年，第 282 页。

本草牧场。[①]

1979 年召开的全区畜牧业工作会议，对草库伦建设提出了一些新的意见。中共内蒙古自治区委员会副书记杰尔格勒在报告中总结了全区草原建设的成绩，“全区草库伦面积已经达到 2800 多万亩,其中高产稳产的基本草牧场达到 400 多万亩，种草 200 多万亩”。[②]提出了到 1981 年草库伦面积达到 3400 万亩，基本草牧场面积达到 609 万亩，改良天然草场 95.5 万亩的草原建设任务。[③]关于草库伦建设的基本方针，提出：因地制宜，讲求实效，要坚持以草为主，以中小型为主，以自力更生为主，以当前生产需要为主。对于已经建设的草库伦，要求进行“调整、配套和提高，尽快地把草、水、林、机的建设搞上去，逐步建成基本草牧场，实现高产稳产”。[④]1980 年 2 月 9 日，中共内蒙古自治区委员会和内蒙古自治区人民政府联合发文，对于草原建设，提出实行“全面规划，加强保护，合理利用，重点建设”的方针，“草库伦建设要因地而异，讲求经济效益。需要封滩育草的草牧场，社队之间可以通过建立公约、协议的形式去保护，不必围建草库伦”，还提出根据当地条件，“划出一定数量的地块，鼓励牧民自己种草养畜”。[⑤]

1980 年 7 月 30 日，中共内蒙古自治区委员会书记周惠在党委常委会议上的讲话，突出了中共十一届三中全会以后逐渐出现的草原建设中的新元素。首先，把种树种草提到了特别的高度，“抓住种树种草这个全局性的工作，积极恢复自然生态平衡，为实现经济结构的全面合理调整打下坚实的基础”。[⑥]其次，在如何大力种树种草的问题上，提出：内蒙古有几亿亩荒山、荒滩、荒沙，可以根据各个地

---

① 《内蒙古党委关于尽快地把我区农牧业生产搞上去的意见》，内蒙古党委政策研究室、内蒙古自治区农业委员会编印：《内蒙古畜牧业文献资料选编》第二卷综合（下册）（内部资料），1987 年，第 361 页。

② 《杰尔格勒同志在全区畜牧业工作会议上的报告》，内蒙古党委政策研究室、内蒙古自治区农业委员会编印：《内蒙古畜牧业文献资料选编》第二卷综合（下册）（内部资料），1987 年，第 385 页。

③ 《杰尔格勒同志在全区畜牧业工作会议上的报告》，内蒙古党委政策研究室、内蒙古自治区农业委员会编印：《内蒙古畜牧业文献资料选编》第二卷综合（下册）（内部资料），1987 年，第 392 页。

④ 《杰尔格勒同志在全区畜牧业工作会议上的报告》，内蒙古党委政策研究室、内蒙古自治区农业委员会编印：《内蒙古畜牧业文献资料选编》第二卷综合（下册）（内部资料），1987 年，第 396 页。

⑤ 《内蒙古党委、人民政府关于畜牧业方针政策的几项规定》，内蒙古党委政策研究室、内蒙古自治区农业委员会编印：《内蒙古畜牧业文献资料选编》第二卷综合（下册）（内部资料），1987 年，第 412—413 页。

⑥ 《周惠同志在自治区党委常委（扩大）会议上的讲话（节选）》，内蒙古党委政策研究室、内蒙古自治区农业委员会编印：《内蒙古畜牧业文献资料选编》第二卷综合（下册）（内部资料），1987 年，第 440 页。

区的不同情况，每户划给三、五亩，十几亩，以至几十亩，供社员种树、种草、种料，长期归社员所有。牧区要提倡牧户营建畜群草库伦，每户几亩、十几亩、几十亩，种树、种草、种料。社员在自留树（草）地种树种草，国家要和集体种树种草一样给予补助。[①]周惠的讲话使草原建设小型化，采取牧户承包建设的思路清晰起来。此后几位自治区领导的调查意见，进一步支持了这个思路。

1981 年 8 月 25 日，中共内蒙古自治区委员会印发了巴图巴根的《关于改进牧区工作的几点意见》。巴图巴根时任内蒙古自治区人民代表大会主任，在昭乌达盟调查后，给内蒙古党委提交了调查报告，建议克什克腾旗应该大力建设草原，压缩部分耕地种草种树或发展经济作物。[②]1982 年 5 月 7 日，中共内蒙古自治区委员会副书记李文在全区畜牧局长会议讲话上，关于草库伦建设问题，提出“我们建设草库伦是对的，今后还要大发展。但要讲实效，搞花钱少，见效快、效益高的。不要图形式，搞那些花钱很多，效益不大的。对原有的草库伦要继续贯彻调整、充实、提高的方针，要强调经济效益，以搞千亩以下的小库伦为主；库伦里面要有水、有林，要重视种高产的青贮饲料”。[③]内蒙古自治区人民政府主席布赫在乌兰察布盟和锡林郭勒盟调查后，1983 年 9 月 25 日给中共内蒙古自治区委员会和内蒙古自治区人民政府提交了调查报告，关于草原建设的意见是：草灌乔结合，个人、集体、国家一起上；种草种树也要实行承包责任制；坚持谁种谁有，数额不限，长期不变，允许继承的政策；适应包畜群到户的生产责任制，搞小草库伦，小林网化，以小型为主，大中小并举；要逐步把草原建设和种草种树任务列入国民经济计划。[④]

在中共内蒙古自治区委员会和内蒙古自治区人民政府调整草原建设思路的过程中，中共伊克昭盟盟委和行政公署在领会上级精神和总结群众经验的基础上，

---

① 《周惠同志在自治区党委常委（扩大）会议上的讲话（节选）》，内蒙古党委政策研究室、内蒙古自治区农业委员会编印：《内蒙古畜牧业文献资料选编》第二卷综合（下册）（内部资料），1987 年，第 444—445 页。

② 《内蒙古党委印发巴图巴根同志关于改进牧区工作的几点意见》，内蒙古党委政策研究室、内蒙古自治区农业委员会编印：《内蒙古畜牧业文献资料选编》第二卷综合（下册）（内部资料），1987 年，第 446 页。

③ 《李文同志在全区畜牧局长会议上的讲话》，内蒙古党委政策研究室、内蒙古自治区农业委员会编印：《内蒙古畜牧业文献资料选编》第二卷综合（下册）（内部资料），1987 年，第 451 页。

④ 《研究新情况解决新问题让牧区更加繁荣发展起来》，内蒙古党委政策研究室、内蒙古自治区农业委员会编印：《内蒙古畜牧业文献资料选编》第二卷综合（下册）（内部资料），1987 年，第 489 页。

率先提出了“三种”“五小”“多种经营”的建设方针。“三种”就是种树、种草、种柠条，“五小”就是小流域（沙化、碱化地区是小沙域、小碱滩）、小水利、小草库伦、小经济林、小农牧机具。其认为积三十年的经验，治理沙化、水土流失、碱化单靠国家投资既不现实也不可能，“最有效的办法是民办公助，发动广大群众，依靠千家万户对小流域或小沙域、小碱滩进行综合治理，这是改变我盟自然面貌的根本性措施和当务之急”。[①] 1984 年又决定贯彻中共中央 1984 年 1 号文件，进一步解放思想，放宽政策，把五荒在上半年全部划拨到户。“实行谁建设、谁管护、谁使用、谁受益、允许继承、长期不变的政策”。把草牧场在年内全部划拨给牧民管理，由旗（县）政府发给使用证书，长期不变。允许国家干部、职工留职带薪，离退休干部、职工带薪到农村牧区承包“三种五小”。[②]

随着草原建设政策的调整，草原建设进入了积极健康的快车道。1980 年以后，对草库伦进行了整顿，到 1983 年草库伦面积减少到 2300 多万亩，面积比过去减少了将近一半，但是质量得到了提高，1980 年以前全区年均产草量为 40 多亿斤，1981 年以后增加到 55 亿斤。[③]1984 年全年种草面积达 680 万亩，比 1983 年增加 55.2%，全区围建草库伦面积 680 万亩，比 1983 年增加了 40.8%。有些地方的小草库伦正在由过去的围封为主，向草、水、林、机、料综合配套方向发展。1984 年一年，广大群众在草原建设上自筹资金约近 1 亿元，是国家投资的 3 倍多。[④]

草原建设另一个有力的措施是加大了飞播牧草的力度。从 1959 年就开始了飞播牧草、树的试验，由于经费等条件限制，规模一直比较小。中共十一届三中全会后，随着国家政策中心转移到经济建设领域，加大了资金支持力度，内蒙古自治区飞播的面积越来越大，成活率有了很大提高。1979 年飞播牧草 14.59 万亩，地点在伊克昭盟的杭锦旗、伊金霍洛旗、乌审旗，呼和浩特市的大青山阴坡，昭

---

①《关于印发“三种”、“五小”、多种经营三个文件的通知》，伊克昭盟档案馆编：《绿色档案 · 荒漠治理者的足迹》（上册）（内部资料），2001 年，第 42 页。

②《关于一九八四年继续搞好“三种五小”建设的通知》，伊克昭盟档案馆编：《绿色档案 · 荒漠治理者的足迹》（上册）（内部资料），2001 年，第 49 页。

③《古儒扎布同志在全区草原工作会议上的讲话》，内蒙古党委政策研究室、内蒙古自治区农业委员会编印：《内蒙古畜牧业文献资料选编》第四卷草原（内部资料），1987 年，第 413 页。

④《布赫同志在全区牧区工作会议上的讲话》，内蒙古党委政策研究室、内蒙古自治区农业委员会编印：《内蒙古畜牧业文献资料选编》第二卷综合（下册）（内部资料），1987 年，第 548—549 页。

乌达盟的翁牛特旗、敖汉旗、巴林右旗，哲里木盟的科尔沁左翼后旗。[1]到 1984 年，全区飞播试验区从开始的 3 个盟的 3 个旗，扩大到了 11 个盟市的 32 个旗县、2 个牧场，其中地方自筹资金的有 18 个旗县。飞播牧草面积由 14 万亩发展到累计 262.1 万亩。1983 年全区飞播面积 58.8 万亩，1984 年猛增到 134 万亩。飞播区效益显著，飞播牧草被认为是一条投工少、速度快、成本低的建设草原的途径。[2]

三、林业生态的保护与建设

随着中共十一届三中全会后拨乱反正的进行，内蒙古自治区的林业工作也步入正轨，保护和建设力度不断加大。

1. 强化造林任务，积极营造造林风气

1981 年 3 月 11 日，内蒙古自治区人民政府召开了第八次常务会议，会议讨论了《关于大力种树种草的决定》，研究了种树种草的方针、任务、政策、措施，认为种树种草一要靠科学，二要靠政策，要求各级人民政府都要把种树种草作为一件大事，列入议事日程，加强领导，在即将到来的植树节中把广大群众和各行各业动员起来，开展植树造林和种树种草运动。提出了奋斗几十年，把森林覆盖率从目前的 12.1%提高到 30%以上的宏伟目标。[3]10 月上旬，在通辽召开了全区林业工作会议，研究部署加快绿化步伐，提高造林的质量和经济效益等问题。

1982 年 2 月 22 日，内蒙古自治区成立了内蒙古自治区绿化委员会，由内蒙古自治区人民政府主席孔飞任主任，办公室设在内蒙古自治区林业厅。2 月 26 日，内蒙古自治区人民政府发出《关于大力开展全民义务植树运动的通知》。3 月 10 日，中共内蒙古自治区委员会和内蒙古自治区人民政府又联合发出《关于大力种树种草加快绿化和草牧场建设的指示》，提出到 1990 年，造林保存面积由现在的 2200

---

① 《内蒙古自治区农牧业委员会关于飞播草、树情况的汇报》，内蒙古党委政策研究室、内蒙古自治区农业委员会编印：《内蒙古畜牧业文献资料选编》第四卷草原（内部资料），1987 年，第 320 页。

② 《内蒙古自治区农牧渔业厅关于内蒙古自治区飞机播种牧草工作情况汇报》，内蒙古党委政策研究室、内蒙古自治区农业委员会编印：《内蒙古畜牧业文献资料选编》第四卷草原（内部资料），1987 年，第 449—450 页。

③ 《内蒙古党委、自治区人民政府关于大力种树种草的决定》，内蒙古党委政策研究室、内蒙古自治区农业委员会编印：《内蒙古畜牧业文献资料选编》第四卷草原（内部资料），1987 年，第 356 页。

万亩增加到 6000 万亩；到 1985 年基本完成国家下达的“三北”防护林第一期工程任务；争取五到七年，凡是有条件的地方都要绿化起来；到 20 世纪末力争把森林覆盖率提高到 20%。规定每年的 4 月 1 日至 5 月 1 日，10 月 15 日至 11 月 15 日，为全区植树造林月，人人植树造林，形成社会风气。①

1983 年是我国实施义务植树政策的第二年。当年 1 月，中共中央绿化委员会副主任雍文涛在全民义务植树工作会议上号召各级绿化委员会和林业、园林部门做好义务植树的各项工作，“把绿化祖国的伟大群众运动继续推向前进”。②3 月 9 日，中共内蒙古自治区委员会、内蒙古自治区人民政府召开全区电话会议部署春季植树造林工作。会议要求各级领导发动群众，扎扎实实抓绿化。要贯彻个体、集体、国家一起上的造林方针，把社员个人造林放在第一位，“只要有造林地，社员有造林能力，造的〔得〕越多越好，不要怕群众造林致富”。③10 月 10 日至 15 日，在呼和浩特市召开了全区种树种草会议，提出“进一步放宽政策，调动千家万户的积极性，把荒山、荒坡、荒沟、荒沙不限量地划给群众种树种草，谁造谁有，发给使用证和林权证”。④

1991 年 3 月 29 日，内蒙古自治区人民政府召开了造林绿化动员电视大会，会议做出了六项决定：第一，广泛深入地开展林业宣传，通过宣传把广大干部群众和各行各业动员起来积极参加植树造林。第二，认真贯彻执行《自治区全民义务植树实施细则》，要求各地从实际出发建立义务植树基地，推行义务植树登记卡制度。表彰义务植树做得好的单位和个人，对无故不履行植树义务的要给予经济处罚。第三，要以“三北”防护林建设为中心，加快绿化步伐。第四，科技兴林，提高质量。第五，稳定林业政策，完善承包责任制，农村牧区群众造林要坚持统分结合的双层经营体制，调动集体经营和家庭经营的积极性，大型林业工程以集体造林、集体经营或各种形式的联合造林为主，适宜家庭经营的小片用材林、薪

① 《内蒙古党委、人民政府关于大力种树种草加快绿化和草牧场建设的指示》，内蒙古党委政策研究室、内蒙古自治区农业委员会编印：《内蒙古畜牧业文献资料选编》第四卷草原（内部资料），1987 年，第 371—377 页。

② 《把绿化祖国的伟大群众运动继续推向前进》，《内蒙古日报》1983 年 1 月 7 日，第 4 版。

③ 《以改革精神搞好全民义务植树和绿化造林——自治区党委政府召开全区电话会议部署春季植树造林工作》，《内蒙古日报》1983 年 3 月 11 日，第 1 版。

④ 内蒙古党委党史研究室编：《中国共产党内蒙古地区史大事记》第三卷，呼和浩特：内蒙古人民出版社，2004 年，第 128 页。

炭林、经济林仍由家庭经营，谁造谁有。第六，加强造林工作的领导，真抓实干。[①]

2. 改革林业管理体制

1981年3月8日，中共中央、国务院做出《关于保护森林发展林业若干问题的决定》，提出稳定山权林权、划定造林地、确定林业生产责任制的林业“三定”工作。这是中共中央和国务院为保护森林、发展林业采取的重大决策。3月16日，中共内蒙古自治区委员会和内蒙古自治区人民政府发出《关于认真组织学习和贯彻执行中共中央、国务院〈关于保护森林发展林业若干问题的决定〉的通知》，在林业厅设立了林业“三定”办公室，各盟市普遍成立“三定”领导小组，抽调14223人从事林业“三定”工作。“三定”工作贯彻的原则，坚持了谁造谁有，合造共有的政策；坚持了解放思想，放宽政策，给社员多划一些造林地，地权归生产队，林权归己的政策；坚持了“文化大革命”期间收砍的社员个人树木退赔政策；禁止以任何借口砍伐林木；对林木权属没有争议的都发给林权证，保证所有权不变，受法律保护。

1982年3月10日，中共内蒙古自治区委员会和内蒙古自治区人民政府联合发出《关于大力种树种草加快绿化和草牧场建设的指示》，提出对于现有林木要稳定林木所有权，凡权属清楚的由人民政府颁发林权证，保证所有权不变，并受法律保护。“今后造林，要认真贯彻国造国有、集体造集体有、合造共有、单位造归单位所有、个人植树造林长期归个人所有的政策，以促进林业的发展。”[②]

1984年3月1日，内蒙古自治区第六届人大常委会第五次会议通过了《关于大力种树种草的决议》，要求：第一，种树种草要实行“个体、集体、国家一齐上，以家庭经营为主”的方针，把一切适宜种树种草，又便于家庭经营的荒山、荒坡、荒沟、荒滩、荒沙划给农牧民种树种草。农牧户在“五荒”地上所种的林草，“谁种归谁，允许继承，长期不变”。第二，确定为退耕还林的耕地，一定要搞好规划，分期实施，退耕的土地要承包给农牧户种树种草，长期不变。第三，积极支持并大力发展种树种草的专业户、重点户，鼓励他们进行开发性建设。第四，要进

① 安铁军：《自治区政府召开造林绿化动员电视大会　全民齐动员掀起造林绿化新高潮》，《内蒙古日报》1991年3月30日，第1版。

②《内蒙古党委、人民政府关于大力种树种草加快绿化和草牧场建设的指示》，内蒙古党委政策研究室、内蒙古自治区农业委员会编印：《内蒙古畜牧业文献资料选编》第四卷草原（内部资料），1987年，第372—373页。

一步放宽林区、山区木材和林乡品的流通政策。第五，要加强种树种草的管护工作。[①]3月10日，中共内蒙古自治区委员会、内蒙古自治区人民政府召开了春季造林绿化会议，提出了1984年完成造林面积1000万亩，种草500万亩的目标，号召各级领导要担负起种树种草的重任，带头种树种草，并要提高造林成活率和保存率。[②]

1984年3月10日，中共内蒙古自治区委员会、内蒙古自治区人民政府发出了关于认真贯彻执行中共中央、国务院《关于深入扎实地开展绿化祖国运动的指示》的通知，要求各地从实际出发，"宜林则林，宜草则草，宜乔则乔，宜灌则灌，草灌乔结合"，积极进行三北防护林建设，大兴安岭林区要坚持"营林为主，采育结合，综合利用，多种经营"的方针，抓好森林资源的恢复和更新。为了调动造林积极性，加快绿化工作，通知提出：第一，继续坚持实行"个体、集体、国家一齐上，以家庭经营为主"的造林方针，宜林的荒山、荒滩、荒沙、四旁空地都要优先划给社员种树种草，数量不限，长期经营，允许继承，可以转让。第二，对于集体林可以推行作价归户的责任制，凡是便于家庭经营的集体林都可以作价归户。第三，扩大次生林委托管理的范围。第四，积极支持、发展林业专业户、重点户，提倡群众兴办家庭小林场，鼓励群众向荒山、荒滩、荒沙投资，进行开发性建设。第五，改革国营林场，推行以家庭承包为主的责任制，可以在林场的统一领导下建立家庭小林场。第六，国营林场不便经营的散生林木、次残林、灌丛可以划给附近社队。第七，将牧区的天然散生林和灌木林（包括梭梭林）随草场使用权划给社队。第八，解决林区和林区边缘群众的生计问题，采取合理政策措施调动群众保护和利用森林资源的积极性。第九，放宽林区和山区林产品的流通政策。第十，少数民族地区可以采取特殊政策和措施。[③]该通知是推动林业体制改革的一个重要文献，对于打破林业大锅饭，调动植树造林的积极性具有重要作用。

---

① 《关于大力种树种草的决议》，《内蒙古日报》1984年3月2日，第1版。

② 高善亮：《自治区党委、政府召开春季造林绿化会议，动员各族干部群众抓好种树种草》，《内蒙古日报》1984年3月12日，第1版。

③ 《中共内蒙古自治区委员会、内蒙古自治区人民政府关于认真贯彻执行中共中央、国务院〈关于深入扎实地开展绿化祖国运动的指示〉的通知》，《内蒙古日报》1984年3月26日，第1版。

1994年林业管理体制改革迈出的重要一步是关于“五荒”的治理方式。“五荒”即荒山、荒滩、荒沙、荒沟、荒坡。全区的“五荒”面积大，水土流失严重，治理任务十分繁重。在市场经济条件下，如何调动各方面积极因素加快五荒治理步伐，赤峰市、兴安盟等地采取了拍卖“五荒”使用权的做法。截至1994年，赤峰市已拍卖“五荒”50万亩。在所有权不变的情况下，赤峰等地的拍卖“五荒”使用权的做法得到内蒙古自治区林业厅的肯定。①1994年9月16日内蒙古自治区人民政府发出《关于深化改革加快造林绿化步伐的决定》，对于“三荒”，决定：经旗县以上人民政府批准，集体所有的“三荒”可以拍卖使用权，鼓励有经营能力的农牧民群众、机关团体、企事业单位、离退休职工购买或承包“三荒”绿化，购买或承包期可定为50年或更长一点时间，支持群众个人兴办家庭林场、苗圃和果园。②

3. 启动“三北”防护林工程，加大林业投入

1978年11月，中共中央和国务院决定在国家的西北、华北、东北的风沙危害和水土流失严重地区，建设一个大型防护林体系，简称“三北”防护林工程。内蒙古地处“三北”防护林工程的腹地，除了大兴安岭4个林区外，其余86个旗县和乌海市的总土地面积10491万公顷，占全区总土地面积的88.7%，都属于“三北”防护林体系的范围。按照三北防护林总体规划，1978年至1985年的第一期工程，内蒙古承担造林保存面积的三分之一，即177.4万公顷。1986年开始的第二期工程，内蒙古承担的任务是使造林保存面积达到209.3万公顷，占第二期工程造林任务的29%。③

为积极贯彻落实中共中央对于三北防护林的战略部署，1979年3月11日，中共内蒙古自治区委员会、内蒙古自治区革命委员会做出《关于动员广大群众积极参加“三北”防护林工程建设的决定》，要求：第一，要组织广大干部和群众，认真学习党中央关于植树造林、绿化祖国的一系列重要指示，学习《中华人民共和国森林法（试行）》和国务院颁布的护林布告，大力宣传建设北方“绿色万里长城”

---

① 李国军：《艰难的转折——94’我区林业改革热点透视》，《内蒙古林业》1994年第11期，第15页。
② 《内蒙古自治区人民政府关于深化改革加快造林绿化步伐的决定》，《内蒙古林业》1995年第1期，第5页。
③ 《内蒙古森林》编辑委员会编著：《内蒙古森林》，第404—405页。

的重大意义。各地要开动员会、誓师会，并通过报刊、广播等宣传工具，大造舆论。第二，全党动手，全民动手，大打植树造林的人民战争。以社、队集体造林为主，积极发展国营造林，坚持贯彻“国造国有，社造社有、队造队有”的政策。第三，植树造林，必须讲究实效，保证质量，各盟、市、旗、县要组织力量，要加强技术指导，把好质量关，造林后要进行严格的检查验收，落实管理办法，加强抚育保护，保证成活成林。考查一个地区、一个单位的造林成绩，以造林保存面积和造林成活率为标准。第四，全区各级党委、革命委员会，必须把“三北”防护林建设提到重要议事日程，经常进行布置和检查，经常工作要有一至二个负责同志分管。各级领导干部，都要积极参加“三北”防护林的建设工作，并要带头种树，要形成一种制度，坚持下去。[①]

为了宣传“三北”防护林建设的重要性，鼓舞全民植树造林的士气，1980 年 4 月 5 日，《内蒙古日报》发表社论《千军万马来参战，大力绿化内蒙古》。该社论号召调动群众力量，千军万马来植树造林，做好这一有益当代、造福子孙的伟大事业，使我区林业大发展，自然面貌大改变。[②]4 月 5 日到 5 月 5 日的全区春季造林月的主要任务是营造三北防护林，此时全区的三北防护林体系工程的规划设计已结束，广大群众积极投入全区春季造林月活动。内蒙古自治区规定乌兰察布盟当年造林任务是 61 万亩，乌兰察布盟盟公署提出要完成 100 万亩，计划春季就完成造林任务 70 万亩。[③]

4. 加大了惩治乱砍滥伐森林的力度

为了肃清“文化大革命”中泛滥的乱砍滥伐歪风，1979 年至 1982 年，中共中央和国务院每年都发出制止乱砍滥伐的指示。内蒙古自治区坚决贯彻和落实了中共中央的指示，派出工作组深入林区、农村、牧区检查护林工作，严肃地查处一大批毁林开荒、盗伐林木的案件。加上林业“三定”工作的落实，内蒙古自治区毁林现象呈减少趋势。1980 年以前，全区平均每年毁林约 330 万亩；1981 年毁林

① 《中共内蒙古自治区委员会、内蒙古自治区革命委员会关于动员广大群众积极参加“三北”防护林工程建设的决定》，《内蒙古日报》1979 年 3 月 12 日，第 1 版。

② 《千军万马来参战，大力绿化内蒙古》，《内蒙古日报》1980 年 4 月 5 日，第 1 版。

③ 《自治区人民政府决定四月五日到五月五日为全区春季造林月，城乡广大干部群众抓紧做好一切准备》，《内蒙古日报》1980 年 4 月 5 日，第 1 版。

69 万亩，比 1980 年以前的平均数下降 79%。[①]

到 1982 年初，乱砍滥伐山林树木的歪风又有抬头，有的地方毁林放牧、毁林开荒、毁林搞副业的现象相当严重，个别地区甚至偷砍铁路公路防护林，有些毁林事件情节恶劣，损失严重。针对这种情况，1982 年 5 月 28 日，内蒙古自治区人民政府下达关于坚决刹住毁林歪风的指令指示：第一，一定要加强对稳定林权、划定社员造林地、确定林业生产责任制工作的领导，切实抓好定权发证工作；全面检查毁林情况，立即采取有效措施，坚决刹住乱砍滥伐森林、林木的歪风。第二，各级政法部门和工商管理部门，要按照处理毁林案件的职权范围，紧密配合，协同作战，严厉打击侵占、抢砍、盗窃林木、乱砍滥伐和从事木材投机倒把的犯罪分子。对继续发生放牧毁林、放火烧山、毁林开荒的地方，要追究旗县和公社领导的责任。第三，各机关、团体、学校、厂矿、企事业单位要模范地遵守林业政策法令和林区的一切规章制度。第四，各级林业部门如有玩忽职守，违反林业政策法令搞不正之风，甚至监守自盗的，除对有关人员进行严肃处理外，还要追究部门领导的责任。第五，不论是哪种形式的生产责任制，林业采伐权都不能下放给承包的队、组织和个人。第六，严禁非法倒卖木材。第七，对于以林权、林界不清为理由进行乱砍滥伐活动的必须予以惩处。[②]10 月 27 日，中共中央、国务院发出《坚决刹住乱砍滥伐森林的歪风》的紧急指示。[③]10 月 30 日，内蒙古自治区人民政府再一次发出制止乱砍滥伐森林的通知，要求各地区各部门严格执行中共中央和国务院的紧急指示，坚决打击乱砍滥伐林木的犯罪行为。为了强化政策落实的力度，要求各盟市林业局每周六前把一周的执行情况汇报给内蒙古自治区林业厅。11 月 1 日又专门召开电话会议，部署该项工作，要求各盟市、旗县的主要领导迅速行动起来，采取有力措施，限期刹住毁林歪风。[④]

5. 封山育林与植树造林相结合

封山育林是利用森林的自我更新能力，在自然条件适宜的地区，实行定期封山，禁止人类活动以恢复森林植被的一种育林方式，具有投资少、见效快的特点。

---

① 吴再兴：《巩固和发展我区护林工作新局面》，《内蒙古林业》1984 年第 2 期，第 5 页。

②《内蒙古自治区人民政府发出指令：坚决刹住毁林歪风保护森林资源》，《内蒙古日报》1982 年 5 月 30 日，第 1 版。

③《中共中央、国务院发出紧急指示：坚决刹住乱砍滥伐森林的歪风》，《内蒙古日报》1982 年 10 月 28 日，第 1 版。

④ 内蒙古党委党史研究室编：《中国共产党内蒙古地区史大事记》第三卷，第 102 页。

1980年2月，内蒙古林业局对封山育林育草提出如下建议：

封育范围：克什克腾、多伦、大青山、乌拉山、蛮汉山、查石太山、狼山、贺兰山等次生林区，昭盟的沙地、浑善达克、毛乌素、乌兰布和、库布齐、巴丹吉林沙漠的一部分地区以及水土流失严重的黄土丘陵地区，一律实行封山、封沙、育林、育草。

封育原则：国营林业局、场经营范围内的荒地和沙漠，原则上由局、场负责封育，因特殊原因管理确有困难时，划给林区社队封育。局、场经营范围外的荒山、荒地和沙漠，由所在社、队负责封育。离居民点远，封育后不影响群众生产和生活的山区、沙区以及新造幼林地，采伐更新迹地、陡坡地，实行长期封禁，直至成林恢复植被为止。

封育办法：在封山、封沙期间，禁止一切采伐、放牧、开矿等生产活动。未经主管部门批准，不得进入这些地区挖药材、割草、打柴、打猎、采木耳蘑菇等。各封育区都要建立护林防火组织和制度，采取有效措施，消灭火灾隐患。封育后，应贯彻国封国有、社封社有、队封队有、不封不管者不得利的政策。对于认真贯彻执行封山育林规定，做出成绩的单位和个人，各级政府应予表彰、奖励。对违反封山育林规定，毁林、毁草、破坏植被的单位和个人，应根据具体情况，予以教育和处分，情节严重、屡教不改者，应依法制裁。①

1980年3月7日，内蒙古自治区人民政府发出《关于积极开展封山育林，封沙育林育草工作的通知》。1981年4月4日，中共内蒙古自治区委员会和内蒙古自治区人民政府做出《关于大力种树种草的决定》，指出“种树种草要和封育结合。凡是经过封育，能够恢复和扩大林草植被的地方，都要有计划地进行封育”②。1982年4月，内蒙古自治区水利厅在赤峰市召开了全区水土保持、人畜饮水、防氟改水会议。会议要求以生物措施为主，灌、草、乔结合，近期以灌、草为主，大力开展封山封沙育林育草，尽快恢复植被。所有水土流失轻微的地区，要把水土保持工作的着眼点转移到加强预防上来，制定预防保护的政策和措施。③从1984年开始，经林业部批准，内蒙古封山育林正式纳入国家计划，国家适当地给予经济

---

① 吴凤德：《封山封沙育林育草建立新的生态平衡》，《内蒙古日报》1980年2月1日，第3版。

② 中共内蒙古自治区委员会党史研究室：《守望家园》，第215页。

③《内蒙古自治区志·水利志》编纂委员会编：《内蒙古自治区志·水利志》，第884页。

扶持，进一步推动了内蒙古自治区封山育林工作的开展。从 1986 年起，内蒙古自治区把封山育林与植树造林同等对待，列入“三北”防护林工程建设二期规划任务，按照项目投资，实行工程管理。[①]1987 年 8 月，内蒙古自治区农业委员会印发了《内蒙古自治区封山育林暂行办法》，明确规定了封育的范围、政策、办法、年限、成林标准、规划设计、建立技术档案，以及封育的资金来源等问题。1989 年 1 月 25 日，内蒙古自治区林业局印发了《内蒙古自治区封山育林施工设计和封山育林技术档案暂行规定》，同年还制定了 1989 年至 1993 年封山（沙、滩）育林规划。[②]

1990 年 4 月，内蒙古自治区人民政府做出了封闭大兴安岭两片原始林区的决定，封闭区为奇乾、乌玛、永安山三个规划林业局和毕拉河林业局原始林区。在封闭区内，内蒙古自治区人民政府委托大兴安岭林管局进行管理，未经批准，任何单位和个人不得通行，更不得进入林区从事开荒种地、狩猎、捕鱼、采矿、伐木等项活动。如有特殊情况需要从事上述活动，必须经上述林业主管部门批准，在大兴安岭林管局办理进入林区手续。[③]

1992 年，内蒙古自治区林业厅颁布了《内蒙古自治区封山（沙）育林技术规程》。1993 年，内蒙古林业厅下发《关于天然山杏封育实行有偿投资的通知》，正式将封育资金实行部分有偿使用的办法。

不同地区，根据本地区的情况，制定了因地制宜的封育任务和措施。

呼和浩特市封山育林办法是：凡确定为封山育林的地段，严格按照作业设计，明确界限和面积。封育期间，严禁在封育范围内放牧和割草砍柴，在主要封育路口设置“障碍”（拉刺丝网等）和树立封山育林、护林防火宣传牌；固定常年巡山护林人员，并明确责任和奖罚制度；先封远山，后封近山；先封成林成材有希望的沟坡，后封难度大的地区；按实际情况确定封育期限。[④]

6. 护林防火

森林火灾严重地威胁着森林的安全。据统计，1949 年至 1980 年的 32 年间，

---

① 《内蒙古林业发展概论》编委会：《内蒙古林业发展概论》，第 111—112 页。

② 中共内蒙古自治区委员会党史研究室：《守望家园：内蒙古生态环境演变录》，第 215 页。

③ 《自治区人民政府决定封闭大兴安岭两片原始林区》，《内蒙古日报》1990 年 4 月 14 日，第 1 版。

④ 李瑛主编：《呼和浩特市志》（中），呼和浩特：内蒙古人民出版社，1999 年，第 221 页。

内蒙古自治区森林火灾累计林地受灾面积是同期更新造林的 1.5 倍。造林的速度比不上火灾毁林的速度。1979 年到 1980 年的两年间，年均火灾达到了 94.3 次，远远超过了 32 年间火灾的平均次数（43.7 起）。[①]在这种背景下，内蒙古自治区加大了护林防火的力度。

1979 年 9 月，成立了内蒙古自治区护林护场防火指挥部，中共内蒙古自治区委员会书记、内蒙古自治区革命委员会主任孔飞担任总指挥。各盟市旗县也普遍建立了党政领导牵头的护林防火指挥部或办公室。在每年的春秋季节，继续不厌其烦地发出防火指示，召开防火工作会议。

1980 年，内蒙古自治区人民政府颁布了《内蒙古自治区护林护场防火工作暂行条例》，规定每年春季 3 月 15 日到 6 月 30 日、秋季 9 月 1 日到 11 月 30 日为防火期，人人都有保护森林和草原资源的义务，规定林区、牧区的各级人民政府要把防止森林和草原火灾作为主要任务，并确立了“预防为主，积极消灭”的方针。[②]3 月，内蒙古自治区人民政府发出《抓好春季护林护场防火工作》的通知，要求各地认真贯彻我区防火工作条例和防火布告，提高群众防火的警惕性，旗县、林业局、林场、农牧场都要组织一定数量的快速扑火队伍，一旦起火，立即出动，做到“打早、打小、打了”。[③]9 月 8 日，其又发出《关于认真做好秋季森林草原防火工作的通知》。

1994 年 5 月 9 日，内蒙古自治区人民政府召开电视会议，内蒙古自治区人民政府副主席张廷武要求做好森林草原防火工作，务必要抓好五个落实到位：一是思想认识要到位，把森林草原防火提高到服务改革开放，保障经济发展，促进社会稳定的高度。二是依法治林、依法治火的法律法规必须落实到位，对人为造成的火灾事故要从严、从快处理，大张旗鼓地宣传防火的重要性，增强全社会的森林草原防火意识。三是森林草原防火的各项预防措施要落实到位，把森林草原防火责任层层分解，落实到山头、地头、人头。四是扑火预案要落实到位，各级扑火部门都要有可操作性的应急应变措施。五是领导责任要落实到位，因领导不力

① 《内蒙古森林》编辑委员会编著：《内蒙古森林》，第 333 页。

② 《内蒙古自治区护林护场防火工作暂行条例》，《内蒙古日报》1980 年 4 月 26 日，第 2 版。

③ 《自治区人民政府发出通知要求各地加强领导抓好春季护林护场防火工作》，《内蒙古日报》1980 年 4 月 1 日，第 1 版。

而出现的火灾，要根据情况追究领导的政纪以致刑事责任。[①]

7. 颁布《内蒙古自治区森林管理条例（试行）》

1984 年 12 月 22 日，内蒙古自治区第六届人大常委会第九次会议通过了《内蒙古自治区森林管理条例（试行）》，对森林保护、森林采伐、奖励和处罚做出了详尽的规定。[②]《内蒙古自治区森林管理条例（试行）》是内蒙古自治区依法管理森林的法律依据。

四、治理水土流失

中共十一届三中全会以后，内蒙古自治区水土流失治理有三个突出特点：其一是以小流域为单元综合、集中、连续治理；其二是强调治理与开发相结合；其三是加大预防力度，防治相结合。

总结几十年水土流失治理经验，尤其是 20 世纪五六十年代利用冬春、夏秋等农闲季节开展千军万马“大会战”，突击式地治理水土流失的教训，到 20 世纪 70 年代后期，小流域治理的优势得到越来越多人的认可。小流域综合治理方式与农村牧区的管理体制从人民公社、生产大队、生产小队三级管理模式向家庭联产承包责任制管理模式的转变是相适应的。一方面农村牧区实行家庭联产承包生产责任制后，已经不具备组织成百上千人开展“大会战”的条件了；另一方面小流域综合治理符合家庭联产承包责任制的精神。此外，不考虑人民群众的眼前利益，不考虑经济利益的生态建设，没有可持续性。屡禁不绝的各地不断发生的滥砍、滥伐、滥搂等现象，就说明了在生态建设的过程中，必须解决群众的经济利益问题，以提高群众的生活水平。

1982 年 6 月底，国务院颁布了《水土保持工作条例》。同年 8 月 16 日至 22 日，在北京召开了第四次全国水土保持工作会议。这是继 1958 年第三次全国水土保持工作会议后，时隔 24 年才召开的全国性水土保持工作会议。会议总结了 32 年来水土保持工作的成绩与不足，总结了经验教训，强调了水土保持工作的重要性和

---

① 《自治区政府电视会议要求高度重视上下努力抓好森林草原防火》，《内蒙古日报》1994 年 5 月 10 日，第 1 版。

② 《内蒙古自治区森林管理条例（试行）》《内蒙古日报》1984 年 12 月 30 日，第 2 版。

紧迫性，制定了水土保持的政策和措施。“以小流域为单元进行综合治理”的经验得到会议的重视。会议还提出“推行和完善水土保持责任制，落实治理和管理任务”[①]。

第四次全国水土保持工作会议后，因为“小流域综合治理”顺应了改革的形势，成为水土保持工作的新生事物，得到中央的肯定和地方的欢迎。从1982年下半年开始，很多地区都编制水土流失治理总体规划和小流域治理规划。全国第一批安排治理的小流域达到800条。1983年富有特色的户包治理责任制得到迅速发展。[②]1985年6月25日，国务院批准了全国水土保持工作协调小组《关于开展水土保持工作情况和意见的报告》，指出1982年以来，水土保持工作同已往比较起来，有四个方面的变化：一是在治理形式上，由过去统一治理，集体经营，逐步转向以户或联户承包治理为主；二是在治理措施上，由过去单一、分散治理转向按小流域为单元综合、集中治理；三是在治理方式上，不少地方由过去单纯治理逐步转向经营开发性治理，使治理和开发利用结合起来；四是由过去的边治理边破坏，逐步转向防治并重、治管结合。建议“进一步推广和完善以户包为主要形式的责任制。对荒山、荒沟、荒坡，要在统一规划的前提下，承包到户或联户治理，明确责、权、利，签订承包合同，发给土地使用证，帮助承包户进行规划，并在技术上给以指导，使承包户通过承包治理，提高经济效益，逐步富裕起来”[③]。6月29日，水利部部长钱正英在黄河中上游地区水土保持工作座谈会总结讲话中对户包小流域治理水土流失给予了充分的肯定。钱正英指出：“在家庭联产承包责任制的基础上，黄土高原水土保持工作中出现了户包小流域治理的新生事物，并在很短时间内迅速推开。户包治理小流域直接与群众的切身利益相连，解决了责、权、利分离和治、管、用脱节的问题，动员起千家万户治理千沟万壑，大大加快

① 钱正英：《全面贯彻执行〈水土保持工作条例〉为防治水土流失、根本改变山区面貌而奋斗——全国第四次水土保持工作会议上的报告》，《中国水土保持》（郑州）1982年第6期，第12页。

② 杨振怀：《在全国水土保持重点地区治理工作会议上的讲话（一九八五年六月二十九日）》，《中国水土保持》（郑州）1984年第S1期，第3页。

③《国务院办公厅转发全国水土保持工作协调小组〈关于开展水土保持工作情况和意见的报告〉的通知》，《中国水土保持》（郑州）1985年第10期，第2—4页。

了水土保持治理的速度。”[①]1988 年水利部钱正英部长在回答《中国水土保持》杂志记者问题时，再一次肯定了户承包责任制和小流域治理：十一届三中全会以来，尤其是 1982 年以来，“随着农村家庭联产承包责任制的推行，以户承包治理责任制应运而生，使水土保持工作充满了生机和活力。由于责、权、利的统一，吸引了广大农民将剩余劳力转入承包治理荒山荒沟。户包、联合体承包和专业队承包等多种治理责任制迅速在黄土高原以及全国推开，成为治理水土流失的一支主力军”。“以小流域为单元的重点治理在许多省、市、自治区展开，改变了以往分散治理、单一治理的局面。小流域综合治理成效显著，深受各级领导和广大群众欢迎”。“强调把国家宏观的生态效益与农民微观的经济活动紧密结合起来，使农民尽快得到实惠，以增强进一步开展水土保持的活力和后劲”[②]。

内蒙古自治区不同地区采用小流域综合治理的时间不同，有的地区比较早地开展了小流域综合治理的试验；有的地区是在国家和内蒙古自治区的提倡下，到 20 世纪 80 年代才开始采用小流域综合治理模式。总体情况是到 20 世纪 80 年代，全区的水土保持工作都采用了承包形式的小流域综合治理，加快了治理水土流失的速度。

昭乌达盟喀喇沁旗早在 1978 年即开展小流域综合治理。旗水土保持站确定了牛头山流域、通太沟流域、樱桃沟流域为小流域综合治理试验区。1982 年，这三个小流域被昭乌达盟水利局列为盟级重点治理流域，并进行了规划，形成了山、水、田、草、林、路统一规划，坡、地、路、沟、河综合治理的格局。1982 年初，喀喇沁旗政府召开乡、村主要领导干部会议，决定按小流域治理，另外又确定了 8 个小流域为喀喇沁旗水土保持小流域治理试验区。从 1983 年开始，喀喇沁旗人大常委会决定“以小流域为单元，扩大到大流域综合治理。将集体和专业队治理，变为以户或联户承包治理”，对于全旗 133 条小流域进行综合治理开发，为此还成立了综合治理指挥部。[③]

① 《钱正英同志在黄河中上游地区水土保持工作座谈会上的总结讲话（一九八五年六月二十九日）》，《中国水土保持》（郑州）1985 年第 9 期，第 7 页。

② 《钱正英同志就当前水土保持工作的一些问题答本刊记者问》，《中国水土保持》（郑州）1988 年第 1 期，第 2—3 页。

③ 《喀喇沁旗志》编纂委员会编：《喀喇沁旗志》，呼和浩特：内蒙古人民出版社，1998 年，第 358 页。

1980年春，伊克昭盟达拉特旗呼斯梁公社总结了社员郝挨洞治理小山沟的经验后，在推行农业生产承包责任制的基础上，首先把荒山、荒沟分包到户，把治理的权、责、利交给群众。[①]1981年11月21日，达拉特旗召开山区建设会议，宣布在山区种树种草种柠条，进行小流域治理，小水利建设，小草库伦建设，发展小经济园林等，达拉特旗开始了户包小流域治理。[②]从1980年到1985年，承包小流域的户数达到1.19万户，承包小流域8441条，面积达322.35万亩。具体承包形式有1户1沟的，有几户1沟的，有自愿结合联户治理的，有打破流域界限跨流域承包的。由于采取户承包责任制，水土流失治理速度迅速提高。[③]

在各地自发地创造性地开展户包小流域治理的基础上，在国家水利部相关会议精神指导下，内蒙古自治区从自治区层面大力倡导户包小流域治理模式。1982年4月，内蒙古水利厅在赤峰市召开了会议，提出“坚持工程措施与生物措施相结合，大力种树种草。措施上要防、治、管并重，除害与兴利相结合，以小流域为单元，在总体规划的基础上，集中治理，连续治理”的水土保持原则。1983年10月23日至11月1日，内蒙古自治区水利厅和财政厅联合召开了全区水土保持重点旗县座谈会，会议要求19个水土流失重点治理旗县要做好小流域规划，对承包户要实行以奖代补、以借代补的政策。1984年4月8日，自治区水利厅在达拉特旗召开了黄河领域水土保持承包责任制经验交流会，交流了达拉特旗户包治理小流域的经验，推动了全区户包治理小流域工作的大发展。[④]5月14日，内蒙古自治区人民政府做出了《关于发展农村牧区商品生产搞活经济的七项规定》，明确了户包治理水土流失的政策，规定：“对荒山、荒滩、荒漠、荒沟、荒碱地，根据群众意愿和经营能力，不限数量一次或分期划拨到户种草种树，谁种谁有，长期经营，允许继承、转让。”[⑤]

---

① 《达拉特旗水利水保志》编委会编：《达拉特旗水利水保志》，第142页。

② 《达拉特旗水利水保志》编委会编：《达拉特旗水利水保志》，第248页。

③ 《达拉特旗水利水保志》编委会编：《达拉特旗水利水保志》，第142—143页。

④ 《内蒙古自治区志·水利志》编委会：《内蒙古自治区志·水利志》，第884页。

⑤ 《内蒙古自治区人民政府关于发展农村牧区商品生产搞活经济的七项规定》，内蒙古党委政策研究室、内蒙古自治区农业委员会编印：《内蒙古畜牧业文献资料选编》第二卷综合（下册）（内部资料），1987年，第497页。

1987年3月内蒙古自治区制定的《关于小流域水土保持综合治理暂行规定》是规范内蒙古自治区水土保持户包小流域综合治理模式的一个重要文件，规定了小流域综合治理的原则、选择条件、规划要求、治理标准、效益指标等问题。小流域治理的原则是“实行以户为主的承包责任制，3～5年初步治理，5～7年基本完成”；小流域的选择条件是经过治理能够“改变生产条件，调整产业结构，提高人民生活”；对小流域的规划要求是在农牧业区划和大流域水土保持规划指导下制定小流域规划；小流域的治理标准要求达到70%以上的治理度，林草保存面积达到宜林宜草面积的75%以上，基本农田人均达到2～3亩，20度以上的坡耕地逐步退耕还林还牧，20度以下的坡耕地建设成隔坡或水平梯田；关于小流域治理的经济效益，要求促进农林牧副业综合发展，生态效益要求消减径流量60%以上，减少泥沙70%以上。①

在1994年2月召开的全区水利处局长会议上，云峰厅长提出1994年水土保持的治理模式是：坚持社会效益、生态效益和经济效益相结合的原则，全面规划，区域化治理，规模化开发。要把治理与致富紧密结合起来，发挥不同地区的资源优势，走种、养、加、贸、工、农一体化开发治理之路，大力发展苗圃和林果业，形成以流域为重点的商品生产基地，增强水保治理后劲。1994年水保经济创收要有新进展，其中兴建水平梯田、沟坝地和小片水地增产收入要达到5000万元，征收水土流失防治费500万元，营造苗圃创收100万元。②

1995年8月，中共内蒙古自治区委员会、内蒙古自治区人民政府做出《关于进一步加强水利建设的决定》，其中关于水土保持工作，提出力争每年治理水土流失面积500万亩，其中建设水平梯田和沟坝地50万亩，到2000年，全区水保治理面积要达到6.3万平方公里，占水土流失总面积的34%。继续推广生物措施与工程措施相结合的方法，因地制宜地搞好小流域综合治理，加快重点水土流失区的治理步伐。③

---

①《内蒙古自治区志·水利志》编委会：《内蒙古自治区志·水利志》，第869—870页。

② 云峰：《解放思想　深化改革　努力开创水利事业新局面——在全区水利处局长会议上的讲话》，《内蒙古水利》（呼和浩特）1994年第1期，第9页。

③《中共内蒙古自治区委员会　内蒙古自治区人民政府　关于进一步加强水利建设的决定》，《内蒙古水利》（呼和浩特）1995年第3期，第3页。

在水土流失预防方面，1995年11月15日内蒙古自治区人民政府颁布实施的《内蒙古自治区水土流失防治费征收使用管理办法》，是预防水土流失的一项重要经济措施。该管理办法的主要内容有：第一，企、事业单位或个人在进行生产和建设过程中必须采取水土保持措施，对造成的水土流失负责治理。能自行治理的，按照审定的水土保持方案确定的防治费用，随生产、建设进度按比例提取，专户储存，专款专用，由水行政主管部门和银行监督使用。不能自行治理的，向水行政主管部门缴纳水土流失防治费，由水行政主管部门组织治理。第二，建设过程中发生的水土流失，防治费从建设资金中列支，生产过程中发生的水土流失，防治费从生产费用中列支。第三，征收的水土流失防治费85%必须直接用于水土流失的治理。[①]

1997年9月24日，内蒙古自治区第八届人民代表大会第二十八次会议通过《内蒙古自治区实施〈中华人民共和国水土保持法〉办法》的决定。该办法规定水土保持工作实行“预防为主，防治结合，全面规划，综合防治，因地制宜，加强管理，注重效益的方针。坚持谁开发利用水土资源谁受益谁负责保护，谁造成水土流失谁负责治理的原则”。办法禁止在20度以上陡坡开垦种植农作物；应使用有利于生态环境的采伐方式在林区伐木；在水土保持地区进行修铁路、公路、兴办矿山等活动应规定防治措施；治理水土流失应当以小流域为单位，因地制宜地采取生物和工程措施进行综合治理；应对荒山、荒沟、荒滩、荒沙、荒丘按照“谁承包谁受益”的原则进行承包治理。[②]该办法把自治区水土保持的一些政策上升到了地方法规的高度，把水土保持工作纳入了法制轨道。

第四节　1978～1998年内蒙古防治荒漠化的效果

1978～1998年，内蒙古自治区的荒漠化防治政策和措施，在治理区产生了明显的效果。

---

① 《内蒙古自治区人民政府关于印发〈内蒙古自治区水土流失防治费征收使用管理办法〉的通知》，《内蒙古政报》（呼和浩特）1996年第1期，第30页。

② 《内蒙古自治区实施〈中华人民共和国水土保持法〉办法》，《内蒙古政报》1998年第1期，第15—17页。

1. 整体上看沙化土地的发展速度在减缓，局部沙地出现了逆转

自 1975 年到 2000 年，内蒙古自治区各大沙地的沙漠化土地面积都出现了比较明显的扩张，其中科尔沁沙地从 20 世纪 70 年代的 289.71 万公倾扩张到 20 世纪 90 年代的 375.23 万公顷，增长率达到了 14.76%。浑善达克沙地的增长率是 7.71%。呼伦贝尔沙地增长率为 0.88%。[①]从沙化的增长速率看，呈现明显放缓态势。20 世纪 60 年代初期到 20 世纪 70 年代中期全区新增沙漠化面积 4.1981 万平方公里，年增长率为 1.53%，20 世纪 90 年代中期增长了 1.5262 万平方公里，年增长率却下降到了 0.36%，比前期下降了 1.17 个百分点。[②]20 世纪 70 年代初期到 20 世纪 90 年代中期，乌兰布和沙漠、腾格里沙漠流动沙丘面积缓慢减少，库布齐沙漠、巴音温都尔沙漠、巴丹吉林沙漠流动沙丘面积缓慢增加。与 20 世纪五六十年代相比，五大沙漠都有较大幅度的好转。[③]

1975 年到 2000 年，内蒙古自治区沙地扩大和逆转的总体情况分别是：明显发展面积为 3.1098 万平方公里，一般发展面积 3.9518 万平方公里，一般逆转面积为 3.2591 万平方公里，明显逆转面积 1.9965 万平方公里。[④]

1990 年，呼伦贝尔东部地区沙地面积占 31.47%，2000 年沙地面积占 30.93%，10 年间沙地面积减少了 0.54%。[⑤]

1975 年科尔沁地区（哲里木盟及乌兰察布盟）沙漠化土地面积为 51384 平方公里，1987 年增长为 6.1008 万平方公里，2000 年则减少为 5.0198 万平方公里，2000 年较 1987 年减少了 17.7%。从沙漠化类型减少的程度来看，严重和中度沙漠化土地分别减少了 488 平方公里和 1.2463 万平方公里。[⑥]库伦旗境内的塔敏查干沙漠是科尔沁沙地的主要沙漠之一，20 世纪 80 年代以前，每到春秋季节，这里风沙四起，吞没良田和草牧场，生态环境极其恶劣，被称为“地狱之沙”。20 世纪 80

① 齐小娟、杨萍：《内蒙古地区土地沙漠化成因分析及防治措施》，《内蒙古环境科学》（呼和浩特）2007 年第 1 期，第 63 页。

② 杨文斌、张团员、闫德仁，等主编：《库布齐沙漠自然环境与综合治理》，第 43 页。

③ 齐小娟、杨萍：《内蒙古地区土地沙漠化成因分析及防治措施》，《内蒙古环境科学》2007 年第 1 期，第 64 页。

④ 高会军、姜琦刚、霍晓斌：《中国北方沙质荒漠化土地动态变化遥感分析》，《灾害学》（西安）2005 年第 3 期，第 38 页。

⑤ 巴雅尔：《内蒙古土地利用与覆盖变化多尺度动态研究》，呼和浩特：内蒙古人民出版社，2005 年，第 106 页。

⑥ 王涛、吴薇、薛娴，等：《近 50 年来中国北方沙漠化土地的时空变化》，《地理学报》（北京）2004 年第 2 期，第 209 页。

年代初期开始采取植树造林、飞播造林、封滩育林等措施，经过十年的治理，在总面积 27 万亩的塔敏查干沙漠中，有 7 万亩的沙漠被绿化，5 万亩被封固，1 万亩被改良成了良田。[①]

20 世纪五六十年代毛乌素沙地是以迅速发展为主的，但是 20 世纪 70 年代以后，尤其是 20 世纪 90 年代，毛乌素沙地却出现了明显的逆转。20 世纪 70 年代中期，毛乌素沙地的沙漠化面积有 4.1108 万平方公里，20 世纪 80 年代后期减少到 3.5559 万平方公里，比 20 世纪 70 年代减少了 5549 平方公里，出现较为显著的逆转。1987 年毛乌素沙地沙漠化面积是 3.2586 万平方公里，1993 年下降到 3.065 万平方公里，平均每年有 276.6 平方公里发生逆转。[②]

20 世纪 70 年代中期以来，库布齐沙漠虽然有增加，但是增长率明显降低。20 世纪 60 年代初期库布齐沙漠化土地面积为 1.0453 万平方公里，20 世纪 70 年代中期为 1.6993 万平方公里，年增长率为 4.17%。到 20 世纪 90 年代中期，沙漠化土地面积增加了 1525 平方公里，为 1.8518 万平方公里，但是年增长率降低到 0.47%，比 20 世纪 60 到 70 年代的增长率降低了 3.7 个百分点。[③]库布齐沙漠典型区达拉特旗也出现了好转的势头。1987 年到 2000 年，达拉特旗的沙漠化土地面积虽然表现出减少—增加的趋势，但是沙漠化程度却表现出了减少—再减少的趋势。1987 年达拉特旗严重荒漠化土地占土地总面积的 8.6%，1995 年减少到了 3.6%，2000 年进一步减少到了 1.47%。[④]

20 世纪 70 年代到 90 年代末期，浑善达克沙地内部出现了恶化的景象，但是沙地外围和边缘却比较稳定，没有扩大。1995 年到 2000 年，浑善达克沙地在总体上是趋于稳定的。1995 年浑善达克的沙漠化土地面积为 320.51 万公顷，2000 年下降到了 318.54 万公顷，减少了约 2 万公顷，土地平均沙化率降低了 0.36 个百分点，中度沙漠化土地明显减少，约减少 125 万公顷。沙化土地没有太大的空间扩张，局部地区还出现了逆转。[⑤]

---

① 博赫、乌恩宝音：《昔日风沙漫漫，如今绿浪滚滚：库伦旗征服十二万亩流动沙丘》，《内蒙古日报》1993 年 4 月 20 日，第 2 版。

② 吴薇：《近 50 年来毛乌素沙地的沙漠化过程研究》，《中国沙漠》2001 年第 2 期，第 166 页。

③ 杨文斌、张团员、闫德仁，等主编：《库布齐沙漠自然环境与综合治理》，第 43 页。

④ 陈雅琳、常学礼、崔步礼，等：《库布齐沙漠典型地区沙漠化动态分析》，《中国沙漠》2008 年第 1 期，第 29 页。

⑤ 乌兰图雅、阿拉腾图雅、长安，等：《遥感、GIS 支持下的浑善达克沙漠化土地最新特征分析》，《内蒙古师大学报（自然科学汉文版）》2001 年第 4 期，第 358 页。

2. 植树造林成绩突出，森林覆盖率提高，经济效益明显

1984 年是“三北”防护林第一期工程的第五年，内蒙古自治区 5 年造林面积 2530 万亩，完成“三北”防护林计划任务的 53.8%。每年的造林面积也有突破，1980 年以前，全区每年造林 400 多万亩，1983 年造林突破了 800 万亩，连续三年造林面积位居全国第一。到 1983 年为止，内蒙古自治区 36 个“三北”防护林建设的重点旗县，已有 12 个旗县提前完成了第一期工程的建设任务。①

造林成活率和保存率也极大提高。据 1985 年统计，中共十一届三中全会以前的 28 年间，全区造林保存面积总共为 1744 万亩，保存率为 27.6%，平均每年造林进度为 69 万亩。中共十一届三中全会以后的 7 年里，全区造林保存面积及成活面积为 2175 万亩，超过过去 28 年的总和，保存率达到 45.5%，每年造林进度是 310 万亩。②

1989 年是三北防护林二期工程的第四年，内蒙古自治区完成造林保存面积 1200 多万亩，使自治区三北防护林建设范围内的森林覆盖率由 1978 年的 4.7%提高到了 7%以上。到 1990 年，三北防护林建设 12 年的效果显著，初步改善了内蒙古自治区脆弱的生态环境，全区平原农田林网化程度由原来的 22.7%增加到了 53.7%，保护农田 2000 多万亩，戈壁沙漠有林地面积达到了 3500 多万亩，使 20% 的风沙危害区得到了治理。③

1995 年，“三北”防护林二期工程结束。从 1986 年到 1995 年的 10 年里，内蒙古自治区共完成人工造林、飞播造林和封山育林保存合格面积 4129.2 万亩，超计划任务 31.6%。其中，人工造林保存面积 3035.4 万亩，超计划任务 22.5%；飞播造林保存面积 135.7 万亩，超计划任务 126.2%；封山育林保存面积 958.1 万亩，超计划任务 59.4%。“三北”防护林二期工程建设也是内蒙古自治区造林质量最好的 10 年，人工造林保存合格率由 1985 年的 48.1%提高到 78.5%，飞播造林成林面积率由 1985 年的 37.5%提高到了 50.3%，封山育林成林面积率由 1985 年的 17.2%

① 包白乙拉：《努力建设“三北”防护林体系，加快种树种草步伐，我区五年造林二千五百三十万亩》，《内蒙古日报》1984 年 2 月 25 日，第 1 版。

② 范林新：《大兴林草业，促进农牧业，我区“六五”期间造林绿化成绩突出》，《内蒙古日报》1985 年 11 月 6 日，第 1 版。

③ 安铁军：《“三北”防护林在我区崛起》，《内蒙古日报》1990 年 5 月 15 日，第 1 版。

提高到了38%。10年间的“三北”防护林建设不仅产生了巨大的生态效益，还产生了巨大的经济和社会效益。据林业部门的计算，内蒙古自治区“三北”防护林二期工程建设的10年已产生生态效益67.54亿元，其中农田、草牧场防护效益为23.07亿元，防风固沙效益为29.3亿元，水土保持、水源涵养效益为15.15亿元；10年产生的经济效益为35.62亿元，以果树为主的经济林在造林中的比重逐年增大，沙地生物圈、生态经济沟等全新的林业建设模式应运而生，实现了由传统林业向以生态、经济和社会效益并重的现代林业转变。[①]

据内蒙古林业厅公布的数字，到1997年，全区森林面积达到2.8亿亩，其中人工林8000多万亩，森林覆盖率由内蒙古自治区成立初期的7.7%提高到了14.19%，活立木蓄积量11.24亿立方米，居全国第三位；全区人均有林地、人均造林面积分别居全国第二位和第一位。[②]

具体到各盟市的情况，进度不一，成绩不同。

从1978到1985年，呼和浩特市8年累计造林5.8万公顷，实际保存3.9万公顷，保存率53%。有林地面积增加3.06万公顷，森林覆盖率提高5%；营造防护林1.3万公顷，用材林1.5万公顷，经济林1800公顷，薪炭林1400公顷，特种用途林266公顷，四旁植树1648万株，封山育林5300公顷。[③]

包头市在“三北”防护林一期工程（1978～1985年）结束时，完成造林2.19万公顷，封山育林1.53万公顷。[④]二期工程（1986～1995年）进展至1990年，完成造林2.34万公顷，其中黄河防护林3327公顷，农田防护林1547公顷，铁路防护林3393公顷，水土保持林2913公顷。[⑤]

乌海市到1993年底，全市有林面积10.554万亩，其中防风固沙林3.972万亩，农田防护林2.175万亩，用材林2.115万亩，森林覆盖率由1977年的0.3%提高到5.6%。[⑥]

---

① 孙亚辉、陈德厚：《绿色染出新纪录——记我区“三北”防护林二期工程建设》，《内蒙古日报》1996年2月28日，第2版。

② 王家祥：《内蒙古林业发展的光辉历程》，《理论研究》（呼和浩特）1997年第5期，第42页。

③ 李瑛主编：《呼和浩特市志》（中），呼和浩特：内蒙古人民出版社，1999年，第226页。

④ 包头市地方志编纂委员会编：《包头市志》卷二（下），呼和浩特：远方出版社，2007年，第73页。

⑤ 包头市地方志编纂委员会编：《包头市志》卷二（下），第76页。

⑥《乌海市志》编纂委员会编：《乌海市志》，呼和浩特：内蒙古人民出版社，1996年，第324页。

1978年到1985年，赤峰市8年年均造林179.8万亩，其中防护林263.9万亩，占45%；用材林248.3万亩，占42.4%；经济林51.1万亩，占8.7%；薪炭林22.5万亩，占3.8%；其他林0.5万亩，占0.1%。①

阿拉善盟在"三北"防护林一期工程结束时造林14.34万亩，实际成活与保存面积7.58万亩。1986～1995年的二期工程到1989年完成天然林围栏封育79.14万亩，包兰铁路防护林完成5639亩，黄河青少年防护林完成7995亩，飞播造林20.81万亩，人工造林4.24万亩。②

伊克昭盟从1978年到1985年的8年全盟累计造林面积1541.9万亩，实际造林保存面积751.98万亩，森林覆盖率由1977年底的5%提高到1985年的10%。③

从1978年到1998年，哲里木盟全盟完成人工造林保存面积1244万亩，飞播造林45万亩，封山封沙育林面积450万亩。全盟治理风沙和水土流失分别为38%和32%，农田林网化程度72%，村屯绿化率40%，"四旁"绿化率68%，建设绿色长廊200公里，林业产业基地面积140万亩。森林的多种功能逐渐得到社会公认，林网化可使其庇护的农田增产粮食10%～30%。④

兴安盟在"三北"防护林一期工程过程中共造林259.5万亩，成活保存面积118.2万亩。在1986年到1990年全盟共造林165.5万亩，封山育林34.5万亩。⑤

1979年到1994年，库伦旗人工造林保存面积累计达9.1543万公顷，森林覆盖率由8.9%提高到29.5%。特别是1986年以来，5年造林2.13万公顷，封山育林1.0053万公顷，飞播造林3.7533万公顷。⑥

3. 草原呈现整体退化、局部好转态势

与20世纪80年代相比，20世纪90年代中后期，内蒙古自治区草原植被净减少面积达到了510万公顷。到20世纪末，有972万公顷的草原遭到严重破坏，占

---

① 赤峰市地方志编纂委员会编：《赤峰市志》(上)，第808页。

② 阿拉善盟地方志编纂委员会编：《阿拉善盟志》，北京：方志出版社，1998年，第350—351页。

③ 伊克昭盟地方志编纂委员会编：《伊克昭盟志》(第二册)，北京：现代出版社，1994年，第475—476页。

④ 李吉人：《搞好生态建设　增强抗灾能力——哲盟三北防护林体系工程建设回顾》，《内蒙古林业》1998年第12期，第38页。

⑤ 兴安盟地方志编纂委员会编：《兴安盟志》(上)，海拉尔：内蒙古人民出版社，1997年，第299页。

⑥ 杨占原：《绿色引得贵客来》，《内蒙古林业》1994年第12期，第8页。

草原面积的23.5%。其中有308万公顷的草原沙化，有164万公顷的草原出现严重的水土流失，有90万公顷的草原砾石化，有45万公顷的草原盐碱化。[①]与此同时，草原治理区则效益显著。

1999年，乌兰察布盟草原建设总规模达到537.8万亩。多年生牧草保存面积290.6万亩，饲用灌木保存面积255.1万亩，草地围栏保存4165处、207.9万亩，草地改良保存面积164.7万亩，"五配套"小库伦保存3164处、4.44万亩，草籽田累计建成18万亩。[②]

从1963年起，哲里木盟开始人工播种牧草。1979年全盟人工种草面积突破百万亩，达116万亩，约占可利用草原面积的2.8%。1980年至1985年，全盟人工种草累计面积275万多亩，平均每年播种45.8万多亩。1986年，全盟人工种草58万多亩，全盟多年生牧草面积已达110多万亩。1987年至1998年，全盟人工种草累计面积达1527.34万亩，年平均播种127.28万亩。到1998年，全盟人工种草保存面积217.1万亩，其中多年生牧草保存面积已达68.25万亩。[③]哲里木盟1978至1981年，草库伦面积每年都保持在350万亩以上，1982年整顿后开始下降，但质量标准大大提高。1983年至1987年，全盟围建草库伦面积分别为194.88万亩、217.96万亩、236.75万亩、170万亩、177.8万亩。1988年至1994年，全盟草库伦年保有面积在230万至290万亩之间。1995年全盟草库伦保有面积发展到318.2万亩，1996年上升到330.8万亩，1997年达到357.8万亩。[④]

阿拉善盟总面积为27万平方公里，沙漠面积占30.7%。从1981年开始，林业部门在这个地区飞播牧草，截至1992年，全盟飞播林草面积达到了130万亩。飞播林草极大地提高了植被覆盖率，有苗面积由1.5%提高到了36.7%。植被覆盖率的提高对流沙起到了阻固作用，沙丘趋于平缓，流动沙丘逐渐逆转为固定和半固定沙丘。[⑤]腾格里沙漠是不毛之地，1981年开始飞播牧草，经过9年的飞播，覆盖面积达到了77.6万亩，保存面积达到了80%以上。到了1989年底，腾格里沙漠植

---

① 雍世鹏、张自学、雍伟义：《内蒙古草原景观生态类型及受破坏分析》，张自学主编：《二十世纪末内蒙古生态环境遥感调查研究》，呼和浩特：内蒙古人民出版社，2001年，第170页。

② 乌兰察布盟地方志编纂委员会编：《乌兰察布盟志》（中），第944页。

③ 哲里木盟地方志编纂委员会编：《哲里木盟志》（上），北京：方志出版社，2000年，第219页。

④ 哲里木盟地方志编纂委员会编：《哲里木盟志》（上），第264页。

⑤《阿盟沙海出现片片绿洲》，《内蒙古日报》1993年9月24日，第1版。

被覆盖率由 0.2%增加到了 23.2%。白刺、沙竹、沙米等沙生植物也开始恢复和生长，昔日的不毛之地如今已成绿洲。流动、半流动沙丘变成了固定沙地，鸟类、兔子、黄羊出没，荒漠生态系统逐渐恢复。①

伊克昭盟 150 万亩的飞播区每年可为牲畜提供 46 万吨牧草，增加 500 万元产值。伊金霍洛旗台格苏木乌拉梁播区的30户农牧民，一年仅采收羊草纯收入达1500元的就有 5 户，1000 元的有 18 户，5000 元的有 7 户。②乌审旗是 1979 年的飞播试验区，据 1983 年实地观测，飞播区的覆盖度较飞播前提高了 34%～40%，一般产草量较天然草场高 3～5 倍。③

4. 以小流域治理为核心的水土流失治理效果明显

喀喇沁旗成功地开展小流域综合治理的狮子沟、通太沟和樱桃沟的生态效益和经济效益都非常显著。狮子沟全流域 28.8 平方公里，从 1964 年开始水土保持综合治理，到 1985 年完成治理面积 22 平方公里，其中造林 2.5 万亩，建成防护林带 26 条，种草 3500 亩，封山育林 5000 亩，林草覆盖率达到 66.3%，修水平梯田 4300 亩，闸沟建谷坊 4500 座，修防洪堤 20 公里，改河垫地 500 亩，修山间作业路 5 公里。1985 年人均收入比治理前的 1963 年提高了 7.6 倍。④据对 1983 年至 1985 年末全旗统计，1984 年增产粮食 690 万公斤；1985 年增收山杏核 20 万公斤，收获干牧草 1250 万公斤，草籽 18 万公斤，折款 145.7 万余元。⑤至 1995 年，全旗生态经济沟治理面积达 10 万多亩，新增水土保持面积 11 万亩，其中治理面积超过千亩的经济沟 16 条，超过 500 亩的经济沟 37 条。⑥

到 1998 年，赤峰市已经治理万亩以上的小流域 118 条，0.5～1 万亩的小流域 244 条，总治理面积达 213 万公顷，占全市水土流失总面积的 52%。在 1998 年的水灾中取得了显著的抗洪减灾效益。在同一暴雨强度下，治理后的小流域与未治

---

① 董灵：《阿盟在腾格里沙漠坚持飞播牧草九年，昔日不毛之地如今已见绿洲》，《内蒙古日报》1989 年 12 月 5 日，第 2 版。

② 《伊盟飞播造林效益十分显著》，《内蒙古日报》1993 年 9 月 24 日，第 1 版。

③ 《内蒙古自治区农牧渔业厅关于内蒙古自治区飞机播种牧草工作情况汇报》，内蒙古党委政策研究室、内蒙古自治区农业委员会编印：《内蒙古畜牧业文献资料选编》第四卷草原（内部资料），1987 年，第 450 页。

④ 《喀喇沁旗水利志》编纂领导小组编：《喀喇沁旗水利志》，呼和浩特：内蒙古人民出版社，1991 年，第 107 页。

⑤ 《喀喇沁旗水利志》编纂领导小组编：《喀喇沁旗水利志》，第 110 页。

⑥ 《喀喇沁旗志》编纂委员会编：《喀喇沁旗志》，第 358 页。

理的小流域受灾情况差异非常明显。[①]

伊克昭盟达拉特旗从 1980 年到 1985 年承包小流域 8 千余条，6 年的时间内，承包户初步完成治理面积 543.17 平方公里，占承包面积的 25.27%，是达拉特旗全旗山区过去 30 年治理面积的 50.24%。经济效益显著提高，1980 年至 1984 年，仅仅 5 年的时间，山区 75%的农户解决了温饱问题。1984 年，人均产粮 250 公斤，比承包前产量最高年份增加了 88.5 公斤；人均年收入 125 元，比承包前最高年份增加了 90 元。[②]

① 王国文:《赤峰市水土保持工程发挥巨大防洪减灾效益》,《内蒙古水利》(呼和浩特)1999 年第 2 期，第 30 页。

②《达拉特旗水利水保志》编委会编:《达拉特旗水利水保志》，第 142—143 页。

第五章　西部大开发以来内蒙古自治区的荒漠化防治工作

1998 年中共中央提出“西部大开发”战略。2000 年 10 月，中共十五届五中全会通过的《中共中央关于制定国民经济和社会发展第十个五年计划的建议》对西部大开发做了清晰的规定。西部大开发的目标是经过几代人的努力，到 21 世纪中叶全国基本实现现代化时，从根本上改变西部地区相对落后的面貌，努力建成一个山川秀美、经济繁荣、社会进步、民族团结、人民富裕的新西部。

生态环境建设是实施西部大开发战略的一个重要内容。内蒙古自治区作为西部大开发战略十二个省区之一，生态环境建设遇到了前所未有的契机。

中共中央实施西部大开发战略以来，内蒙古自治区的荒漠化防治工作与之前相比出现了三个显著的变化，第一，在认识上，中共内蒙古自治区委员会和内蒙古自治区人民政府把内蒙古的生态环境建设定位为“中国北疆绿色的屏障”；第二，在资金上，中央财政和内蒙古地方财政通过“退耕还林”“退耕还草”“三北防护林工程”“京津风沙源治理工程”等方式投入了巨大的生态建设资金；第三，在效果上，经过十余年的努力，内蒙古的生态环境取得了整体遏制和局部好转的突出成绩。

第一节　西部大开发战略实施时内蒙古的环境恶化状况

内蒙古第二次荒漠化和沙化监测结果显示，截至 1999 年内蒙古自治区荒漠化土地面积为63.84万平方公里，占自治区总土地面积（118.3万平方公里）的53.96%。从荒漠化类型看，风蚀荒漠化是内蒙古荒漠化类型中数量最大的一类，面积为58.42万平方公里，占全区荒漠化总土地面积的91.51%；水蚀荒漠化面积为2.81万平方公里，占4.40%；盐碱荒漠化面积为2.61万平方公里，占4.09%。[①]从荒漠化程度看，轻度荒漠化土地面积为18.11万平方公里，中度荒漠化面积为25.33万平方公里，重度荒漠化面积为8.69万平方公里，极重度荒漠化面积为11.71万平方公里，分别占自治区荒漠化土地的28.37%、39.68%、13.61%和18.34%。此外，还有4.58万平方公里的非荒漠化土地，占自治区总土地面积的3.87%。[②]

沙化土地是内蒙古自治区荒漠化土地面积中程度最重、面积最大的一类。根据相关专家对土地荒漠化遥感数据的解译，2000年内蒙古沙质荒漠化（包括沙漠）面积约占全区总面积的67.72%。[③]其中，轻度沙质荒漠化是内蒙古沙化数量最大的一类，面积为6.3917万平方公里；其次是中度沙质荒漠化，面积为5.1852万平方公里；此外，还有极重度、重度、潜在沙质荒漠化，面积分别为3.3338万平方公里，3.5287万平方公里，4.7348万平方公里。[④]

科尔沁沙地是内蒙古四大沙地中自然环境相对较好的沙地之一。遥感监测数据显示，2000年科尔沁沙地沙漠化土地总面积为5.0168万平方公里，占自治区土地面积的4.24%。其中，轻度沙漠化是2000年科尔沁沙地荒漠化面积中数量最大的一类，面积为3.0699万平方公里，占科尔沁沙地沙漠化土地总面积的61.19%；此外，还有9009.79平方公里的中度沙漠化土地，5815.42平方公里的重度沙漠化和4673.99平方公里的严重沙漠化土地，分别占科尔沁沙地沙漠化总面积的17.96%、11.59%、9.32%。[⑤]从荒漠化程度占总面积的比例看，2000年科尔沁沙地

① 董建林、董伟利、张海峰：《内蒙古自治区的荒漠化土地》，《内蒙古林业调查设计》（呼和浩特）2003年第3期，第4—5页。

② 董建林、董伟利、张海峰：《内蒙古自治区的荒漠化土地》，《内蒙古林业调查设计》（呼和浩特）2003年第3期，第4页。

③ 银山、包玉海、萨日娜：《基于遥感、GIS的内蒙古沙漠和沙质荒漠化研究》，《干旱区资源与环境》（呼和浩特）2004年第S3期，第59页。

④ 高会军、姜琦刚、霍晓斌：《中国北方沙质荒漠化土地动态变化遥感分析》，《灾害学》（西安）2005年第3期，第38页。

⑤ 王涛、吴薇、薛娴，等：《近50年来中国北方沙漠化土地的时空变化》，《地理学报》（北京）2004年第2期，第208页。

轻度荒漠化、中度荒漠化、重度荒漠化、严重荒漠化分别为45.4%、31.52%、13.3%、2.07%。[①]再从沙漠化分布上来看，2000年科尔沁沙地沙漠化土地占比例最高的是科尔沁左翼后旗，占沙化总面积的18.04%；其次是阿鲁科尔沁旗占科尔沁地区沙化总面积的13.97%。在科尔沁沙漠化土地中，严重沙漠化比例最高的是内蒙古的翁牛特旗，占科尔沁沙地严重沙化面积的41.38%；其次是奈曼旗和科尔沁左翼后旗，分别占严重沙化总面积的19.67%和13.93%。[②]

2000年浑善达克沙地沙漠化土地面积为318.54万公顷，占浑善达克沙地总土地面积的58.84%。其中，轻度沙漠化土地是该时期浑善达克沙地沙漠化土地数量最多的一类，面积为166.71万公顷，占沙漠化土地的52.34%；中度沙漠化土地和重度沙漠化土地分别占沙漠化土地的27.72%（88.31万公顷）和19.94%（63.52万公顷）。从沙漠化土地分布上来看，在浑善达克沙地中，严重沙漠化比例最高的是正蓝旗和阿巴嘎旗，这两旗不仅土地沙化率最高，而且也是流动沙地最为集中的地区。多伦县、苏尼特右旗、正镶白旗、克什克腾旗的中度沙漠化所占的比重要高于其他地区。其他旗县如苏尼特左旗、锡林浩特、镶黄旗则以轻度沙漠化为主。[③]

毛乌素沙地是我国占地面积最大的沙地。遥感监测数据显示，2000年毛乌素沙地内蒙古部分不仅植被覆盖类型比较简单，而且荒漠化比较严重。从荒漠化程度上分析，极严重荒漠化是毛乌素沙地荒漠化土地中数量最大的一类，面积为271.84万公顷，占毛乌素沙地荒漠化总面积（482.49万公顷）的56.34%；严重荒漠化、中度荒漠化、轻度荒漠化和非荒漠化面积分别为11.9974万公顷、16.484万公顷、121.0027万公顷、29.3932万公顷，分别占研究区总面积的2.49%、3.42%、25.08%、6.09%。从荒漠化类型上看，风蚀荒漠化是该时期毛乌素沙地主体部分，占地面积达421.324万公顷，占研究区总面积的87.33%；而水蚀荒漠化和盐碱荒漠化的面积相对较小，分别占研究区面积的1.44%和4.48%。[④]

---

① 杜子涛、占玉林、王长耀，等：《基于MODIS NDVI的科尔沁沙地荒漠化动态监测》，《国土资源遥感》（北京）2009年第2期，第16页。

② 吴薇：《近50a来科尔沁地区沙漠化土地的动态监测结果与分析》，《中国沙漠》2003年第6期，第648页。

③ 乌兰图雅、阿拉腾图娅、长安，等：《遥感、GIS支持下浑善达克沙漠化土地最新特征分析》，《内蒙古师大学报（自然科学汉文版）》2001年第4期，第358页。

④ 白冬梅、于智忠、李凤琴，等：《内蒙古毛乌素沙地近年荒漠化动态研究》，《内蒙古环境科学》（呼和浩特）2008年第1期，第69—71页。

呼伦贝尔沙地是我区生态环境最为脆弱的沙地，生态恢复相对较晚。遥感监测数据显示，2000 年呼伦贝尔沙地 8.3615 万平方公里监测面积中，潜在和轻度沙漠化土地 1.789 万平方公里，中度沙漠化土地 852 平方公里，重度沙漠化土地 1990 平方公里，严重沙漠化土地 161 平方公里，沙漠化土地总面积 2.0893 万平方公里。①从沙漠化分布上来看，2000 年呼伦贝尔沙地沙漠化土地最为严重的区域是新巴尔虎左旗，其次是新巴尔虎右旗；沙漠化程度较轻的区域以满洲里市和海拉尔市为代表。

草原是内蒙古最重要的生态资源之一。据调查，到 20 世纪末，全区草原生态环境遭到严重破坏的面积为 972 万公顷，占草原总面积的 23.5%。其中有 308 万公顷的草原沙化，有 217 万公顷的固定沙地活化成为半固定沙地，有 148 万公顷流动沙地或裸沙地，有 164 万公顷的草原出现严重水土流失，有 90 万公顷的草原砾石化，有 45 万公顷的草原盐碱化。②草原沙化的直接表现形式就是草原植被的退化。据 1999～2000 年调查统计，在内蒙古自治区 10.92 亿亩（可利用面积为 8.734 亿亩）的天然草地中，轻度退化面积达 1.98 亿亩，中度退化面积达 2.36 亿亩，重度退化面积达 2.08 亿亩。③

呼伦贝尔草原以水草丰美著称，是我国著名的生态草原。其草原占地面积为 5.9584 万平方公里，占呼盟总土地面积的 23.6%。④近一个世纪以来，呼伦贝尔生态遭到严重破坏，出现土地沙漠化、草原退化等现象。遥感数据显示，2000 年呼伦贝尔草原沙漠化土地面积为 4053.9 平方公里，其中，轻度沙漠化是呼伦贝尔草原沙漠化面积中数量最大的一类，面积为 1244.3 平方公里，占呼伦贝尔草原土地沙漠化总面积的 30.69%；其次是严重沙漠化土地，面积为 1065.2 平方公里，占草原土地沙漠化总面积的 26.28%；此外，还有中度沙漠化和重度沙漠化，面积分别为 915 平方公里和 829.4 平方公里。⑤

---

① 王涛、吴薇、薛娴，等：《中国北方沙漠化土地时空演变分析》，《中国沙漠》2003 年第 3 期，第 232 页。

② 张自学：《内蒙古生态环境状况及生态环境受破坏原因》，《内蒙古环境保护》（呼和浩特）2000 年第 2 期，第 31 页。

③《内蒙古草地资源及其利用现状评价》，傅守正主编：《构筑北疆绿色屏障》，第 22 页。

④ 洪洋、吴俊军、杜强根，等：《呼伦贝尔盟生态环境现状》，张自学主编：《二十世纪末内蒙古生态环境遥感调查研究》，第 233 页。

⑤ 郭坚、薛娴、王涛，等：《呼伦贝尔草原沙漠化土地动态变化过程研究》，《中国沙漠》2009 年第 3 期，第 399 页。

根据遥感调查，到 20 世纪末内蒙古森林面积为 1644 万公顷，占内蒙古自治区总土地面积的 14.3%。[①]森林景观不同程度地分布于全区 12 个盟市，自东向西呈递减状态。据 20 世纪末的生态环境现状调查，在全区 12 个盟市中，呼伦贝尔盟的森林资源仍是自治区森林分布数量最大的地区，面积为 10.8668 万平方公里。经过 20 世纪 50 年代开始的大规模的采伐，到 20 世纪末，“原始林基本被砍伐殆尽。由于过度采伐，木材消耗量大于生长量，导致幼龄林、中龄林比例增加，成过熟林比例减少，森林质量下降，加之森林火灾，森林病虫害，毁林开荒，乱砍滥伐，造林存活率低等因素，大兴安岭林区的生态屏障作用、涵养水源、保持水土、蓄水调洪的作用明显减弱，对本地区及东北、华北地区的生态安全构成威胁”。[②]呼伦贝尔盟森林资源状况，在各盟市均不同程度地存在，其结果就是由于不合理的开发与利用，使全区森林受破坏的速度大于绿化的速度。[③]

内蒙古自治区湿地（包括湖泊、河流）总面积为 1197 万公顷，占全区土地总面积的 10%。其中，河流型湿地面积为 753 万公顷，占全区湿地总面积的 62.9%；沼泽型湿地 241 万公顷，湖泊型湿地 204 万公顷，分别占全区湿地总面积的 20.13% 和 17.04%。[④]到 20 世纪末，内蒙古自治区湿地生态环境破坏程度比较严重，大量的湿地被开垦，出现河道变窄，湖面萎缩的现象。“从全区几大湖泊来看，呼盟达费［赖］湖水面有所减少，现存面积为 23 万公顷；赤峰达里诺尔面积为 2.29 万公顷，也比 80 年代减少了近 1000 公顷；巴盟的乌梁素海原为自治区的第二大湖泊，现已屈居第二［三］位，水面面积仅有 2 万公顷；而乌盟的岱海现仅为 1 万公顷。”[⑤]

从行政区划的角度看，内蒙古自治区从东至西设有 12 个盟市，最东部的是呼伦贝尔盟，曾经是生态环境比较好的地区，到 20 世纪末，荒漠化程度也比较严重。

① 刘书润、张自学：《内蒙古森林景观生态类型评价及受破坏原因》，张自学主编：《二十世纪末内蒙古生态环境遥感调查研究》，第 151 页。

② 洪洋、吴俊军、杜强根，等《呼伦贝尔盟生态环境现状》，张自学主编：《二十世纪末内蒙古生态环境遥感调查研究》，第 233—235 页。

③ 格日乐图雅、哈斯布和：《内蒙古生态环境退化现状及对策》，《内蒙古林业调查设计》（呼和浩特）2002 年增刊，第 1 页。

④ 阿荣其其格：《内蒙古湿地生态类型、分布及受破坏分析》，张自学主编：《二十世纪末内蒙古生态环境遥感调查研究》，第 186 页。

⑤ 张自学：《内蒙古生态环境状况及生态环境受破坏原因》，《内蒙古环境保护》（呼和浩特）2000 年第 2 期，第 31 页。

遥感数据调查显示，2000年呼伦贝尔盟荒漠化土地面积为7529平方公里，其中沙漠化土地6332.84平方公里，盐碱化土地1196.52平方公里。轻度沙漠化是呼伦贝尔沙漠化土地面积中数量最大的一类，面积为2676.98平方公里，占呼盟沙漠化总面积的42.27%；中度沙漠化和重度沙漠化土地面积分别是1628.8平方公里和2027.06平方公里，共占全盟沙化土地面积的57.73%。在1196.52平方公里的盐碱化土地中，有447.94平方公里轻度盐碱化，297.33平方公里中度盐碱化，451.25平方公里重度盐碱化。[①]

锡林郭勒盟位于内蒙古中部地区，全国最大的草原锡林郭勒草原主体部分在锡林郭勒盟。据20世纪末调查，锡林郭勒盟荒漠化有加重的趋势，沙地面积较20世纪80年代中期增加了6000平方公里。[②]无荒漠化和轻度荒漠化的土地面积比例下降到32%左右，比20世纪八九十年代减少了20%以上。而重度荒漠化和严重荒漠化土地面积占总面积的比例迅速增加，从20世纪八九十年代的32%增加到21世纪初期的接近50%。从分布上来看，无荒漠化和轻度荒漠化土地主要分布在锡林郭勒盟的东部地区，而重度荒漠化和严重荒漠化土地主要分布在锡林郭勒盟的西部地区。[③]

巴彦淖尔盟、乌海市、阿拉善盟和伊克昭盟位于内蒙古西部地区，生态环境向来比较脆弱，曾经持续地开展荒漠化防治工作，但是到20世纪末，生态环境形势依然非常严峻。

1998～1999年，巴彦淖尔盟环保局对全盟生态环境现状进行了较详细的调查，其结论是全盟土地受损面积为1.11万平方公里，处于内蒙古自治区的第六位。沙化土地4653.57平方公里，其中4645.6平方公里系草场沙化。盐碱化土地7484.5平方公里，其中55.97平方公里系草地盐碱化。半固定沙地3835.95平方公里。砾石化土地2075.46平方公里。流动沙地或裸沙地153.69平方公里。水土流失326.03平方公里。草地面积比1988年减少4846平方公里。[④]

---

① 徐驰：《呼伦贝尔盟土地荒漠化动态变化研究》，吉林大学硕士学位论文，2010年，第20页。

② 刘旭明、苗河、朱柏林：《锡林郭勒盟生态环境现状》，张自学主编：《二十世纪末内蒙古生态环境遥感调查研究》，第266页。

③ 王海梅：《锡林郭勒盟荒漠化状况的时空变化规律分析》，《安徽农业科学》（合肥）2012第13期，第7840页。

④ 刘沙滨：《巴彦淖尔盟生态环境现状》，张自学主编：《二十世纪末内蒙古生态环境遥感调查研究》，第302—303页。

乌海市地处内蒙古自治区西部的干旱荒漠地区，生态环境本来就非常脆弱。由于长期高消耗的粗放经营模式，全市的自然资源和生态环境遭到严重破坏。到20世纪末，荒漠化面积达722.36平方公里，占全市总面积的48.71%。其中沙化土地为335.64平方公里，占全市总面积的20%以上。“乌兰布和沙漠每年整体以4～7米的速度东侵南移，直接侵入黄河。”“草地植被严重退化，草地沙化严重。”[①]

据1998年生态环境现状遥感调查，阿拉善盟自然生态环境恶劣区域遍布全盟，面积为23.16万平方公里，占全盟总面积的92.31%。由于人类活动形成的恶化环境区域面积为1.3174万平方公里，其中草原砾石化面积为15.53平方公里，草原沙化面积为1.07平方公里，荒漠沙化面积为1.1631万平方公里，草原水土流失面积为24.43平方公里，荒漠景观盐碱化面积为1501.58平方公里。横贯东西800公里的1700万亩的梭梭林沦为300万亩的残林，并仍以每年2.6万亩的速度减少。近30年来，胡杨、柽柳天然林已经减少了63%，乔灌木和草场植被严重退化，植被覆盖度降低了30%～80%，草本植物由200种减少到目前的20多种，草场退化面积达5000万亩，大面积的草场已经无草可食。[②]

面对恶劣的自然环境，中共伊克昭盟盟委和盟政府曾长期把生态环境建设作为全盟生存发展的根本大计，取得了不小的成绩。但是，从总体而言，到20世纪末，“伊盟生态环境恶化的趋势还没有得到有效控制，土地沙化、水土流失、草场退化仍十分严重”[③]。

总之，无论是从生态环境类型角度观察，还是从行政区划角度观察，20世纪末21世纪初的世纪之交，内蒙古自治区生态环境的整体状况呈现恶化态势。1998年频繁而严重的沙尘暴，是严重恶化的生态环境给人们敲响的第一次警钟，迫使人们不得不正视生态环境状况，深刻地思考生态环境问题。

---

① 冯表明、王峰：《乌海市生态环境现状》，张自学主编：《二十世纪末内蒙古生态环境遥感调查研究》，第306—307页。

② 刘菊莲、周芸：《阿拉善盟生态环境现状》，张自学主编：《二十世纪末内蒙古生态环境遥感调查研究》，第314—315页。

③ 武志荣：《伊克昭盟生态环境现状》，张自学主编：《二十世纪末内蒙古生态环境遥感调查研究》，第295页。

第二节　西部大开发战略实施以来党和政府对内蒙古环境问题的认识

内蒙古自治区成立以来，在大力发展农牧业生产的同时，也努力地开展了荒漠化防治工作。由于内蒙古地区生态环境非常脆弱，以及人们不合理的生产、生活方式对生态环境的破坏力度远远超过了荒漠化防治工作的力度，到20世纪末，内蒙古自治区的荒漠化防治工作并没有从整体上逆转荒漠化态势，生态环境恶化的形势越来越严峻，严重地制约着内蒙古地区的经济发展，降低了人们的生存质量。

鉴于严重恶化的生态环境，中共中央的西部大开发战略果断地把生态建设作为西部大开发的重要内容，鲜明地提出了“退耕还林”和“退耕还草”的口号。从中央领导和内蒙古自治区领导多次就内蒙古环境问题的指示以及相关政策文献上看，这一时期，党和政府对保护和建设生态环境已经形成了明确而深刻的认识。

内蒙古自治区是北京和天津的近邻，是京津风沙的源头。内蒙古自治区生态环境状况的好坏，直接影响着北京、天津等城市的生产和生活质量的高低。1998年春的沙尘暴，沙尘直接吹到了北京和天津，引起了人们的一片惊呼。从这个时候开始，中央不同层级不同部门的领导，对内蒙古的环境状况给予了高度关注。

1998年7月27日，国务院总理朱镕基站在离北京最近的内蒙古边界——赤峰市喀喇沁旗南台子说：“一定要搞好生态建设和生态保护，决不能让荒漠再向南前进一步。”[①]2000年5月12～13日，朱镕基在内蒙古考察防沙治沙工作时指出：“今年我国频繁发生沙尘暴天气，直接原因是气候异常，但重要的原因是，北方一些地区毁林毁草开荒，乱采滥挖，草原过度放牧，植被遭到严重破坏，生态环境日益恶化，造成了土地沙化不断扩大。”[②]“新中国成立以来，特别是近20年来，党和政府十分重视防治荒漠化，在防沙治沙方面做了大量工作。但总的看，治理的

① 内蒙古自治区城调队：《内蒙古土地荒漠化状况成因及对策》，傅守正主编：《构筑北疆绿色屏障》，第564页。

② 杨佐坤、吴献、牛亚茗：《朱镕基在我区考察时强调治沙止漠刻不容缓，绿色屏障势在必建》，《内蒙古日报》2000年5月15日，第1版。

力度还远远不够，治沙防沙的速度赶不上土地沙化蔓延的速度。一些地方还在边治理边破坏，生态环境整体恶化的趋势还在加剧。”[①]朱镕基强调：“加快防沙治沙，加强生态环境建设既是一项重大而紧迫的任务，也是十分艰巨的工作。要认真总结经验教训，根据新形势、新情况，进一步明确工作思路，坚持做到保护优先、预防为主、防治结合、统筹规划、综合治理、突出重点、分步实施，特别要完善机制，加强法治，实行严格的责任治，为实施这一关系中华民族生存与发展的千秋伟业而不懈奋斗。”[②]

2001 年 3 月 25 日，全国人大常委会副委员长布赫回内蒙古视察时指示：“内蒙古 13 亿亩草原，占全国的三分之一，但现在有的地方破坏十分严重，这个事情应该研究。过去讲农田水利建设多，讲草原建设少。有人曾经算了一笔账，现在农田灌溉每亩投入 63.16 元，草原建设的投资每亩只有 6 分钱，这说明草原投入太少。因此，要采取多种渠道、多种形式搞草原建设，要把生态建设与发展草原畜牧业结合起来。13 亿亩草原，现在能利用的只有 6 亿亩，如果恢复到 10 亿亩以上，就是一笔很大的财富。”[③]

2001 年 9 月 3 日，全国政协副主席王文元到内蒙古考察，对内蒙古在生态环境治理方面取得的成绩给予充分肯定，同时指出当前存在的超载过牧造成土地沙化，开荒种地造成水土流失等生态环境问题仍然比较严重。他强调：“内蒙古的生态环境建设搞得好不好不仅关系到内蒙古本地，也直接关系到周边地区。内蒙古是京津的一个生态屏障，所以内蒙古的生态建设所做出的贡献，不仅是造福当地人民，而且受益范围更广，重要性也更大。这些年你们作了巨大的努力，国家也给予了大力支持，从总体来说生态环境恶化的趋势有所缓解，但是恶化的趋势并没有得到根本扭转。”王文元认为加大对内蒙古生态环境保护力度任重道远。[④]同年 9 月 11 日，王文元到内蒙古赤峰市进行视察，在对赤峰市领导讲话时，深刻地

---

① 杨佐坤、吴献、牛亚茗：《朱镕基在我区考察时强调治沙止漠刻不容缓　绿色屏障势在必建》，《内蒙古日报》2000 年 5 月 15 日，第 1 版。

② 杨佐坤、吴献、牛亚茗：《朱镕基在我区考察时强调治沙止漠刻不容缓　绿色屏障势在必建》，《内蒙古日报》2000 年 5 月 15 日，第 1 版。

③《布赫副委员长视察内蒙古时的讲话》（摘要），傅守正主编：《构筑北疆绿色屏障》，第 312 页。

④《王文元在内蒙古考察时的讲话》，傅守正主编：《构筑北疆绿色屏障》，第 321 页。

阐释了环境与经济发展与人民生活三者的关系，对内蒙古在生态环境建设上取得的成绩再次给予肯定，同时也强调，目前，虽然内蒙古局部地区的生态状况有所好转，但整体来看形势依然不容乐观，环境治理仍是一项长期的工作，要做好长期艰苦奋战的思想准备。①

2002年4月23日至27日，全国政协副主任赵南起在内蒙古赤峰市、通辽市考察工作时指出："目前，全国土地沙化形势十分严峻，已经成为我国各种自然灾害中第一位的自然灾害，是中华民族的'心腹大患'。内蒙古是我国北方重要的生态防线，土地沙漠化是内蒙古最严重的生态问题，也是造成诸多社会经济问题的根源。内蒙古的防沙治沙工作不仅是内蒙古人民的事业，也是全国人民的事业。"强调防沙治沙要坚持防治结合、以防为主的方针。必须把生态建设与增加当地农牧民的收入，与促进当地经济发展及可持续发展结合起来，这样的生态建设与防沙治沙才有生命力。②

2006年5月9日至12日，全国人大水土保持执法调研组在通辽市调研，指示"内蒙古是资源富集区，又是水土流失严重的省区之一，在开发利用资源的同时，一定要搞好水土保持工作，要加强对建设开发项目的水土保持管理，尤其是对中小型开发项目要严格实施水土保持法"③。

一方面受中央领导对内蒙古生态环境问题指示的影响，另一方面恶化了的生态环境使内蒙古自治区的农牧业生产和人民群众的生活难以正常进行，所以，内蒙古自治区许多领导，均在不同场合宣传保护和建设生态环境的意义，指示大力开展荒漠化防治工作。

1998年4月19日，中共内蒙古自治区委员会和内蒙古自治区人民政府召开了全区生态环境保护与建设工作会议。内蒙古自治区人民政府主席云布龙在会上作重要讲话，指出：内蒙古地处北部边疆，是构筑祖国北方重要的生态防线。近些年国家加大了对内蒙古生态环境的治理力度，取得了很大的成就。"但形势不容乐观，任务仍很艰巨。从总体上看，我区生态环境恶化的趋势还没有从根本上得到

---

①《王文元同志在赤峰市的讲话》，傅守正主编：《构筑北疆绿色屏障》，第328页。

② 杨佐坤、尉迟鸿雁：《赵南起在赤峰市、通辽市考察防沙治沙工作时强调坚持保护与建设并重　生态效益与经济效益相结合　推动生态建设再上新台阶》，《内蒙古日报》2002年4月29日，第1版。

③ 海泉：《全国人大水土保持执法调研组在通辽市调研》，《内蒙古日报》2006年5月13日，第2版。

改变。目前，全区风蚀沙化、盐碱化、草原退化、水土流失总面积（包括已经得到初步治理的面积）约占本区域总面积的60%。其中，仅严重水土流失面积就达18.6万平方公里，占本区域总面积的15%以上；明显退化的草原面积已发展到5.8亿亩，而且还在以每年1200万亩的速度发展。值得注意的是，现在个别地方乱砍滥伐、乱垦滥牧、乱挖滥采等人为破坏生态环境的现象仍然时有发生；某些资源条件较好的地区，在经济工作指导上仍然存在一定程度的短期行为，粗放型、掠夺式的经营方式还没有完全改变。"因此，加大对内蒙古生态环境的保护力度势在必行。①1999年7月26日，云布龙发表了《保护和建设好内蒙古的生态环境是各族人民的神圣使命》的讲话，指出：内蒙古日益恶化的生态环境已经严重影响我区社会经济的发展，有些生态破坏严重的地区，已经无法满足人类生存所需的基本条件。强调内蒙古的"生态建设涉及全区乃至国家的大局，关系国计民生、关系到党的十五大提出的坚持环境保护的基本国策、实施可持续发展战略等重大方略能否贯彻落实，不仅是一个经济问题，而且是一个重大的政治问题"。要求各级党委、政府要从社会经济发展的战略高度，认识到加强内蒙古生态环境保护和建设的重要性、紧迫性。②

同年8月6日，内蒙古自治区人民政府副主席郝益东在全区草地建设暨牧区节水灌溉现场会上讲话，总结了乌兰察布盟退耕还林还草和锡林郭勒盟草地建设的成功经验。郝益东指出草地建设是实现我区经济发展的基础性工程，十一届三中全会特别是西部大开发战略实施以来，国家逐步加大对我区草原保护建设的力度，草地建设取得了可喜的成绩，但目前，我区草原建设的速度还不能适应畜牧业的发展及生态环境改善的要求，沙化、退化的趋势还没有得到扭转，草畜矛盾仍未从根本上得到解决。③

2000年5月15日，中共内蒙古自治区委员会书记刘明祖在京津周边地区内蒙古沙源治理紧急启动工程工作会议上，深刻地分析了内蒙古自治区生态环境所面临的严峻形势，指出：当前我区生态环境所面临的形势是"生态环境局部地区有

---

① 云布龙：《切实抓好生态环境保护和建设工作》，傅守正主编：《构筑北疆绿色屏障》，第400—401页。

② 云布龙：《保护和建设好内蒙古的生态环境是各族人民的神圣使命》，傅守正主编：《构筑北疆绿色屏障》，第409页。

③《加快草地建设步伐，走种草养畜的可持续发展道路》，傅守正主编：《构筑北疆绿色屏障》，第484页。

所改善，但从整体上看仍在继续恶化，治理力度还远远不够，建设速度赶不上沙化速度。今年以来，频繁出现的沙尘暴和扬沙天气，不仅给我区各族人民生产生活造成巨大损失，而且严重影响到京津、‘三北’乃至华东的生态安全”。[①]8 月 20 日，中共内蒙古自治区委员会书记刘明祖在全区退耕还林还草会上讲话，再一次强调了生态环境建设的意义，指出“内蒙古地处祖国北部边疆，是横跨我国东北、华北、西北的一道天然生态屏障。内蒙古的生态状况如何，不仅关系到我们自身的生存和发展，而且直接影响京津和‘三北’地区的生态安全。长期以来，自治区党委、政府历届领导都把生态建设放到重要位置来抓，取得了很大成绩，使局部地区的生态环境有所改善。但由于多方面的原因，生态环境总体上仍呈继续恶化的态势。目前，荒漠化土地已占全区总面积的 60%左右，并且每年仍以 1000 多万亩的速度推进。据有关部门测算，我区黄河中上游地区的 29 个旗县，每年向黄河输送泥沙 1.8 亿吨,加重了下游河床淤积;东部大兴安岭山地水源涵养功能衰退，成为松辽流域发生洪涝灾害的重要原因；位于京津北部的浑善达克沙地、科尔沁沙地和阴山北麓生态环境的恶化，对首都等地的生态环境构成了严重威胁”。刘明祖提出要从西部大开发全局和实现可持续发展的战略高度出发，充分认识实施退耕还林还草等生态环境建设的重大意义，认真总结经验，大力实施退耕还林还草战略。[②]内蒙古自治区人民政府副主席傅守正也在会议上讲话，指出：近年来党中央、国务院虽然加大了对我区生态环境的保护建设力度，也取得了巨大成绩，但“我们应当清醒地认识到，由于我区地域辽阔，自然条件普遍较差，生态环境脆弱，加之保护的力度不够，人为因素造成的破坏严重，多年来的治理与建设，也只能使局部地区的生态环境得到改善，就全区整体而言，治理建设的力度仍然赶不上沙化退化的速度，生态环境仍然呈逐年恶化的趋势”。强调内蒙古地处祖国的北部边疆，其生态环境状况不仅关系到我区经济社会的发展，而且也直接关系到“三北”和京津等周边地区的生态安全，意识到保护建设自治区生态环境任重道远。[③]10 月 15 日，傅守正在黄河上中游地区天然林资源保护工程工作会议上发表

① 高善亮：《自治区党委政府召开会议部署京津周边地区内蒙古沙源治理紧急启动工程》，《内蒙古日报》2000 年 5 月 17 日，第 1 版。

② 刘明祖：《在全区退耕还林还草现场会上的讲话》，《内蒙古日报》2000 年 8 月 23 日，第 1 版。

③《傅守正在京津周边地区内蒙古沙源治理紧急启动工程工作会议上的讲话》，傅守正主编：《构筑北疆绿色屏障》，第 448—449 页。

讲话，阐明该项工程的重大意义：长期以来由于人们过度的开发和掠夺式的利用，使黄河中上游的林草植被遭到严重破坏，水土流失不断加剧，致使生态环境质量严重下降。多年来虽然国家加大对黄河的治理力度，但由于人力、财力等各方面的限制，黄河水土流失等问题一直未从根本上得到解决。实施黄河中上游天然林资源保护工程是国家经济发展战略的重大调整，对于加快我区生态环境保护建设的步伐和促进地区经济发展都具有重大意义。[①]

2001年5月15日，中共内蒙古自治区委员会书记刘明祖在全区生态保护和建设工作会议上讲话，指出近几年党中央、国务院，自治区党委、政府逐步加大对我区的生态环境保护建设力度，使我区局部地区的生态环境得到改善，生态环境恶化的趋势得到初步遏制。但是在看到这些成绩的同时也必须认识到，“由于历史和人为的原因，全区荒漠化面积已达63.87万平方公里，占全区土地总面积的54%。从总体上看，全区生态环境恶化的势头仍在加剧。特别是去年和今年频繁发生的沙尘暴，不仅给农牧业生产和人民生活造成极大危害，而且席卷大半个中国，直接威胁北京的环境气候”。强调我区地域辽阔，导致生态恶化的因素也多种多样，在实施重点生态建设工程项目时，一定要因地制宜，突出重点，抓住关键，标本兼治。[②]5月17日，刘明祖在《内蒙古日报》发表署名文章，阐述对内蒙古环境的认识及保护生态环境的意义，指出“内蒙古是祖国北疆的一块绿色宝地，历史上这里水草丰美，山川秀丽。由于晚清以来大面积的垦荒，生态环境遭到了严重的破坏，草原面积减少，植被退化，荒漠化土地不断扩大，水土流失严重。新中国成立以来，尽管党和政府带领全区各族人民艰苦奋斗，坚持不懈地进行生态环境保护和建设，全区森林覆盖率由自治区初建时期的7.7%提高到14.82%。但是，由于内蒙古土地面积大，自然形成的五大沙漠和五大沙地，加上自然气候的变化和人口的急剧增加，人们的生产和生活活动的破坏，全区荒漠化面积达63.87万平方公里，占全区土地总面积的54%。从总体上看，生态环境不仅没有得到改善，而且恶化的势头仍在加剧，目前荒漠化面积仍以每年1000多万亩的速

---

① 《傅守正同志在黄河上中游地区天然林资源保护工程工作会议上的讲话》，傅守正主编：《构筑北疆绿色屏障》，第463—465页。

② 陈永平：《全区生态环境保护和建设工作会议提出抓住机遇乘势而上 努力开创我区生态建设新局面》，《内蒙古日报》2001年5月16日，第1版。

度扩展。去年 10 次沙尘暴席卷大半个中国，给北方地区带来严重危害，并波及到长江流域和沿海地区，引起了全国人民的普遍关注。加大生态环境保护和建设力度，尽快遏制生态环境恶化的势头，是时代赋予内蒙古人民的一项十分紧迫而艰巨的任务。完成这一重大战略任务，不仅造福于在内蒙古这块广袤土地上生息繁衍的子孙后代，而且关系全国生态安全和生态环境改善的大局”。国家实施西部大开发的发展战略，为内蒙古生态环境保护和建设提供了前所未有的机遇。[①]刘明祖书记对内蒙古自然环境状况的认识和对内蒙自治区广大人民群众在中国共产党领导下保护与建设生态环境的历史的认识都是客观而公允的，对生态建设的重大意义有着非常深刻的认识，所提出的生态建设的方略符合内蒙古的实际情况，尤其是清醒地提出“治荒”与“致富”的关系，切中生态建设的要害。

2001 年，履新中共内蒙古自治区委员会书记的储波对全区 12 个盟市进行了考察。10 月 7 日，储波在锡林郭勒盟考察工作时指出“锡盟处于祖国北方，不仅是京津地区的生态防线，也是我国北方生态屏障的重要组成部分。锡盟生态环境的好坏，直接关系到京津乃至全国的生态安全”，但近些年来锡盟草原退化、沙化等生态环境问题日益严重，加大对草原生态环境的保护建设力度势在必行。指示锡盟各级领导干部一定高度重视草原的生态保护和建设，要采取果断措施，加大工作力度，以尽早解决草原生态的恢复问题。[②]12 月 7 日，在中共内蒙古自治区第七次代表大会上，储波发言指出：“加强生态环境保护和建设，遏制生态恶化，不仅关系我区生产和生活环境的改善，而且关系首都乃至全国生态环境的大局。要把生态建设作为最重要的基础建设来抓，努力把我区建设成为我国北方最重要的生态防线。”全面抓好“五个重点区域”和“八项重点工程建设”，力争到“十五”期末，初步遏制生态环境恶化的局面。[③]2002 年 3 月 28 日，在中共内蒙古自治区七届二次全委会上储波讲话强调：“内蒙古有 13 亿亩草场，广阔草原既是牧民赖以生存的基础，也是内蒙古以及‘三北’地区的天然生态屏障。由于长期多种因

① 刘明祖：《加强生态环境保护和建设促进畜牧业可持续发展》，《内蒙古日报》2001 年 5 月 17 日，第 1 版。

② 《储波同志在锡盟考察时的讲话》（节录），傅守正主编：《构筑北疆绿色屏障》，第 342—343 页。

③ 《全面贯彻“三个代表”要求努力把内蒙古社会主义现代化建设推向新阶段——在中国共产党内蒙古自治区第七次代表大会上的报告》，《内蒙古日报》2001 年 12 月 7 日，第 2 版。

素的作用，草原沙化、退化严重，保护和建设的任务十分艰巨。完成这一重大战略任务，不仅可以造福于在内蒙古这块广袤土地上生息繁衍的子孙后代，而且关系全国生态安全和生态环境改善的大局。今后，我们要以草原生态保护和建设为重点，进一步加大工作力度，尽快遏制生态环境恶化的势头。”①

针对草原严重退化，传统畜牧业难以为继的局面，2001 年履新内蒙古自治区人民政府主席岗位的乌云其木格提出，要保护草原，走生态畜牧业的路子。同年 8 月 8 日到 10 日，乌云其木格在伊盟考察，指出“过去几十年来，由于人口增加，过量载畜，自然灾害频仍，草场遭到严重破坏。特别是近三年连续干旱，畜牧业发展面临着许多矛盾和问题。畜牧业今后将如何发展？这是值得我们各级领导干部深思的问题。在草畜矛盾依然突出，草原生态环境继续恶化的趋势还没有得到有效遏制的情况下，我们必须进一步完善思路，强化措施，转变畜牧业生产方式，走生态畜牧业的路子”。强调一定要注意对天然草场的保护，并指示对于生态环境破坏程度不同的地区要采取不同的措施。②8 月 30 日，在全区畜牧业工作会议上，乌云其木格讲话指出“经过几十年的建设，我区畜牧业抗灾保畜能力虽然有了很大提高，但从总体上讲，还没有从根本上摆脱靠天养畜的局面；基础设施薄弱、草畜矛盾尖锐等问题十分突出。这些问题的存在，不仅制约着我区畜牧业的发展和农牧民收入的提高，而且由于长期的超载过牧，导致草地生态环境日益恶化。特别是近 3 年来，我区大部分地区连续遭受了严重的干旱、暴风雪及沙尘暴等多种自然灾害，这就更加集中地暴露了我区落后的畜牧业生产方式与可持续发展、农牧民增收之间的矛盾。面对这样的形势，如果我们不警醒起来，不加快畜牧业生产经营方式的变革，我区草原畜牧业将难以为继”。西部大开发战略的全面推进，国家加大了对我区生态建设的支持和投入力度，为我区发展生态畜牧业提供了条件，我们要抓住机遇，走生态可持续发展道路。③2002 年 2 月 28 日，在全区退耕还林工作会议上，乌云其木格批评一些干部缺少环境意识，指出生态环境保护和

① 《储波同志在自治区党委七届二次全委会上的讲话》，傅守正主编：《构筑北疆绿色屏障》，第 336 页。

② 高雪芹：《乌云其木格在伊盟考察工作时强调切实改变生产方式努力开创生态畜牧业发展新局面》，《内蒙古日报》2001 年 8 月 13 日，第 1 版。

③ 谭玉兰：《乌云其木格在自治区党委、政府召开全区畜牧业工作会议上强调转变生产经营方式开创生态畜牧业新局面》，《内蒙古日报》2001 年 8 月 31 日，第 1 版。

建设关系着我区社会经济的发展，目前“我区生态环境保护和建设虽然取得了一些成绩，局部地区生态状况有所改善，但总体恶化的势头仍未得到有效遏制，荒漠化面积仍以每年 1000 多万亩的速度扩展。特别是沙尘暴频繁发生，影响着我区经济发展和群众的生产生活，也在很大程度上影响着全国的生态安全及北京 2008 奥运会的成功举办”。[①]

2002 年 3 月 12 日，《内蒙古日报》发表了《依法防沙治沙加强林业建设和保护》的社论，指出“目前，我区生态环境整体仍在恶化，形势十分严峻。据普查结果显示，我区荒漠化每年以一千多万亩的速度扩展。近年沙尘暴频发，对京津以及三北地区生态安全构成严重的威胁。造成这样局面的因素除自然因素外，人为破坏和掠夺性生产方式也是重要的原因。土地沙化已严重制约着我区经济和社会的发展，进一步拉大了与东部地区的差距，成为制约我区经济社会可持续发展的重大障碍，防沙治沙已刻不容缓，保护和建设生态环境势在必行”[②]。

2003 年 3 月 5 日，内蒙古自治区政协主席王占在全国政协十届第一次会议分组讨论《政府工作报告》时，就加强草原生态保护和建设、防治土地沙化谈了自己的认识：“内蒙古有 13 亿亩草原，退化、沙化、盐碱化问题相当严重，不仅威胁着当前经济社会的可持续发展，也威胁着国家的生态安全。”[③]

2004 年 3 月 26 日，内蒙古自治区第十届人大常委会第八次会议分组审议了《内蒙古自治区实施〈中华人民共和国防沙治沙法〉办法（草案）》，代表们认为：“我区是沙漠化最严重的省区之一，据 1999 年全区沙漠化土地监测结果显示，全区沙漠化土地面积为 42.08 万平方公里，占总面积的 35.57%。沙漠化对我区国民经济发展和群众生产生活影响很大，特别是对农牧业生产影响严重。”虽然近些年来，六大重点林业生态工程在我区相继启动，使我区一些沙化土地得到有效治理。但从总体看，全区生态状况只是局部改善、整体恶化的局面仍未改变，防沙治沙形势依然严峻，形势不容乐观。因此搞好内蒙古的防沙治沙工作意义重大。[④]

---

① 《乌云其木格同志在全区退耕还林工作会议上的讲话》，傅守正主编：《构筑北疆绿色屏障》，第 381 页。

② 高锡林：《依法防沙治沙加强林业建设和保护》，《内蒙古日报》2002 年 3 月 12 日，第 6 版。

③ 马玉宁：《王占在全国政协十届一次会议分组讨论政府工作报告时强调加强草原生态保护和建设防治土地沙化》，《内蒙古日报》2003 年 3 月 7 日，第 1 版。

④ 王然彤：《自治区十届人大常委会组成人员审议指出加强依法治沙还大地以绿色》，《内蒙古日报》2004 年 3 月 27 日，第 1 版。

2007 年 4 月 26 日，内蒙古自治区人民政府主席杨晶在全区防沙治沙工作会议上充分肯定了内蒙古自治区自西部大开发战略实施以来在防沙治沙及生态环境保护方面取得的成绩，在肯定成绩的同时，指出我区防沙治沙面临的形势依然十分严峻。我区是全国荒漠化和沙化土地最为集中、危害最为严重的省区之一。全区有荒漠化土地 9.33 亿亩，沙化土地 6.24 亿亩，有明显沙化趋势的土地 2.71 亿亩，分别占全国的 24%、24%和 57%，沙化土地遍布全区的 12 个盟市的 90 个旗县市区。要求全区人民增强对防沙治沙的责任感和紧迫感。①

2012 年 5 月 1 日至 2 日，内蒙古自治区人民政府主席巴特尔在兴安盟阿尔山市调研时指出："当前，我区生态环境依然脆弱，生态保护和建设任务艰巨、责任重大。要始终牢记胡锦涛总书记的嘱托，牢固树立生态文明理念，切实保护好大兴安岭这片绿色林海，为建设我国北方重要的生态安全屏障做出应有的贡献"。②

内蒙古自治政府成立以来，党和政府对内蒙古环境的认识经历了一个由感性到理性，由表及里，由浅入深的过程。西部大开发战略实施以来中央领导及内蒙古自治区领导对环境的各种表述，表明党和政府对内蒙古环境问题的认识上升到了前所未有的高度。这些认识既全面，又深刻、准确。

第一，准确地把握了内蒙古自治区生态环境的状况，一致认为内蒙古生态环境恶化的形势严峻，恶化面积占内蒙古自治区面积的 60%；环境恶化的类型多样，有沙化、盐碱化、草原退化、水土流失。

第二，准确地分析了生态环境恶化的原因。一致认为内蒙古生态环境恶化的原因是多方面的，既包括客观原因，也包括主观原因。客观原因就是内蒙古地域辽阔，自然条件普遍较差，生态环境脆弱。主观原因有两方面：第一方面就是仍然存在边生产边破坏的现象，表现为毁草开荒、乱采滥挖、过度放牧等等；第二方面就是保护与建设的速度赶不上治理的速度，以致内蒙古环境状况呈现局部好转、整体恶化的态势，几十年来的防治，未能从根本上改善生态环境恶化的趋势。

① 陈永平：《全区防沙治沙工作会议强调防沙治沙成就巨大 生态建设任重道远》，《内蒙古日报》2007 年 4 月 28 日，第 1 版转第 3 版。

② 郎俊琴：《巴特尔在阿尔山市调研时指出护卫宝贵森林资源维护祖国生态安全》，《内蒙古日报》2012 年 5 月 3 日，第 1 版。

第三，深刻地认识了内蒙古自治区生态环境恶化的严重危害。其一，严重地影响了内蒙古自治区社会经济的持续发展；其二，无法满足人类生存所需的基本条件；其三，不仅威胁到内蒙古自治区广大人民群众的生存和发展，也直接影响了京津和“三北”地区的生态安全。

第四，深刻地阐述了内蒙古自治区保护与建设生态环境的重大意义。一致认为内蒙古自治区的生态建设可以为内蒙古自治区社会经济可持续发展奠定基础条件，内蒙古自治区良好的生态环境是中国北方的生态防线和生态屏障。内蒙古自治区的生态建设不仅是一个经济问题，而且是一个重大的政治问题。

第五，提出了内蒙古自治区生态环境建设的正确方针和思路。其一，提出了保护优先、预防为主、防治结合、统筹规划、综合治理、突出重点、分步实施的方针。其二，提出了“生态畜牧业”的概念，把草原生态建设和发展畜牧业进行了有机的契合。其三，把中共中央提出的“退耕还林（还草）”上升到事关西部大开发全局和实现可持续发展的战略高度。

党和政府对内蒙古自治区生态环境的这些认识，为内蒙古自治区出台各种防治荒漠化的政策和措施提供了理论指导，为内蒙古自治区取得突出的防治荒漠化成就奠定了思想基础。

第三节　西部大开发战略实施以来内蒙古防治荒漠化的政策及措施

西部大开发战略实施以来，中共内蒙古自治区委员会和内蒙古自治区人民政府认真贯彻中共中央的决策，把生态环境保护和建设作为内蒙古自治区实施西部大开发的切入点，有步骤、分阶段、快速高效地推进荒漠化治理，从林业生态、草原保护、防沙治沙、水土保持等方面制定并实施了防治荒漠化的政策及措施。

一、林业生态的保护与建设

（一）保护森林资源

1. 严格禁止毁林开荒

20 世纪 90 年代以前，由于农业生产力水平低，导致全国范围粮食紧缺，“退耕”还林还草构想不断遭到“开荒政策”冲击。21 世纪之始，内蒙古自治区粮食生产能力显著提高，农副产品呈现富余态势，为彻底落实禁止毁林开荒政策提供了前所未有的机遇。

1998 年 5 月 21 日，内蒙古自治区人民政府颁布了《关于严禁在牧区和林区开荒种地的通知》，要求：“各盟市要依据国家和自治区的有关法律、法规和规章，组织有关部门对牧区、林区开荒种地的情况进行一次全面检查，重点查处破坏林草植被，特别是毁草、毁林开荒案件。对那些无任何审批手续，随意毁草、毁林开荒的单位和个人，要依法查处；审批手续不健全的，要责令其立即停止垦殖，并采取恢复植被和防止生态恶化的补救措施；对乱批滥开造成严重损失或重大影响的，要追究有关责任人的行政或刑事责任；审批手续完备的，也要本着实事求是的原则认真复查，把那些虽有审批手续，但未按立项规划施工、毁草毁林开荒牟利的项目坚决停下来，并责令其严格按照立项规划的要求限期完成生态建设保护任务，逾期不能完成的，按随意毁草、毁林开荒论处。”该文件进一步收紧了土地开垦项目的审批权限，要求对于确属可开垦的湿润草地，“应当由主管部门组织有关专家进行周密而细致的调查研究，科学合理地制订规划，严格界定宜垦区和禁垦区”。[①]由专家参与开荒项目的审批，这与 20 世纪五六十年代以及七八十年代的单纯地由行政机关负责审批的审批政策有质的区别。

1998 年 9 月 15 日，内蒙古自治区人民政府又转发了《国务院关于保护森林资源制止毁林开垦和乱占林地的通知》。通知第二条明确要求：“立即制止和纠正毁林开垦和乱占林地行为”，指出“凡在国家规定的乔木林地、灌木林地、疏林地、未成林造林地和采伐迹地、火烧迹地、苗圃用地、国家规划的其它宜林地和林权

① 《内蒙古自治区人民政府办公厅关于严禁在牧区和林区开荒种地的通知》，傅守正主编：《构筑北疆绿色屏障》，第 170 页。

证确认的林业用地上进行的开垦活动，不论何种名义、何种方式，不论由哪级地方政府和部门批准，都必须立即停止。已批准尚未实施的，不得实施。已经开垦的，要作出还林规划，限期绿化，否则，一经发现，从严查处”。[①]从该文件的行文内容看，其保护力度是空前的，无论从时间方面，还是空间方面，都堵死了开垦林地的任何政策缝隙。

1998 年 12 月 10 日下午，内蒙古自治区人民政府召开了全区制止毁林开荒开垦和乱占林地电视电话会议，进一步贯彻落实国务院的《关于保护森林资源制止毁林开垦和乱占林地的通知》。会议要求各地提高认识，统一思想，切实做好保护森林资源，制止毁林开垦和乱占林地的工作。[②]

内蒙古自治区人民政府为了有效制止乱开滥垦草地林地、非法扩大耕地的行为，加强生态环境保护与建设，实现自治区农牧业资源的永续利用和农村牧区经济的可持续发展，于 1999 年 2 月 2 日，颁布了《关于严禁乱开滥垦加强生态环境保护与建设的命令》。命令规定：一、必须停止一切开垦天然草地和宜林地等非法扩大耕地的行为；二、从速清理涉及开垦、复垦的有关政策文件；三、全面清查草地和宜林土地的开垦情况；四、做好退耕和植被恢复工作；五、切实加强草地和林地保护工作的领导。其中，第四条特别强调：“凡属毁林开垦的，依法赔偿损失，由旗县以上林业部门或者森林公安机关依照《中华人民共和国森林法》，责令补种毁林株数 1 倍以上 3 倍以下的树木，或处以毁坏林木价值 1 倍以上 5 倍以下罚款。对拒不恢复草原森林植被的单位和个人，由旗县畜牧、林业部门组织人力代为恢复植被，所需费用由开垦草地林地的单位和个人承担。对违法批准开垦草地和林地的责任人员，依法给予行政处分，构成犯罪的，依法追究刑事责任。”[③]

1999 年 9 月 21 日，内蒙古自治区人民政府发出通知，批转了内蒙古自治区林业厅拟定的《关于全面清查乱开滥垦林地实施退耕还林工作方案》。该方案是为了

---

① 《内蒙古自治区人民政府转发国务院关于保护森林资源制止毁林开垦和乱占林地的通知》，傅守正主编：《构筑北疆绿色屏障》，第 172 页。

② 夏继兰：《自治区召开电视电话会议要求各地保护森林资源制止毁林开垦》，《内蒙古日报》1998 年 12 月 11 日，第 1 版。

③ 《内蒙古自治区人民政府关于严禁乱开滥垦加强生态环境保护与建设的命令》，《内蒙古政报》1999 年第 3 期，第 27 页。

在全区范围内开展全面清查乱开滥垦林地、实施退耕还林工作制定的。方案就组织领导、工作范围及重点地区和主要内容、工作步骤与方法、违法违规以及特殊问题的处理等作了明确的规定。指示各级政府要高度重视林地保护工作，把制止毁林开垦、保护林地列入政府重要议事日程，把保护林地作为保护和培育森林资源任期目标责任制的重要内容，并列入领导干部政绩考核范围，严明奖惩，责任到位；保证清查质量，加大执法力度，依法严厉打击乱开滥垦林地破坏生态环境的违法行为。[①]该文件的核心是“清查”，其一是清查并清理旧文件，凡有悖于《中华人民共和国森林法》《中华人民共和国土地管理法》《国务院关于保护森林资源制止毁林开垦和乱占林地的通知》等法律文件，该废止的废止，该修订的修订，从政策层面做到了“拨乱反正”。其二是清查林地，要求在1998年的基础上清查，属于从实践层面的清查与处理。

2000年8月6日，内蒙古自治区第九届人民代表大会常务委员会第十七次会议通过了《内蒙古自治区实施〈中华人民共和国森林法〉办法》，对禁止开垦林地和毁林采石、采砂、采土以及其他毁林行为都做了明确的规定。[②]

为了确保西部大开发战略的顺利实施，切实保护和建设好内蒙古自治区的生态环境，实现“构筑祖国北疆重要生态防线”的宏伟目标，内蒙古自治区人民政府于2000年7月31日发出了《关于在西部大开发中加强环境保护的通知》，明确指示“严禁乱砍滥伐、毁林种地、采石、采沙及其它破坏行为”。“制止过度放牧，禁止在草原和沙化地区乱挖灌木、药材及其它固沙植物。”[③]

2000年11月26日，国务院印发了《全国生态环境保护纲要》，分析了全国生态环境保护状况，提出了全国生态环境保护的指导思想、基本原则和目标，以及全国生态环境保护的主要内容与要求、对策与措施。2001年1月4日，内蒙古自治区人民政府转发了《国务院关于〈全国生态环境保护纲要〉的通知》，结合内蒙古自治区的实际，要求认真学习《全国生态环境保护纲要》，深刻领会精神实质；

---

① 《内蒙古自治区人民政府批转林业厅关于全面清查乱开滥垦林地实施退耕还林工作方案的通知》，《内蒙古政报》1999年第11期，第30—31页

② 《内蒙古自治区实施〈中华人民共和国森林法〉办法》，《内蒙古政报》2000年第9期，第18—21页。

③ 《内蒙古自治区人民政府关于在西部大开发中加强环境保护工作的通知》，《内蒙古政报》2000年第9期，第29页。

采取多种形式加大舆论宣传；加强部门协调配合，认真贯彻落实。

2. 退耕还林

1998 年 8 月 5 日国务院发出《关于保护森林资源制止毁林开垦和乱占林地的通知》，要求各地要在清查的基础上，按照谁批准谁负责、谁破坏谁恢复的原则，对毁林开垦的林地，限期全部还林。要以县为单位，制定还林计划，落实造林资金，限定还林时间，保证还林质量。对拒不还林或者还林不符合国家有关规定的，由县级林业主管部门组织代为还林，所需费用由毁林开垦者承担。要在 2000 年底以前完成退耕还林工作。各省、自治区、直辖市、林业主管部门要将本地退耕还林计划于今年底以前报国家林业局备案。同年 10 月 20 日，中共中央、国务院印发了《关于灾后重建、整治江湖、兴修水利的若干意见》，提出灾后重建的综合措施，摆在首位的就是“封山植树、退耕还林”。“积极推行封山植树，对过度开垦的土地，有步骤地退耕还林，加快林草植被的恢复和建设，是改善生态环境、防治江河水患的重大措施。”[①]1997 年至 1998 年中共中央总书记江泽民的系列讲话和系列文件，提到“退耕还林”问题，表明该政策已经提上重要的工作日程。

2000 年 1 月，中共中央批准了国家计委提出的关于实施西部大开发战略的初步设想，即中央 2 号文件。至此，退耕还林等生态建设工程成为西部大开发战略的一项主要内容。中央 2 号文件丰富和完善了退耕还林的政策措施，将“退耕还林（草）、封山绿化、以粮代赈、个体承包”细化为三个方面：“一是国家向退耕农户无偿提供粮食。补偿数量根据农户退耕面积、当地实际平均单产和还林还草情况综合确定，原则上要有利于鼓励农民积极退耕。补偿年限根据实际情况，需要几年补几年，防治砍树复耕。二是国家向农民无偿提供种苗。三是实行个体承包。引导和支持退耕后的农民治理荒山荒坡，并把植树种草和管护任务长期承包到户到人，按谁种树、谁管理、谁受益的原则实行责权利挂钩。”[②]

2000 年 3 月 9 日，国家林业局、国家计委、财政部下发了《长江上游、黄河上中游地区 2000 年退耕还林（草）试点示范工作的通知》，制定了《长江上游、黄河上中游地区 2000 年退耕还林（草）试点示范实施方案》，对退耕还林还草工

① 《近年来国家关于“退耕还林”的规定及江泽民总书记的有关指示》，《内蒙古政报》2000 年第 1 期，第 47 页。

② 曾培炎：《西部大开发决策回顾》，北京：中共党史出版社、新华出版社，2010 年，第 149 页。

作进行了安排部署。经过专家充分论证，编制下发了《长江上游、黄河上中游地区 2000 年退耕还林（草）试点示范科技支撑方案》。①

2000 年 3 月，经国务院批准，退耕还林试点在中西部地区 17 个省（区、市）和新疆生产建设兵团的 188 个县（市、区、旗）正式展开。内蒙古自治区的杭锦后旗、乌拉特中旗、乌审旗、准格尔旗、达拉特旗、固阳县、清水河县、武川县、凉城县、察右中旗、卓资县等 11 个旗县，被列入国家试点示范范围。为确保退耕还林还草试点示范工作的顺利进行，内蒙古自治区人民政府提出了六项原则：第一，坚持因地制宜、分类指导、实事求是、注重实效原则；第二，坚持生态、经济和社会效益相统一原则，在保证生态目标实现的同时，要保证农民生计，真正做到退得下，稳得住，能致富，不反弹；第三，坚持政策引导与农民自愿相结合；第四，坚持依靠科技进步原则，按照适地种树（草）的要求，确定适宜树（草）种，规划、设计、施工都要严格按照科学规律办事；第五，坚持示范带动，稳步推进，确保工程开好头起好步，在积累经验的基础上全面展开；第六，坚持自治区政府负全责和实行地方政府目标责任制的原则。②

2000 年 4 月 7 日，内蒙古自治区人民政府召开专门工作会议，研究部署退耕还林还草试点示范工作。会议指出，开展退耕还林还草试点示范工作，是全面进行退耕还林还草的第一步，搞好试点示范工作，对今后能否更多争取国家投入，在全区进一步开展退耕还林还草工作，使我区生态环境恶化的问题得到遏制，进而实现山川秀美的目标，具有十分重要的作用。在会议上巴盟、乌盟、伊盟、包头、呼市的领导都签了责任状。③

退耕还林还草试点工作开展以来，进展比较顺利，但试点工作也出现了一些问题，例如种苗供需矛盾突出，树种结构不合理，经济林比重普遍较大，管理粗放，造林成活率较低等。针对退耕还林试点工作中存在的这些问题，2000 年 9 月 10 日，国务院下发了《关于进一步做好退耕还林还草试点工作的若干意见》。2001

① 《国家林业局原局长王志宝在中西部地区退耕还林还草工作座谈会上的讲话（摘要）》，《防护林科技》（齐齐哈尔）2001 年第 1 期，第 1 页。

② 高善亮：《我区 11 旗县列为国家退耕还林还草试点》，《内蒙古日报》2000 年 4 月 1 日，第 1 版。

③ 高善亮、王菁：《自治区政府召开专门工作会议部署退耕还林还草试点示范工作》，《内蒙古日报》2000 年 4 月 7 日，第 1 版。

年7月13日，内蒙古自治区人民政府根据这一意见，结合内蒙古自治区实际，制定并颁布了《内蒙古自治区退耕还林（草）工程管理办法（试行）》，规定：旗县人民政府对退耕还林（草）工程负总责，实行目标、任务、资金、粮食、责任五到位，建立政府领导、部门领导、实施单位、承包主体目标管理责任制。承担退耕还林（草）的乡镇人民政府，依据年度退耕任务、退耕地和宜林地还林（草）任务、年度作业设计，分别与退耕户、承包造林种草单位、个人签订退耕还林（草）合同，对退耕户要分户发放退耕还林（草）证。退耕还林（草）工程实行各级政府负责，各部门密切配合，林业部门分级管理体制。退耕还林（草）工程实行按工程规划编制实施方案，按实施方案编制作业设计，按作业设计组织实施，按作业设计和有关标准检查验收。建立健全种苗、草籽市场，完善种苗、草籽生产供应机制，确保种苗、草籽的数量和质量。退耕还林（草）工程建设坚持以科学技术为支撑，严格执行国家、自治区有关技术规程、规定和标准，实行科学管理，集约经营。依据国家《退耕还林（草）工程建设检查验收办法（试行）》有关规定，退耕还林（草）工程建设实行两级检查验收制度，检查验收实行制度化、规范化。自治区根据国家下达的退耕还林（草）的年度计划，将任务分解落实到旗县，各旗县要逐级分解落实到乡、村、户，并分户建卡。由退耕户按规定的数量、标准和进度进行退耕还林（草）。粮食补助与退耕还林（草）的成活率、保存率及管护情况挂钩。退耕还林（草）的种苗补助费要发放到退耕户，退耕户必须按照作业设计确定的造林（种草）的树（草）种、规格、质量要求选择采购种苗。退耕地造林种草后，由旗县林业主管部门进行核实和登记造册，由当地旗县级人民政府及时核发林草权属证，并纳入规范化管理，为保护群众合法权益和防止复垦提供法律保障。建立工作信息定期反馈制度，及时掌握工作动态。建立完善工程建设档案和技术档案管理体制，配备责任心强，业务熟练，具有一定档案管理经验的人员负责档案管理工作。应建立较为固定的档案保管场所，逐步改善档案管理条件和手段，不断提高档案管理水平。未建立档案或档案管理工作不合格的，不予验收。[①]《内蒙古自治区退耕还林（草）工程管理办法（试行）》明确地规定了各级各类责任主体、落实责任的具体办法、退耕还林还草工作从设计到实施流程、

①《全区退耕还林工作会议要求各地高度重视精心组织内蒙古自治区退耕还林（草）工程管理办法（试行）》，《内蒙古政报》2001年第9期，第35—37页。

种苗草籽供给办法、实施及验收的技术规定规程和标准、验收流程、退耕还林还草补助发放办法及标准、退耕还林还草建档等一整套具有密切的工作逻辑关系、科学的、有可操作性的措施，为内蒙古自治区开展退耕还林还草工作提供了可靠的依据。

2002 年 1 月 10 日，国务院召开了全国退耕还林工作电视电话会议，宣布退耕还林工程全面启动。2 月 28 日，内蒙古自治区退耕还林工作会议在呼和浩特市召开。会议的主要任务是，认真贯彻落实全国退耕还林工作会议精神，要求各地高度重视，精心准备，确保退耕还林（草）工作全面实施。[①]为确保退耕还林等生态建设工程在我区顺利实施，针对退耕还林工程在执行过程中存在的一些问题，3 月 22 日，内蒙古自治区人民政府下发《关于实施退耕还林（草）工程有关问题的紧急通知》，要求各地：第一，要认真落实退耕还林（草）工程的各项政策；第二，要努力实现“进退还”的有机结合；第三，要加强对退耕还林（草）工程的监督和管理。[②]同日，内蒙古自治区人民政府还印发了《内蒙古自治区退耕还林（草）工程财政专项资金管理暂行办法》[③]，为加强和规范退耕还林（草）工程的组织和管理，确保退耕还林还草工作的顺利进行提供了政策依据。

2002 年 6 月 21 日，《内蒙古日报》刊登了《国务院关于进一步完善退耕还林政策措施的若干意见》，指出退耕还林政策的核心内容是：在适宜退耕还林的地区，农民可自愿把不宜耕种的坡耕地转变为林地草地，政府按统一标准向退耕户无偿提供粮食和现金补助，以及用于造林的种苗和补助。退耕还林的范畴还包括退耕地还林、还草、还湖和相应的宜林荒山荒地造林。准确地完整地宣传了退耕还林政策。[④]

退耕还林工程实施以来，各项工作顺利开展的同时，也出现了一些问题，主要有两个方面：“一是个别地区对退耕还林工程的重大意义认识不深、理解不够，对国家和自治区有关政策宣传不到位，公开公示制度执行较差，政策兑现中普遍

---

① 陈永平、涛娅：《确保退耕还林（草）工程全面实施首战告捷》，《内蒙古日报》2002 年 3 月 1 日，第 1 版。

② 《内蒙古自治区人民政府办公厅关于实施退耕还林（草）工程有关问题的紧急通知》，傅守正主编：《构筑北疆绿色屏障》，第 264—265 页。

③ 《内蒙古自治区退耕还林（草）工程财政专项资金管理暂行办法》，《内蒙古政报》2002 年第 5 期，第 37—38页。

④ 《国务院关于进一步完善退耕还林政策措施的若干意见》，《内蒙古日报》2002 年 6 月 21 日，第 3 版。

存在坐扣农业税以外其他费用的问题；二是工程管理粗放，工作随意性大，档案管理不规范，甚至出现弄虚作假，套取国家补助和借机乱摊派、乱收费等严重侵害农民利益的违规违纪案件”。为全面贯彻落实《退耕还林条例》及相关政策，加快全区退耕还林进程，确保退耕还林工程取得实效，针对在退耕工程管理方面存在的问题，2003 年 4 月 29 日，内蒙古自治区人民政府下发了《关于切实加强退耕还林工程管理工作的通知》，要求各地提高认识，明确责任；加强宣传，兑现政策；制定措施，强化管理；科技引导，提高效益。重申了退耕工作的各项具体政策和措施。[①]7 月 3 日，内蒙古自治区人民政府根据 2002 年国务院颁布的《退耕还林条例》，结合内蒙古自治区退耕还林还草工作两年的经验教训，制定并印发了《内蒙古自治区退耕还林工程管理办法》，该管理办法由 25 条内容组成，为加强和规范退耕还林工程管理，巩固退耕还林成果，改善生态环境，确保国家各项政策的贯彻执行，确保工程区经济发展和农牧民增收提供了非常重要的政策依据。[②]该文件是对 2001 年 7 月 13 日颁布的《内蒙古自治区退耕还林（草）工程管理办法（试行）》第二次修订，第一次修订颁布于 2002 年 3 月 22 日。本办法公布后，《内蒙古自治区退耕还林（草）工程管理办法（试行）》完成了历史使命。

为了保证退耕还林工作顺利进行，2004 年 6 月 1 日，国务院下发《关于完善退耕还林粮食补助办法的通知》。通知的主要内容是：一、坚持退耕还林的方针政策，国家无偿向退耕户提供粮食补助的标准不变。从 2004 年起，原则上将向退耕户补助的粮食改为现金补助。中央按每公斤粮食（原粮）1.4 元计算，包干给各省、自治区、直辖市。具体补助标准和兑现办法，由省级人民政府根据当地实际情况确定。二、向退耕户继续提供粮食补助的，由省级人民政府仍按原办法组织粮食供应，兑现到户，粮食调运费用继续由地方财政承担。三、退耕还林补助资金要专户存储，专款专用，任何单位和个人不得挤占、截留、挪用和克扣，不得弄虚作假、虚报冒领补助资金。要加大对违法违纪行为的查处力度。四、地方各级人民政府要深入细致地做好有关工作，安排好群众的生产生活。加强基本农田建设，提高退耕户粮食自给能力，保证粮食市场供应，防止毁林复耕。五、加强检查验

① 《内蒙古自治区人民政府关于切实加强退耕还林工程管理工作的通知》，《内蒙古政报》2003 年第 6 期，第 26 页。

② 《内蒙古自治区人民政府办公厅关于印发退耕还林工程管理办法的通知》，《内蒙古政报》2003 年第 8 期，第 35—38 页。

收工作，认真落实和兑现补助政策。退耕还林的面积、补助资金的数额，都要严格登记造册，张榜公布，做到公开、公正、公平。[①]

退耕还林工程实施以来，由于一些地区雨水较为充足，在退耕还林项目区复垦和新开荒事件时有发生，有的地区在退耕还林地播种一年生粮食或经济作物，个别地区出现了毁林造田开荒种地现象。针对退耕还林过程中出现的新问题，为了巩固退耕还林政策的成果，2005 年 8 月 1 日，内蒙古自治区人民政府发布《关于坚决制止退耕还林项目区复垦及乱开荒有关事宜的通知》，要求各地区加大宣传执法力度，切实抓好政策兑现工作，强化后续产业建设，加强部门协调配合。对在退耕还林项目区内复垦及开荒种地问题进行彻底清查，由县级以上行政部门依法进行处罚，触犯刑律的依法追究刑事责任。[②]9 月 24 日，内蒙古自治区人民政府办公厅又发出《关于进一步巩固退耕还林成果的通知》，指示各地区：第一，进一步统一思想，充分认识巩固退耕还林成果的重大意义；第二，积极搞好“五个结合”，为巩固退耕还林成果创造有利条件，一是退耕还林与基本农田建设相结合，二是退耕还林与农村能源建设相结合，三是退耕还林与生态移民、扶贫开发相结合，四是退耕还林与后续产业发展相结合，五是退耕还林与封山禁牧、舍饲圈养相结合；第三，认真落实工作责任，把巩固退耕还林成果的各项措施落到实处。[③]

2007 年 9 月 27 日，内蒙古自治区人民政府第八次会议通过了《内蒙古自治区退耕还林管理办法》，10 月 23 日予以公布。该办法规定：旗县级以上人民政府负责退耕还林的统一领导，各级林业部门负责编制辖区内的退耕还林规划和实施方案，旗县林业行政部门负责组织编写乡镇苏木的退耕还林的作业设计，乡镇苏木人民政府负责根据退耕方案落实承包工作、签订退耕还林合同书，退耕还林者根据合同书和作业设计进行施工，旗县林业行政部门提供退耕还林的技术指导，采取旗县自查和自治区复查的验收制度，由旗县林业行政部门负责填写《退耕还林

---

① 《国务院办公厅关于完善退耕还林粮食补助办法的通知》，《内蒙古政报》2004 年第 6 期，第 19 页。

② 《内蒙古自治区人民政府办公厅关于坚决制止退耕还林项目区复垦及乱开荒有关事宜的通知》，《内蒙古政报》2005 年第 8 期，第 41—42 页。

③ 《内蒙古自治区人民政府办公厅关于进一步巩固退耕还林成果的通知》，《内蒙古政报》2005 年第 11 期，第 32—34 页。

验收卡》并向退耕还林者发放《内蒙古自治区退耕还林证》,《内蒙古自治区退耕还林证》为退耕还林者领取粮食补助资金和生活补助费的凭证。此外，还规定了退耕还林补助资金的保管、发放、监督，禁止在退耕还林范围内实施复耕、滥采、乱挖等行为，退耕还林的统计及档案管理等。该办法自 2007 年 12 月 1 日起施行。[①]

退耕还林自 1999 年开始试点以来，工程进展总体顺利，成效显著，加快了国土绿化进程，增加了林草植被，水土流失和风沙危害程度减轻。由于解决退耕农户长远生计问题的长效机制尚未建立，随着退耕还林政策补助陆续到期，部分退耕农户生计出现困难。为此，2007 年 8 月 9 日国务院下发了《关于完善退耕还林政策的通知》，决定为巩固退耕还林成果，解决退耕农户生活困难和长远生计问题，现行的退耕还林粮食补助和生活补助期满后，继续对退耕农户给予直接补助。为解决影响退耕农户长远的生计问题，中央财政安排一定规模的资金，建立巩固退耕还林成果专项资金，自 2008 年起按照 8 年集中安排，逐年下达包干到省。[②]

根据《国务院关于完善退耕还林政策的通知》，2008 年 6 月 11 日，内蒙古自治区人民政府印发了《关于完善退耕还林政策的实施意见》，规定："现行退耕还林粮食和生活费补助期满后，中央财政继续安排资金对退耕农户给予适当的现金补助，解决退耕农户当前生活困难。补助标准为每亩退耕地每年补助现金 70 元。原每亩退耕地每年 20 元生活补助费，继续直接补助给退耕农户，并与管护任务挂钩，由当地政府与农户签订管护合同。补助期为：还生态林补助 8 年，还经济林补助 5 年，还草补助 2 年。对补助政策期满的退耕地造林情况，各级林业、发展改革、财政部门每年要组织专人进行阶段性检查验收，根据检查验收结果兑现完善退耕还林政策补助资金。要进一步加快林权证发放进程。对完善退耕还林政策生活补助费的领取，由各旗县制订具体的管理办法，确保该资金全部用于退耕户，与营造林的抚育管护挂钩。完善退耕还林政策补助资金和生活补助费，要直接面对退耕户；为每个退耕户建立补助资金储蓄卡，逐步取代现金发放方式；禁止村、社集中领取；对实行财政补贴农牧民资金'一卡通'试点的旗县，按相关规定执行；要坚持公开公示制度，验收结果与兑现结果都要以村、社为单位张榜公布，

---

① 《内蒙古自治区退耕还林管理办法》,《内蒙古政报》2007 年第 12 期，第 26—28 页。

② 《国务院关于完善退耕还林政策的通知》,《内蒙古政报》2007 年第 9 期，第 22 页。

接受群众监督。退耕还林粮食和生活费补助政策在2007年底前已期满的，从2008年起发放完善退耕还林政策补助；在2007年年底后到期的，从到期所在年份的次年起发放完善退耕还林政策补助”。[①]实施意见的目的是从根本上解决退耕农户吃饭、烧柴、增收等当前和长远生计问题，杜绝砍树复耕现象的发生，确保退耕还林成果切实得到巩固。该政策的出台对于巩固退耕还林成果和推进退耕还林工作具有重要的意义。

3. *启动天然林保护工程*

1998年特大洪涝灾害发生之后，中共中央、国务院印发了《关于灾后重建、整治江湖、兴修水利的若干意见》，提出了“治水必先治山，治山必先兴林”的思路，要求全面停止长江、黄河流域上中游天然林采伐，森工企业转向营林管护。[②]这就是天然林资源保护工程，简称“天保工程”。1998年“天保工程”开始在全国部分地区试点进行，内蒙古是试点之一。“天保工程”涉及内蒙古九个盟市（缺锡林郭勒盟、通辽和赤峰市）的75个旗县。9月28日，国家天然林资源保护工程在大兴安岭林区全面启动，对林区55%的森林面积实行禁止采伐；按照“对森林实施分类经营”的要求，划出700万公顷为生态公益林，划出233万公顷为商品林；各项保护措施均开始实施，到2000年全部停止主伐生产。[③]

为保证“天保工程”的顺利实施，1998年12月下旬内蒙古自治区人民政府下发《关于大兴安岭北部原始林区实行封闭管理的通知》。通知指出：内蒙古大兴安岭北部乌玛、奇乾、永安山三个未开发的规划局属原始林区，是自治区和国家重点保护区，对维持生态平衡和资源贮备具有极其重要的作用。但是，由于管理不严等原因，出现了大量的采金点、采伐点，自然资源被严重破坏，形成火险隐患，生态环境逐步恶化。根据国家加强天然林保护的要求，为强化资源管理，切实保护好北部原始林区，决定对其实行封闭式管理，清理各种非法采矿点、采伐点，即使合法的采矿点和采伐点也必须经过内蒙古自治区政府重新审定。[④]

根据国家天保工程的总体部署，1999年内蒙古自治区制定了黄河上中游天然

---

① 《内蒙古自治区人民政府关于完善退耕还林政策的实施意见》，《内蒙古政报》2008年第6期，第37页。

② 曾培炎：《西部大开发决策回顾》，第123—124页。

③ 张万才：《“天然林资源保护工程”在大兴安岭林区全面启动》，《内蒙古日报》1998年10月14日，第1版。

④ 《自治区政府发出通知对大兴安岭北部原始林区实行封闭管理》，《内蒙古日报》1998年12月20日，第1版。

林保护方案，计划从2000年到2010年，前6年为一期工程，后5年为二期工程。工程主要有四项内容：一是森林管护，全面停止工程区的森林采伐，加强有林地、灌木林地、草地的管护；二是造林种草，宜林荒山荒地和疏林地要全部恢复林草植被；三是退耕还林（草），工程区坡耕地要有计划、有步骤的退耕还林（草）；四是种苗工程，按照造林种草的任务，改建扩建已有的种苗生产基地。总目标是通过工程建设，使工程区的林草覆盖率大大提高，水土流失得到基本治理，生态环境得到显著改善。①

2000年12月1日，国家林业局、国家计委向各有关省、自治区、直辖市人民政府印发了《长江上游、黄河上中游地区天然林资源保护工程实施方案》和《东北、内蒙古等重点国有林区天然林资源保护工程实施方案》，要求：第一，加强组织领导，实行省级政府负全责和各级地方政府目标责任制；第二，认真编制和严格执行天然林停伐和木材减产计划；第三，加强森林资源管护工作；第四，各级政府部门要做好富余职工的分流安置工作，确保思想工作到位，措施得当，落实到人；第五，要做好各省级、县（局）级工程方案的编制工作；第六，加强天然林保护工程资金监督和管理。②12月8日，国家财政部、国家农业局还下发了《天然林保护工程财政资金管理规定》，目的是规范各地的资金管理。③

根据国家林业局、国家计委等部门的相关文件，2001年7月13日，内蒙古自治区人民政府制定并颁布《内蒙古自治区天然林资源保护工程管理办法（试行）》，就“天保工程”的组织者、建设程序、木材生产数量标准、公益林建设与管理、森林管护责任、林业富余职工安置、工程资金管理与使用、工程验收等问题做出了规定，为内蒙古自治区“天保工程”的顺利实施提供了政策依据。④

2002年，内蒙古大兴安岭国有林区为有效管护好森林资源，按照森林分类经营的要求，对远山森林设立管护站，对近山森林实行管护承包责任制，实现了每

---

① 夏继兰：《我区实施黄河上中游天然林保护工程》，《内蒙古日报》1999年10月18日，第1版。

② 《关于组织实施长江上游黄河上中游地区和东北内蒙古等重点国有林区天然林资源保护工程的通知》，傅守正主编：《构筑北疆绿色屏障》，第114—116页。

③ 《天然林保护工程财政资金管理规定》，傅守正主编：《构筑北疆绿色屏障》，第118页。

④ 《内蒙古自治区天然林资源保护工程管理办法（试行）》，《内蒙古政报》2001年第9期，第38页。

个沟系都有责任人，每片林子都有人管的目标。[①]内蒙古森工集团专门成立了森林分类经营办公室，制定了《森林管护经营管理办法》《森林管护经营承包责任制检查验收考核办法》等管理文件。[②]

森林管护工作既有社会效益，也有经济效益。森林的社会效益是国家追求的社会共享的长远利益，经济效益则是森林所有者和经营者追求的眼前个体的利益。为了更好地管护好现有森林，就必须正确处理二者的关系，为此，2004 年国家出台了森林生态效益补偿基金办法，由中央和各地方政府共筹生态效益补偿经费，按照林地每年每亩一定额度补偿给所有者或经营者，以换取森林的生态效益。为了做好该项工作，2005 年 6 月 12 日，内蒙古自治区人民政府在呼和浩特市新城宾馆召开了全区森林生态效益补偿工作会议。会议要求各地区、各有关部门要抓住历史机遇，做好森林生态效益补偿工作，切实加强公益林管护，努力把我区建设成为祖国北方的重要生态防线。[③]

针对圈占浪费林地、违法侵占林地和擅自改变林地用途等问题，2007 年 5 月 11 日，内蒙古自治区人民政府下发《关于切实加强林地保护管理工作的通知》，要求各林业部门：第一，提高认识，以科学发展观指导林地保护管理工作；第二，加强管理，严格执行征占用林地审核审批制度；第三，完善补偿办法，保障林权权利人的合法权益；第四，明确林地权属，做好林权登记发证工作；第五，突出重点，切实加强对国有林地的保护和管理；第六，加大力度，严厉打击各种破坏森林资源的违法犯罪行为。[④]9 月 27 日，内蒙古自治区人民政府第八次常务会议通过了《内蒙古自治区公益林管理办法》，共 31 条，宣布自 2007 年 12 月 1 日起实施。[⑤]

“万亩大造林”案打着造林的幌子搞非法集资，内蒙古自治区涉案林地 72 万亩，分布在东北 3 个盟市 12 个旗县区。“万亩大造林”案发后，发生了涉案林木

---

① 乌晓梅：《大兴安岭林区张起了“保护网”》，《内蒙古日报》2002 年 1 月 9 日，第 1 版。

② 东林：《八百零八万公顷森林有管护一万八千分流人员有出路大兴安岭林区全面推行管护承包责任制》，《内蒙古日报》2002 年 7 月 27 日，第 1 版。

③ 红艳：《全区森林生态效益补偿工作会议提出加强公益林管护打造北方生态防线》，《内蒙古日报》2005 年 6 月 13 日，第 2 版。

④《内蒙古自治区人民政府关于切实加强林地保护管理工作的通知》，《内蒙古政报》2007 年第 7 期，第 30—32 页。

⑤《内蒙古自治区公益林管理办法》，《内蒙古政报》2007 年第 12 期，第 25 页。

被盗、乱伐等严重的问题。为了制止毁林歪风，2011 年 4 月 13 日，内蒙古自治区人民政府办公厅下发了《关于做好“万里大造林”案件涉案林木管护工作的通知》，要求各地区提高思想认识，把保护涉案林木资产作为一项政治任务来抓；强化护林责任制；各涉案地区林业公安部门要对已发生的涉案林木被盗伐案件加大侦破力度，依法从速破案，严惩盗林毁林的犯罪分子。[①]9 月 8 日，全区天然林资源保护工程工作会议在呼和浩特市召开，会议总结了内蒙古自治区“天保工程”一期（1998～2010）的建设情况，对二期工程（2011～2020）的实施进行了动员部署。会议指出从 2011 年到 2020 年的建设期限中，内蒙古自治区共有 9 个盟市涉及“天保工程”二期，工程将按照内蒙古森工集团“天保工程”区、岭南八局“天保工程”区、黄河中上游“天保工程”区三个范围实施。到 2020 年将增加森林面积 3000 万亩。[②]

4. 限额采伐

对森林采伐进行限额是实施森林资源保护的重要举措之一。1998 年 9 月 15 日，内蒙古自治区人民政府转发了《国务院关于保护森林资源禁止毁林开垦和乱占林地的通知》，其中第五条明确规定：“大兴安岭林区要结合天然林保护工程，切实做好林地保护和采伐限额管理工作，并接受自治区林业主管部门的监督、检查。实行封闭管理的北部原始林区要立即停止除森林防火以外的一切采伐活动。个别需要继续作业的地带，要重新严格履行手续，经自治区林业主管部门报国家林业局审批。”[③]

2000 年 8 月 6 日，内蒙古自治区第九届人民代表大会常务委员会第十七次会议通过了《内蒙古自治区实施〈中华人民共和国森林法〉办法》，共七章五十二条。其第五章对森林采伐进行了明确规定：“第三十五条　自治区按照用材林的消耗量低于生长量以及防护林、特种用途林合理经营和永续利用的原则，实行年森林采伐限额制度，严格控制森林采伐。第三十六条　经依法批准的年森林采伐限额以及

① 《内蒙古自治区人民政府办公厅关于做好“万里大造林”案件涉案林木管护工作的通知》，《内蒙古政报》2011 年第 10 期，第 26 页。

② 敖东：《全区天然林资源保护工程工作会议在呼和浩特召开》，《内蒙古林业》2011 年第 10 期，第 2 页。

③ 《内蒙古自治区人民政府转发国务院关于保护森林资源制止毁林开垦和乱占林地的通知》，傅守正：《构筑北疆绿色屏障》，第 173—174 页。

按采伐类型和消耗结构确定的各分项限额，未经原审批机关批准不得突破。因特殊情况需要调整年森林采伐限额的，报国务院或者自治区人民政府林业主管部门批准。”[①]该办法为我区保护森林资源提供了强有力的法律保障。

2001 年 1 月 3 日，国务院批转了国家林业局《关于各省、自治区、直辖市“十五”期间年森林采伐限额审核意见的报告》，要求各地方人民政府、有关部门要高度重视、认真执行，“坚决遏制超采伐限额破坏森林资源的行为。今后，凡超限额采伐的，要追究第一责任人和主要责任人的行政责任；情节严重、造成森林资源破坏的，要追究其法律责任。”[②]2004 年，国家林业局下发了《关于同意内蒙古自治区在天然林保护工程区内开展人工商品林采伐管理试点的函》，同意内蒙古自治区凉城县等 13 个旗县（林场）在 2004 年开展人工商品林采伐管理试点工作。为切实做好此项试点工作，内蒙古自治区人民政府于 8 月 26 日发出了《关于切实做好 2004 年人工商品林采伐试点工作的通知》，要求建立健全人工商品林采伐试点目标责任制，试点旗县人民政府主要领导为第一责任人，政府分管领导及林业主管部门主要领导为主要责任人，成立试点工作领导小组，全面负责本旗县区试点工作的组织领导。“要建立责任追究制度，坚决杜绝在试点过程中出现乱砍滥伐、超计划采伐、偷拉私运、弄虚作假的行为，对违法、违规的试点单位，要严肃追究有关责任人的行政责任，情节严重的，依法追究其法律责任。”[③]2011 年 6 月 17 日，内蒙古自治区人民政府又下发了批转自治区林业厅《关于全区“十二五”期间年森林采伐限额分解落实意见》的通知。该通知就内蒙古自治区“十二五”期间年森林采伐限额分解情况进行了分析，提出了加强森林资源保护管理的措施，具体内容有五方面，分别是：第一，充分认识做好森林资源保护管理工作的重要性；第二，切实加强“十二五”期间年森林采伐限额管理；第三，着力改革完善集体林森林采伐管理制度；第四，积极推进森林可持续经营；第五，进一步加强

---

① 《内蒙古自治区实施〈中华人民共和国森林法〉办法》，《内蒙古政报》2000 年第 9 期，第 20 页。

② 《国务院批转国家林业局关于各省、自治区、直辖市“十五”期间年森林采伐限额审核意见报告的通知》，《内蒙古政报》2001 年第 2 期，第 10 页。

③ 《内蒙古自治区人民政府关于切实做好 2004 年人工商品林采伐试点工作的通知》，《内蒙古政报》2004 年第 10 期，第 34 页。

森林资源管理工作。[①]

5. 防治森林病虫害

森林病虫害称之为没有硝烟的森林火灾。为确保内蒙古自治区的林业健康发展，防治病虫害，2000 年 6 月 2 日，内蒙古自治区人民政府发出《关于切实加强森林病虫害防治工作的通知》，指示各地林业机构围绕以下几个方面加强森林病虫害防治工作：第一，加强领导，强化政府行为；第二，加强营林工作，把病虫害防治工作贯穿于林业生产全过程；第三，突出抓好主要病虫害工程治理工作；第四，狠抓预测预报和森林植物检疫工作；第五，实施科技兴防战略，不断提高防治水平；第六，大力加强森防站的基础设施建设；第七，多方筹资，加大森林病虫害防治的投入；第八，加强森防队伍建设。[②]

2003 年 10 月 17 日，内蒙古自治区人民政府又发出了《关于加强森林病虫害防治工作的通知》，通知就加强领导，综合治理、防治有害生物入侵，加快建立全区森林病虫害监测预警、检疫防灾、防治服务等三个体系，稳定森防队伍，确保资金投入等方面提出了明确的要求。[③]

为加强林业植物检疫工作，有效防止检疫性危险性林业有害生物的发生和蔓延，保护内蒙古自治区林业生产安全，2011 年 3 月 31 日，内蒙古自治区人民政府下发了《关于进一步加强林业植物检疫工作的通知》，要求各有关部门要加强领导，落实责任；提高思想认识，依法规范运作；增强预警意识，做好评估工作；突出重点，强化检疫；加大宣传力度，营造良好氛围。[④]

6. 预防森林火灾

森林火灾是毁坏森林资源的重要因素之一，也是内蒙古自治区各级相关部门的常态化工作。即使如此，每年的春秋两季防火期，内蒙古自治区人民政府都要针对防火工作做出指示，提高干部群众的防火意识，强化防火工作，努力杜绝森

---

① 《内蒙古自治区人民政府批转自治区林业厅关于全区“十二五”期间年森林采伐限额分解落实意见的通知》，《内蒙古自治区人民政府公报》（呼和浩特）2011 年第 14 期，第 12—13 页。

② 《内蒙古自治区人民政府关于切实加强森林病害防治工作的通知》，《内蒙古政报》2000 年第 7 期，第 22—23 页。

③ 《内蒙古自治区人民政府关于加强森林病虫害防治工作的通知》，《内蒙古政报》2003 年第 12 期，第 23 页。

④ 《内蒙古自治区人民政府办公厅关于进一步加强林业植物检疫工作的通知》，《内蒙古自治区人民政府公报》2011 年第 9 期，第 27—28 页。

林火灾的发生。

2000 年 3 月 22 日，内蒙古自治区人民政府针对 1999 年冬和 2000 年春的内蒙古自治区的气候状况，发出了《关于切实做好春季森林草原防火工作的紧急通知》，要求各有关单位、部门：加强领导，落实防火责任制；广泛深入地做好防扑火宣传教育工作；严明法纪，坚持依法治火；“严”字当头，加强火源管理；加大力度，认真开展森林草原防火大检查工作；认真修订、落实扑火预案，充分做好扑大火的准备；加强协作，落实联防措施；加强管理，强化防火调度指挥工作。[①]

2002 年 3 月 15 日，内蒙古自治区人民政府召开全区森林草原防火工作电视电话会议，要求各地要高度重视森林草原防火工作，切实增强紧迫感和责任感，全力以赴、扎扎实实做好森林草原防火工作。[②]9 月 13 日，内蒙古自治区人民政府又召开了秋季森林草原防火表彰及秋防电视电话会议。[③]不久，内蒙古自治区防火指挥部又下发通知要求各地切实加强“国庆”期间森林草原防火工作。[④]

2003 年 3 月 28 日，内蒙古自治区人民政府下发《关于切实做好春季造林和防火工作的通知》，就春季造林和春季防火问题做出指示。[⑤]3 月 30 日，内蒙古自治区人民政府下达森林草原重点区域实行戒严防火的命令，要求各地区、各有关部门和单位应认真贯彻落实以行政领导负责制为主的各项森林草原防火责任制，随时掌握防火动态，及时解决防火工作中存在的问题，并迅速组织森警、公安、防火、林政等方面的人员，反复进行武装清山、清沟、清河套，全力排除一切火险隐患。凡进入火险戒严区的单位和个人，必须经旗县火险指挥部或其授权部门批准，并接受防火安全教育、签订防火合同，领取防火通行证；机动车必须安装有效防火装置，接受监督检查；各地还要对可能引起火灾的生产用火和居民生活用

---

① 《内蒙古自治区人民政府关于切实做好春季森林草原防火工作的紧急通知》，《内蒙古政报》2000 年第 5 期，第 26 页。

② 陈永平、涛娅：《全区森林草原防火电视电话会议强调切实做好春季森林草原防火工作》，《内蒙古日报》2002 年 3 月 16 日，第 1 版。

③ 涛娅、石卫峰：《全区森林草原防火表彰及秋防工作电视电话会议要求 切实做好秋冬森林草原防火工作》，《内蒙古日报》2002 年 9 月 14 日，第 1 版。

④ 《自治区防火指挥部下发通知要求切实加强“国庆”期间森林草原防火工作》，《内蒙古日报》2002 年 9 月 30 日，第 1 版。

⑤ 《自治区政府办公厅发出通知切实做好春季造林和防火工作》，《内蒙古日报》2003 年 4 月 1 日，第 1 版。

火进行严格管理。坚持“预防为主，积极消灭的方针”，将扑火队伍主要兵力和作战力量投入到第一线，时刻保持临战状态，一旦发现火情，要集中优势兵力打歼灭战，把火灾消灭在初发阶段。[①]9月12日上午，内蒙古自治区人民政府又召开全区秋季森林草原防火电视电话会议，强调要认真做好森林草原防火工作。[②]

为了做到森林草原防火有法可依，2004年3月26日，内蒙古自治区第十届人民代表大会常务委员会第八次会议通过了《内蒙古自治区森林草原防火条例》，该条例包括森林草原防火组织、森林草原火灾的预防、森林草原火灾的扑救、善后工作及法律责任等方面，共七章四十六条，宣布自2004年4月15日起施行。[③]该条例的颁布施行，表明内蒙古自治区的森林草原的防火制度，从行政命令、指示层面上升到了地方法规的层面。针对2004年春季气温持续升高，降水偏少，风干物燥，防火形势严峻的情况，4月8日，内蒙古自治区人民政府发布《关于森林草原重点区域实行戒严防火的命令》。[④]4月30日，又转发了《国务院办公厅关于进一步加强森林防火工作的通知》，指示各地区、各有关部门：第一，充分认识新形势下做好森林防火工作的重要性和紧迫性；第二，健全组织体系，进一步提高森林防火工作的管理水平；第三，加强森林消防专业队伍建设，全面提高森林火灾扑救能力；第四，统筹兼顾，扎实做好草原防火工作；第五，加大资金投入和政策扶持，加快森林防火基础设施建设；第六，强化监督管理，积极推进依法防火；第七，完善森林防火行政领导负责制，建立森林防火工作新机制。[⑤]该“通知”是国务院办公厅4月14日下发的。

2004年秋季，黑龙江省连续发生多起森林火灾，造成严重损失，引起中央领导的高度重视和相邻的内蒙古自治区的高度警惕。为了提高相关部门的防火意识，10月22日，内蒙古自治区人民政府发出了《关于进一步加强森林草原防火工作的紧急通知》，要求：提高认识，进一步增强森林草原防火责任感；加强领导，全面

---

① 《自治区发布命令　森林草原重点区域实行戒严防火》，《内蒙古日报》2003年4月18日，第2版。

② 马艳军：《全区秋季森林草原防火电视电话会议强调认真做好森林草原防火工作》，《内蒙古日报》2003年9月13日，第1版。

③ 《内蒙古自治区森林草原防火条例》，《内蒙古政报》2004年第5期，第27—31页。

④ 《内蒙古自治区人民政府关于森林草原重点区域实行戒严防火的命令》，《内蒙古政报》2004年第5期，第36页。

⑤ 《内蒙古自治区人民政府办公厅转发国务院办公厅关于进一步加强森林防火工作的通知》，《内蒙古政报》2004年第6期，第41—42页。

落实森林草原防火责任制；强化防范意识，坚决消除各种火险隐患；严阵以待，确保“打早、打小、打了”；科学扑救，防止人员伤亡事故。[①]

2005 年春季，内蒙古自治区大部分地区持续干旱，森林草原火险等级居高，春季防火形势十分严峻。4 月 9 日，内蒙古自治区人民政府发布《关于森林草原防火重点区域实行戒严防火的命令》，决定从 4 月 15 日到 5 月 31 日，在全区森林草原防火重点区域，实行戒严防火。[②]

进入 2006 年春季防火期后，3 月 28 日，内蒙古自治区人民政府发布了《关于切实加强森林草原防火工作的通知》。[③]4 月 14 日，转发了《国务院办公厅关于切实加强当前森林防火工作的紧急通知》。[④]进入秋季防火期后，9 月 30 日，内蒙古自治区政府发布了《关于进一步做好森林草原防火工作的通知》。[⑤]

2012 年是内蒙古区森林火灾频发的一年。面对森林草原火灾的高发态势，内蒙古自治区人民政府采取了多项防治措施。3 月 31 日，内蒙古自治区人民政府下发了清明节期间要求各地全力做好森林草原防火工作的通知，指示各地、各有关部门要将防火工作作为当前工作的重中之重，通过多种形式的宣传教育活动，来提高广大人民群众的防火意识。[⑥]4 月 16 日，内蒙古自治区人民政府在呼和浩特市召开了全区森林草原防火工作会议，对全区防火工作做出了明确的部署。[⑦]4 月 21 日，中共内蒙古自治区委员会办公厅、内蒙古自治区人民政府办公厅针对呼伦贝尔和大兴安岭林区发生的多起森林草原火灾，特别是蒙古国境内发生的草原火灾，联合发出了《关于切实做好当前森林草原防扑火工作的紧急通知》，要求切实做好火灾扑救工作，强化火灾预防工作，进一步加强宣传教育，严厉查处火案，加强

---

① 《内蒙古自治区人民政府办公厅关于进一步加强森林草原防火工作的紧急通知》，《内蒙古政报》2004 年第 12 期，第 35—36 页。

② 陈永平：《自治区政府发布命令森林草原防火重点区域实行戒严防火》，《内蒙古日报》2005 年 4 月 9 日，第 1版。

③ 《内蒙古自治区人民政府办公厅关于切实加强森林草原防火工作的通知》，《内蒙古政报》2006 年第 5 期，第 40页。

④ 《内蒙古自治区人民政府办公厅转发国务院办公厅关于切实加强当前森林防火工作的紧急通知》，《内蒙古政报》2006 年第 6 期，第 38 页。

⑤ 《内蒙古自治区人民政府关于进一步做好森林草原防火工作的通知》，《内蒙古政报》2006 年第 11 期，第 30 页。

⑥ 方弘：《自治区政府要求做好森林草原防火工作》，《内蒙古日报》2012 年 4 月 1 日，第 1 版。

⑦ 方弘：《全区森林草原防火工作会议召开 曹征海讲话》，《内蒙古日报》2012 年 4 月 17 日，第 1 版。

组织领导。[①]9月12日，内蒙古自治区人民政府发出了《关于切实做好秋季森林草原防火工作的通知》。

7. 改革集体林权制度

集体林权制度的改革，是建设生态文明、保护生态环境的重要举措之一。明晰森林产权，将权利下放到农牧民手中，有利于调动人民群众保护森林资源的积极性。从2004年开始，内蒙古自治区人民政府以通辽、赤峰两市为试点地区，开展了集体林权制度改革试点的工作。2006年10月，内蒙古自治区林业厅在赤峰市召开了“全区集体林权改革座谈会”，对集体林权改革试点工作进行了再部署。[②]

2008年6月8日，中共中央、国务院下发了《关于全面推进集体林权制度改革的意见》[③]。根据中共中央的意见，9月26日，中共内蒙古自治区委员会、内蒙古自治区人民政府制定了内蒙古自治区的《关于深化集体林权制度改革的意见》，从集体林权制度改革的指导思想、基本原则、总体目标、集体林权制度改革的范围、集体林权制度改革的主要任务、有关政策措施和集体林权制度改革的保障措施等方面提出了指导性意见。[④]与此同时，中共内蒙古自治区委员会办公厅和内蒙古自治区人民政府办公厅还制定并下发了《内蒙古自治区集体林权改革方案》，对内蒙古自治区全面推进集体林区制度改革做出了具体部署。[⑤]这两个文件标志着我区集体林权改革进入了全面实施阶段。

经过4年的林权改革，到2012年，已经取得阶段性成果，全区已基本完成对集体林地明晰产权、承包到户的改革任务，截至2012年3月底，全区3.27亿亩集体林地已勘界确权面积达3.15亿亩，占集体林地总面积的96.33%。但是经登记核发林权证确认林地所有权和使用权的面积为1.87亿亩，仍有40%以上已确权的集体林地未能及时登记发证，严重制约了广大农牧民和社会各界参与林业生态建设的积极性，影响了自治区林业生态建设与保护事业的顺利推进。为巩固集体林权

---

① 《内蒙古自治区党委办公厅自治区人民政府办公厅关于切实做好当前森林草原防扑火工作的紧急通知》，《内蒙古自治区人民政府公报》2012年第10期，第23—24页。

② 《我区集体林改工作稳步推进》，《内蒙古日报》2008年12月4日，第3版。

③ 《中共中央国务院关于全面推进集体林权制度改革的意见》，《内蒙古政报》2008年第7期，第11页。

④ 《内蒙古党委政府关于深化集体林权制度改革的意见》，《内蒙古政报》2008年第11期，第19页。

⑤ 《内蒙古党委办公厅、政府办公厅关于印发〈内蒙古自治区集体林权制度改革工作方案〉的通知》，《内蒙古政报》2008年第11期，第36页。

制度改革成果，继续深化集体林权制度改革，集体林权登记发证成为关键性的工作。2012年5月11日，内蒙古自治区人民政府发出《关于进一步加强集体林权登记发证工作的通知》，要求各级政府、各有关部门和企事业单位，要充分认识集体林权登记发证工作的重要性，加强发证工作的组织领导，加快发证工作的进度，保证发证工作的质量，切实维护林地承包经营权人的合法权益，在2012年底前全面完成集体林地确权登记、核发新版林权证以及旧版林权证换发的工作。①

经过努力，林区集体林权制度改革取得重大成果和明显成效。截至2012年底，全区已确权集体林地3.26亿亩，占集体林地总面积的99.71%，发放林权证177万本，发证面积3.25亿亩，占确权面积的99.57%，基本完成集体林地明晰产权、承包到户任务，配套改革积极有序开展。②

（二）植树造林

1. 积极参与“三北”防护林工程建设

为了从根本上改变我国“三北”地区风沙危害和水土流失的状况，1978年11月国家启动了“三北”防护林工程建设，计划从1978年开始到2050年结束，历时73年，分八期工程进行建设。1978～1985年为第一期工程；1986～1995年为第二期工程；1996～2000年为第三期工程；2001～2010年为第四期工程，2011～2020年为第五期工程。第一期和第二期均涉及内蒙古的83个旗县市，此后逐渐扩大，到第五期工程实施时，全区的102个旗县市有100个列入“三北”防护林工程建设规划。

2009年10月1日，国务院办公厅出台了《关于进一步推进三北防护林体系建设的意见》。为贯彻落实该意见，更好地实施内蒙古自治区三北防护林的建设，内蒙古自治区人民政府于2010年5月28日出台了《关于进一步加强三北防护林工程建设的意见》，从三北防护林建设的意义、指导思想、奋斗目标，以及加强三北防护林工程建设的具体措施等几个方面，全面地做了指示。意见指出“特殊的生

① 《内蒙古自治区人民政府办公厅关于进一步加强集体林权登记发证工作的通知》，《内蒙古自治区人民政府公报》2012年第12期，第4—5页。

② 《内蒙古自治区人民政府办公厅关于进一步巩固和扩大集体林权制度改革成果的通知》，《内蒙古自治区人民政府公报》2013年第12期，第12页。

态区位，脆弱的生态状况，决定了我区生态建设的长期性、艰巨性和紧迫性”。要求“到2020年，三北防护林工程区森林覆盖率达到15%，生态状况明显改善，初步建成比较完备的防护林体系。到2050年，森林覆盖率达到18.5%以上，生态状况步入良性循环。”因此需要合理布局三北防护林工程建设，强化三北防护林工程建设的科技支撑，严格保护和合理利用森林资源，加大三北防护林工程建设的政策扶持力度，加强三北防护林工程建设的组织领导。①

2012年10月30日，全区三北防护林四期工程总结表彰暨五期工程启动会议在呼和浩特召开。会议充分肯定四期工程建设成就，从加强组织领导、落实规划、加大资金投入和管理、提高建设质量和效益等方面对第五期工程进行了部署。

2. 把植树造林作为常规性工作常抓不懈

每年的造林季节，内蒙古自治区人民政府都单独发文给各盟市人民政府和自治区各有关委、办、厅、局以及各大企业、事业单位，督促植树造林工作，成为一种工作常态。例如：2002年12月30日，内蒙古自治区人民政府发出了《关于做好今冬明春造林绿化工作的通知》，要求各地区：统一思想，提高认识，切实加强领导；提早动手，全力以赴；完善政策，活化机制，充分调动造林绿化积极性；依靠科技，强化管理，努力提高营造林质量；搞好验收兑现，抓好规划设计，确保退耕还林工程顺利实施。②

2004年入春以来，全区大部分地区降水少，出现了严重的旱情，为保证当年造林任务的顺利完成，4月30日，内蒙古自治区人民政府下发《关于切实加强春季抗旱造林工作的通知》，指示：春季旱情较重的地区，要立足抗旱保成活；切实提高造林苗木的质量；搞好作业设计，强化档案管理；切实提高造林质量；抓好补植补播工作，加强林地管护，巩固建设成果；大力推广雨季容器苗造林。③针对春季造林进度不理想的情况，同年6月24日，内蒙古自治区人民政府又发出《关于开展雨季造林工作的通知》，要求加大雨季造林力度，努力完成2004年造林

---

① 《内蒙古自治区人民政府关于进一步加强三北防护林工程建设的意见》，《内蒙古政报》2010年第7期，第34—36页。

② 《内蒙古自治区人民政府关于做好今冬明春造林绿化工作的通知》，《内蒙古政报》2003年第2期，第34页。

③ 《内蒙古自治区人民政府办公厅关于切实加强春季抗旱造林工作的通知》，《内蒙古政报》2004年第6期，第48—49页。

任务。[①]

2009年11月27日，内蒙古自治区第十一届人民代表大会常务委员会第十一次会议通过了《内蒙古自治区义务植树条例》，规定“义务植树是指适龄公民为国土绿化无报酬的完成规定劳动量的植树任务，或者完成相应劳动量的育苗、管护和其他绿化任务”。条例共二十三条，宣布自2010年2月1日起施行，同时将1991年3月13日内蒙古自治区人民政府公布的《内蒙古自治区全民义务植树实施细则》废止。[②]

二、防沙治沙

1. 积极参与京津风沙源治理工程

20世纪末21世纪初，我国北方连续出现了多次强沙尘暴和浮尘天气，其发生频率高、破坏力大、涉及范围广，为中华人民共和国成立以来所罕见。这再一次敲响了人们保护生态环境的警钟。为了防沙治沙，中共中央、国务院决定于2000年启动“京津风沙源治理工程”。

京津风沙源治理工程区西起内蒙古的达茂旗，东至阿鲁科尔沁旗，南起山西的代县，北至内蒙古的东乌珠穆沁旗，涉及北京、天津、河北、山西及内蒙古等五省（区、市）的75个县（旗）。

2000年，京津风沙源治理工程在内蒙古的项目区包括8个盟市的53个旗县，2001年调整为4个盟市的31个旗县。31个旗县分别是乌兰察布盟的达茂旗、集宁区、四子王旗、察右前旗、察右后旗、商都县、化德县、丰镇市、兴和县，锡林郭勒盟全部12个旗（县），赤峰市除红山区和元宝山区以外的10个旗（县）。

2000年5月15日，中共内蒙古自治区委员会和内蒙古自治区人民政府在呼和浩特市召开了京津周边地区内蒙古沙源治理工程工作会议，安排部署阴山北麓风蚀沙化区、浑善达克沙地、科尔沁沙地治理紧急启动工程。会议强调：当前要迅速启动京津周边地区53个旗县的沙源治理工程，为做好这项工作，一定要把握好以下几个重点：一是继续深入贯彻“增草、增畜，提高质量、提高效益”的草原

---

① 《内蒙古自治人民政府办公厅关于开展雨季造林工作的通知》，《内蒙古政报》2004年第8期，第31页。

② 《内蒙古自治区义务植树条例》，《内蒙古政报》2010年2期，第21—22页。

畜牧业指导方针。二是加大退耕还林还草力度，宜林则林，宜草则草，通过搞生态建设，提高农牧民收入。三是重视法制建设，依法加强草原建设和保护。要全面落实草场承包到户责任制。牧区要抓好草场改良和饲草料基地、草库伦建设，实行划区轮牧，实施返青期和结实期禁牧制度，大力种草贮草，延长圈养期，缩短放牧期，减轻草场压力，把禁牧、轮牧任务真正落实到实处。要继续实行封山、封沙育林育草。四是加大防沙治沙力度。五是改变牧区的饲养方式，对牧区实行常年圈养的牧户，不仅要给予饲料补助的鼓励政策，还要在棚圈建设上给予贷款支持。六是继续提高牲畜出栏率，加快畜群周转速度。七是推进小流域治理。会议决定京津周边地区内蒙古沙源治理工程一期建设工程期为 3 年，治理总任务为 1800 万亩。[①]

2001 年 7 月 13 日，内蒙古自治区人民政府印发了《内蒙古自治区京津风沙源治理工程管理办法（试行）》。该管理办法是根据国家有关规定，结合内蒙古自治区实际情况，为了规范和加强对京津风沙源治理工程的管理，确保工程建设有序进行，提高工程建设质量和成效，改善京津周边地区的生态环境而制定的。管理办法规定了工程的责任方、工程实施的原则、实施与管理办法、资金的来源及使用等问题。[②]

2002 年 3 月，经国务院批准，国家五部委联合下发了《京津风沙源治理规划（2001～2010）》，京津风沙源治理工程全面展开。7 月 17 日至 18 日，在赤峰市阿鲁科尔沁旗召开了内蒙古自治区京津风沙源治理工程现场会。

2003 年 7 月 9 日至 10 日，全国京津风沙源治理工程省部联席会议及现场会在集宁召开，会议肯定了内蒙古自治区过去两年防沙治沙的成就，“三年完成治理和保护面积 7472 万亩，为保障京津及华北区生态安全作出了贡献”，总结了内蒙古自治区在工程实施中方方面面的经验，对以后防沙治沙工作进行了部署。[③]

截至 2012 年，京津风沙源治理一期工程已全面结束。2013 年 9 月 27 日下午，

① 高善亮：《自治区党委政府召开会议部署京津周边地区内蒙古沙源治理紧急启动工程》，《内蒙古日报》2000 年 5 月 17 日，第 1 版转第 3 版。

② 《内蒙古自治区京津风沙源治理工程管理办法（试行）》，《内蒙古政报》2001 年第 9 期，第 33—34 页。

③ 刘红星、乔雪峰：《全国京津风沙源治理工程省部联席会议在集宁召开　我区为保障京津及华北生态安全立了功劳》，《内蒙古日报》2003 年 7 月 11 日，第 1 版。

在呼和浩特召开了全区构筑祖国北方重要生态安全屏障的电视电话会议，启动了京津风沙源治理二期工程。[①]二期工程把察哈尔右翼中旗、卓资县、凉城县增列为京津风沙源治理区，并给予重点支持。[②]

2. 完善并落实防沙治沙政策

2001年8月31日，第九届全国人民代表大会常务委员会第二十三次会议通过了《中华人民共和国防沙治沙法》，宣布自2002年1月1日起施行。[③]该法的颁布为我国的防沙治沙工作提供了强有力的法律保障。

2002年3月1日下午，内蒙古自治区人大和政府共同主持召开了全区贯彻实施防沙治沙法座谈会。座谈会要求深化对防沙治沙重要性和紧迫性的认识，真正做到认识到位、领导到位、措施到位、落实到位。结合内蒙古自治区的实际，座谈会建议制定切实可行的防沙治沙总体规划，调动广大农牧民及社会各方面的积极性，防沙治沙要尊重自然规律，加强对防沙治沙工作的组织和领导，加快土地沙化的治理速度。[④]

根据《中华人民共和国防沙治沙法》，2004年7月31日，内蒙古自治区第十届人民代表大会常务委员会第十次会议通过了《内蒙古自治区实施〈中华人民共和国防沙治沙法〉办法》，对防沙治沙的组织、规划、区划、治理、法律责任等作了规定，宣布自2004年9月1日起施行。11月10日，内蒙古自治区人民政府下发关于贯彻执行《内蒙古自治区实施〈中华人民共和国防沙治沙法〉办法》的通知，要求充分认识贯彻执行防沙治沙法实施办法的重要性，深入开展学习宣传活动，大力推进防沙治沙工作，加强对防沙治沙工作的组织领导。[⑤]

鄂尔多斯地区分布的库布其沙漠和毛乌素沙地是沙化最突出，受沙化威胁最严重的地区。从20世纪五十年代开始，当地人民群众在中国共产党各级组织和各

---

① 崔楠：《巴特尔在全区构筑祖国北方重要生态安全屏障会议上强调进一步加大生态保护和建设力度加快构筑祖国北方重要生态安全屏障》，《内蒙古日报》2013年9月28日，第2版。

② 皇甫美鲜：《乌兰察布11个旗县市区列入京津风沙源治理二期工程》，《内蒙古日报》2013年5月2日，第2版。

③《中华人民共和国防沙治沙法》，《内蒙古政报》2002年第4期，第4页。

④ 保尔、斯琴高娃：《自治区人大政府组织座谈会强调 提高全社会依法防沙治沙意识》，《内蒙古日报》2002年3月2日，第1版。

⑤《内蒙古自治区人民政府办公厅关于贯彻执行[内蒙古自治区实施〈中华人民共和国防沙治沙法〉办法]的通知》，《内蒙古政报》2004年第12期，第38—39页。

级政府的领导下，就持续开展防沙治沙工作，涌现了治沙典型“乌审召”。2005 年 7 月 12 日至 13 日，在鄂尔多斯市召开了全国防沙治沙现场会。会议肯定了内蒙古为防沙治沙做出的贡献，强调“治理与破坏相持”是当前我国林业发展的现实，也是防沙治沙的最大现实，当前和今后的防沙治沙工作，措施不能松懈，政策不能减弱，作风不能懈怠。要求用“防”“治”“用”相结合的方式，改善沙区生态状况。[①]

2005 年 10 月 11 日，国务院做出了《关于进一步加强防沙治沙工作的决定》，阐述了防沙治沙工作的重要性和紧迫性，明确了防沙治沙的指导思想、基本原则和奋斗目标，要求搞好防沙治沙布局和规划，抓好土地沙化预防，加强沙化土地治理，完善防沙治沙扶持政策，加大科技治沙和依法治沙力度，加强对防沙治沙工作的领导。[②]

2007 年 4 月 26 日，全区防沙治沙工作会议在呼和浩特市召开，会议总结了 2000 年以来全区在防沙治沙方面取得的巨大成就，指出：“2000 年以来七年间，全区完成沙化土地治理面积 2.6 亿亩，重点治理区的生态状况明显好转。”提出防沙治沙是一项长期而艰巨的任务。为进一步增强防沙治沙的责任感和紧迫感，会议要求各地做好以下几项工作：一是严格沙化源头控制；二是突出抓好防沙治沙重点工程；三是努力提高科学防治水平；四是加快发展沙区特色产业；五是依法保护好沙区林草植被。[③]

为落实全区防沙治沙工作会议精神，2008 年 1 月，内蒙古自治区人民政府下发了《关于切实加强防沙治沙的决定》。决定要求：充分认识我区防沙治沙工作的重要性，切实贯彻和落实防沙治沙工作的指导思想和奋斗目标，认真编制和落实防沙治沙规划，科学实施沙化土地的综合治理和合理利用，切实强化科技治沙和依法治沙，进一步完善防沙治沙扶持政策，切实加强对防沙治沙工作的组织领导。[④]

① 乔雪峰、尹志：《全国防沙治沙现场会要求防、治、用相结合改善沙区生态状况》，《内蒙古日报》2005 年 7 月 14 日，第 1 版。

② 《国务院关于进一步加强防沙治沙工作的决定》，《人民日报》（北京）2006 年 3 月 1 日，第 16 版。

③ 陈永平：《全区防沙治沙工作会议强调　防沙治沙成就巨大　生态建设任重道远》，《内蒙古日报》2007 年 4 月 28 日，第 1 版转第 3 版。

④ 《内蒙古自治区人民政府关于切实加强防沙治沙的决定》，《内蒙古日报》2008 年 1 月 18 日，第 3 版。

为了督促各地区的防沙治沙工作，2009 年 3 月 23 日，国务院下发了《关于转发林业局等部门省级政府防沙治沙目标责任考核办法的通知》。7 月 9 日，内蒙古自治区印发了结合本地区实际情况拟定的《内蒙古自治区防沙治沙目标责任考核办法》，就考核的原则、对象、办法、内容、评分及有关考核后的工作安排等方面做了明确的规定。设计了具体的可考核的《内蒙古自治区防沙治沙目标责任考核计分表》。①

三、保护草原

草原被称为地球的"皮肤"。内蒙古拥有全国最大的草原面积，由于超载、过度放牧等原因，21 世纪初已有大面积草原遭受破坏，占全区草原面积的近四分之一。保护和建设好草原的生态环境是内蒙古生态建设非常重要的一个组成部分。西部大开发战略实施以来，中共内蒙古自治区委员会和内蒙古自治区人民政府抓住机遇，结合自治区实际，不断加大对草原生态环境的管理与保护力度。

1. 转变畜牧业经营方式，实现草畜双平衡

1999 年开始，内蒙古地区连续 3 年发生了几十年不遇的大旱灾，草场严重退化，草原草畜不平衡的矛盾彻底暴露出来，严重地制约了畜牧业的发展，牧民返贫现象非常严重。

草原是畜牧业的载体，严重退化的草原已经无法维持传统畜牧业的生产。在这种情况下，中共内蒙古自治区委员会和内蒙古自治区人民政府积极探索保护草原和发展畜牧业的新途径。2000 年 6 月 28 日，内蒙古自治区人民政府第五次常务会议审议通过了《内蒙古自治区草畜平衡暂行规定》，对草畜平衡的核定、草畜平衡的管理、奖励与处罚等进行了明确的规定，目的是坚持畜牧业发展与保护草原生态并重，宣布 2000 年 8 月 1 日起施行。②

2001 年 8 月 30 日，召开了全区畜牧业工作会议。会议针对内蒙古自治区畜牧业发展与生态环境关系，提出：第一，要兼顾发展生产与保护生态双赢；第二，

---

①《内蒙古自治区人民政府办公厅关于印发自治区防沙治沙目标责任考核办法的通知》，《内蒙古政报》2009 年第 8 期，第 40—42 页。

②《内蒙古自治区草畜平衡暂行规定》，《内蒙古政报》2000 年第 8 期，第 19 页。

大力推进生态畜牧业的发展；第三，加强领导，落实政策，为生态畜牧业发展创造良好的环境。[①]锡林郭勒草原是全国最大的草原，连续三年的大旱灾对锡林郭勒草原影响非常大。中共锡林郭勒盟盟委、锡林郭勒盟人民政府根据中共中央退耕还林的精神和中共内蒙古自治区委员会、内蒙古自治区人民政府提出的生态畜牧业的思路，提出在锡林郭勒盟实施“围封转移”战略。12 月 22 日下午，中共内蒙古自治区委员会、内蒙古自治区人民政府听取了锡林郭勒盟关于实施围封转移战略情况和总体规划的报告，指示围封转移战略要坚持一切从实际出发，在遵循客观规律的基础上实现生态效益与经济效益的有机结合。[②]

2002 年 11 月，中共内蒙古自治区委员会下发了《关于转变生产经营方式发展生态畜牧业的意见》，解释了发展生态畜牧业的重要性和紧迫性，提出了发展生态畜牧业的基本思路、原则和目标，规定了发展生态畜牧业的几项措施：第一，加强以水利为中心的草原生态保护和建设；第二，加快转变畜牧业生产经营方式；第三，积极推进畜牧业产业化经营；第四，继续推进科教兴牧战略；第五，加大对生态畜牧业发展的支持力度；第六，切实加强对发展生态畜牧业的领导。[③]

2. 改革牧区产权制度

落实草原所有权、使用权和承包经营责任制（简称“双权一制”）是深化农村牧区改革的一项核心内容，有利于草原生态的保护和实现畜牧业的可持续发展，1989 年，在牧区开始推行，1998 年进行了验收。内蒙古自治区农区拥有草原 2 亿到 3 亿亩，一部分农区、半农半牧业旗县完成了草原承包到户工作。由于农区草原面积小，承包到户难度大，“双权一制”工作未能全面落实，致使草牧场大面积遭受破坏。为了保护农区这部分草原，2002 年 9 月 10 日，内蒙古自治区人民政府发出了《关于全面落实农区草牧场“双权一制”工作的通知》，要求内蒙古自治区境内的农区、城镇郊区、半农半牧区、牧区的农业苏木乡镇，全部按照《内蒙古

① 谭玉兰：《自治区党委、政府召开全区畜牧业工作会议强调转变生产经营方式开创生态畜牧业新局面》，《内蒙古日报》2001 年 8 月 31 日，第 1 版。

②《自治区党委、政府关于听取锡盟实施围封转移战略工作汇报会议纪要》，傅守正主编：《构筑北疆绿色屏障》，第 239 页。

③《内蒙古党委、政府关于转变生产经营方式发展生态畜牧业的意见》，傅守正主编：《构筑北疆绿色屏障》，第 257—262 页。

自治区草原管理条例》、《内蒙古自治区农牧业承包合同条例》和《内蒙古自治区进一步落实完善草原“双权一制”的规定》，认真开展农区草原承包到户的工作。为了保护草原，规定：“农区草原承包到户后，只准建设人工草地和围栏划区轮牧，不准自然放牧”，“严禁把草牧场当成‘四荒’处理。凡把草牧场误定为‘四荒’承包、出租、拍卖的，必须采取适当方式予以纠正，重新按草原进行承包”。还规定了该项工作的截止时间，2004 年 6 月底前全部完成。①

由于农区草场面积小，划分难度大，集体组织留有机动草牧场等问题，内蒙古自治区为了推动农区草牧场的承包，圆满完成“双权一制”工作，2004 年 10 月 26 日，内蒙古自治区人民政府又发出《关于落实农区草牧场“双权一制”工作的补充通知》，要求“农区草牧场应全部划分承包到户，不留机动草场”；“要明确管护责任，防止过度利用和乱采乱垦”；“承包到户的草牧场，除按照国家或自治区依法批准的整体规划种树种草、开采矿业外，任何人不得改变草地原貌、破坏草地生态植被、建造永久性建筑”。考虑到农区草牧场承包到户的难度，内蒙古自治区人民政府修改了 2002 年规定的完成时间，延长到 2004 年底完成，2005 年自治区组织验收。②

2010 年 10 月 12 日，国务院常务会议决定从 2011 年起在全国 8 个主要草原牧区建立草原生态保护补助奖励机制，中央财政每年投入 134 亿元，主要用于草原禁牧补助、草畜平衡奖励、牧草良种补助、牧民的生产性补贴。贯彻实施草原生态保护补助奖励机制，基本前提就是要全面落实草原“双权一制”，草牧场全部承包到户。但是，一些地区落实草原“双权一制”不彻底，存在着机动草原预留过多、权属不清、非牧人员占用草原以及草原流转不规范等问题，严重地影响着草原生态保护补助奖励机制的实施。为此，2010 年 11 月 16 日，内蒙古自治区人民政府发出了《关于进一步落实完善草原“双权一制”有关事宜的通知》，要求抓紧开展落实和完善草原“双权一制”工作，严格对机动草原的管理，进一步规范草原的流转，继续清理非农非牧人员占用的农牧民草场，加强对落实和完善草原

① 《内蒙古自治区人民政府关于全面落实农区草牧场“双权一制”工作的通知》，《内蒙古政报》2002 年第 10 期，第 29—30 页。

② 《内蒙古自治区人民政府关于落实农区草牧场“双权一制”工作的补充通知》《内蒙古政报》2004 年第 12 期，第 28—29 页。

“双权一制”工作的领导，务必于2011年2月底前全部完成。[①]

3. 退牧还草

按照中共中央、国务院的部署，从2000年开始，长江上游、黄河上中游各有关地区开展退耕还林还草的试点工作。针对试点工作中出现的一些新情况、新问题，2000年9月10日，国务院下发《关于进一步做好退耕还林还草试点工作的若干意见》。[②]根据这个文件精神，2001年7月13日，内蒙古自治区人民政府印发了由内蒙古林业厅负责制定的《内蒙古自治区退耕还林（草）工程管理办法（试行）》。[③]2002年3月22日，内蒙古自治区人民政府办公厅印发了经过内蒙古自治区生态建设领导小组会议讨论通过的《内蒙古自治区退耕还林（草）工程管理办法（试行）》和《内蒙古自治区退耕还林（草）工程财政专项资金管理暂行办法》。[④]2002年11月22日，内蒙古自治区人民政府办公厅又印发了关于《内蒙古自治区退牧还草试点工程管理办法（试行）》的通知，对退牧还草工程的指导思想、应该遵循的原则、政策措施、职责分工、组织实施等问题，做了严格的规定，宣布自2003年1月1日起实施。[⑤]2002年12月16日国务院正式批准在西部11个省区实施退牧还草工程。2003年3月14日，内蒙古自治区人民政府召开了全区退牧还草工程启动会议，全面部署了退牧还草工作。工程区包括内蒙古自治区的9个盟市及所辖范围内的54个旗县，其中纯牧业区33个旗，半农半牧区21个旗县，草原面积6874万公顷，草原退化沙化面积3929万公顷。退牧还草工程期限为2002～2015年，分两期实施，第一期2002～2010年，第二期2011～2015年。[⑥]

---

① 《内蒙古自治区人民政府关于进一步落实完善草原“双权一制”有关事宜的通知》，《内蒙古政报》2010年第12期，第31—32页。

② 《国务院关于进一步做好退耕还林还草试点工作的若干意见》，《内蒙古政报》2000年第10期，第11页。

③ 《内蒙古自治区退耕还林（草）工程管理办法（试行）》，《内蒙古政报》2001年第9期，第35—37页。

④ 《内蒙古自治区人民政府办公厅关于印发〈内蒙古自治区退耕还林（草）工程管理办法（试行）〉和〈内蒙古自治区退耕还林（草）工程财政专项资金管理暂行办法〉》，《内蒙古政报》2002年第5期，第35—38页。

⑤ 《内蒙古自治区人民政府办公厅关于印发退牧还草试点工程管理办法的通知》，《内蒙古政报》2003年第2期，第35—38页。

⑥ 刘红葵：《内蒙古退牧还草工程已经启动》，《内蒙古畜牧科学》（呼和浩特）2003年第2期，第45页。

4. 生态移民

生态移民政策是指对生态环境脆弱，已经无法适合人类生存的地区的人口进行移民安置。

内蒙古自治区先于国家实施了生态移民政策。内蒙古自治区首批移民试点开发扶贫工程于 1998 年 9 月 21 日正式启动。这次移民主要是为减轻阴山北麓生态脆弱区人口对生态环境的压力，计划三年内完成 1.5 万人的生态移民。[①]

1999 年 9 月 13 日～14 日，内蒙古自治区在巴彦淖尔盟的磴口县召开了生态移民扶贫开发现场会。为保证移民任务的顺利完成，会议强调移民扶贫开发必须抓好下面几项工作：首先做好移民的宣传教育和思想发动工作；其次涉及移民的各盟市旗县必须加强领导，分级负责，通力合作，把移民扶贫工作落到实处，使移民迁得出、稳得住、富得快；第三要搞好移民开发区科学规划和科技服务，在迁入区建设中要加大科技投入力度，提高移民扶贫的科技含量；第四必须管好用好移民扶贫开发基金，提高使用效益。[②]

到 2000 年底，内蒙古自治区有 80 万绝对贫困人口和 300 万未稳定脱贫人口需要继续扶持。这些人绝大多数生活于荒漠区和缺水地区。2001 年 5 月 23 日，内蒙古自治区人民政府批转内蒙古自治区发展计划委员会提出的《关于实施生态移民和异地扶贫移民试点工程的意见》，主张坚持以政策引导、群众自愿搬迁等原则，在全区范围内对草原退化和严重的生态环境脆弱地区实施生态移民。对实施生态移民和异地扶贫移民试点工程的必要性、总体思路、组织实施三方面做了规定。[③]内蒙古自治区开始了大规模的生态移民。

2013 年 4 月 8 日，内蒙古自治区人民政府下发了《内蒙古自治区生态脆弱地区移民扶贫规划》的通知，对实施移民扶贫的必要性和可行性进行了分析，提出了移民总体思路和主要目标，对迁出区、迁入区选择及安置方式、搬迁安置、主要建设任务、投资估算与筹措方案、主要政策和保障措施等都做了明确的规定。目标是从 2013～2017 年，利用 5 年的时间，对自治区农牧交错带生态脆弱区不适

---

① 初春霞、孟慧君：《内蒙古生态移民面临问题及其对策思考》，《北方经济》（呼和浩特）2005 年第 6 期，第 57页。

② 武彦敏：《自治区生态移民扶贫开发现场会的在磴口召开》，《内蒙古日报》1999 年 9 月 16 日，第 2 版。

③《内蒙古自治区人民政府批转自治区发展计划委员会关于实施生态移民和异地扶贫移民试点的工程意见》，《内蒙古政报》2001 年第 7 期，第 30—32 页。

宜人类居住地区的 11.5724 万户、36.6842 万人实施移民搬迁，涉及全区 12 个盟市、71 个旗县（市、区）、277 个苏木乡镇、1731 个嘎查（村）。[①]

5. 完善草原管理法规

1998 年 8 月 4 日，内蒙古自治区人民政府第五次常务会议通过了《内蒙古自治区草原管理实施细则》。该细则包括总则、草原的所有权和使用权、草原的保护管理建设和使用、罚则、附则等五章三十三条，对草原的保护范围、责任者、所有权、使用权，以及草原的保护、管理、建设和利用的办法、奖惩等，都做了明确的规定。[②]同年 11 月 27 日，内蒙古自治区第九届人民代表大会常务委员会第六次会议审议通过了《内蒙古自治区基本草牧场保护条例》，对为改善草原生态环境，促进畜牧业可持续发展而确定的重点保护的牧区、半农半牧区和农区草原（基本草牧场）的划定、保护、监督、处罚等问题做了具体规定[③]，为内蒙古自治区基本草牧场的保护提供了执法的依据，使自治区草牧场的保护和建设真正走上了法制化轨道。

1999 年 12 月 9 日，内蒙古自治区人民政府第十七次常务会议通过了《内蒙古自治区草原承包经营权流转办法》，该办法是为了规范草原承包经营权流转行为，进一步完善草原承包制度，加大对草原的保护力度而制定的，对草原流转的形式、程序、监督管理、法律责任等方面做了严格的规定。[④]

发菜、甘草和麻黄草对保护草原生态、防沙固沙具有重要作用。采集发菜、甘草和麻黄草是导致草原沙化的原因之一。2000 年 6 月 14 日，国务院下达了《关于禁止采集和销售发菜制止滥挖甘草和麻黄草有关问题的通知》。6 月 28 日，内蒙古自治区人民政府召开会议，要求各有关部门和盟市、旗县贯彻国务院的指示，立即采取果断措施，禁止采集发菜，取缔发菜市场，制止滥挖甘草和麻黄草。[⑤]9

① 《内蒙古自治区人民政府办公厅关于印发〈内蒙古自治区生态脆弱地区移民扶贫规划〉的通知》，《内蒙古自治区人民政府公报》2013 年第 9 期，第 23 页。

② 《内蒙古自治区草原管理实施细则》，《内蒙古政报》1999 年第 4 期，第 22—24 页。

③ 保尔：《自治区人大举行座谈会 贯彻实施〈条例〉 依法保护草原牧场》，《内蒙古日报》1999 年 1 月 14 日，第 1版。

④ 《内蒙古自治区草原承包经营权流转办法》，《内蒙古政报》2000 年第 2 期，第 24—25 页。

⑤ 高善亮：《自治区政府召开工作会议贯彻落实国务院 13 号文件精神坚决禁止采集销售发菜制止滥挖甘草和麻黄草》，《内蒙古日报》2000 年 6 月 30 日，第 1版。

月 6 日，内蒙古自治区人民政府下达了《关于严禁采集和销售发菜切实加强甘草麻黄草管理的通告》。通告指示：坚决禁止采集发菜，彻底取缔发菜及其制品的收购、加工、销售和出口，大力加强甘草和麻黄草的保护，规范采集活动的管理，严格实行甘草和麻黄草专营、许可证制度，切实加大行政执法力度。“对于违法采集、滥挖发菜、甘草和麻黄草的单位和个人，按照《内蒙古自治区草原管理实施细则》的有关规定，由产地苏木乡镇人民政府或旗县畜牧业行政主管部门责令其恢复植被、赔偿损失，并处以被破坏植被每亩 200 元至 2000 元的罚款。”[①]

为防止鼠虫等对草原的危害，2001 年 5 月 11 日，内蒙古自治区人民政府下达了《关于做好草原治虫灭鼠工作的通知》，就如何做好防虫灭鼠工作进行了部署。

2002 年 9 月 16 日，国务院出台了《关于加强草原保护与建设的若干意见》，指示要充分认识加强草原保护与建设的重要性和紧迫性，建立和完善草原保护制度，稳定和提高草原生产能力；实施已垦草原退耕还草，转变草原畜牧业经营方式，推进草原保护与建设科技进步；增加草原保护与建设投入，强化草原监督管理和监测预警工作，加强对草原保护与建设工作的领导。[②]12 月 28 日，全国九届人大常委会第三十一次会议通过了新修订的《中华人民共和国草原法》，规定于 2003 年 3 月 1 日起实施。原草原法自 1985 年实施以来，对加强草原的保护、建设和合理利用、保护和改善生态环境，发挥了积极的作用。随着社会形势的变化，草原的保护管理出现了很多新问题，需要对这些新问题给出解决依据。全国人大根据变化了的草原保护管理形势，对 1985 年版草原法做出了修改、补充和完善。新版草原法规定：国家对草原实行科学规划、全面保护、重点建设、合理利用的方针，促进草原的可持续利用和生态、经济、社会的协调发展；各级政府应当加强对草原保护、建设和利用的管理，将草原的保护、建设和利用纳入国民经济和社会发展计划；任何单位和个人都有遵守草原法律法规、保护草原的义务，同时享有对违反草原法律法规、破坏草原的行为进行监督、检举和控告的权利。[③]

---

① 《内蒙古自治区人民政府关于严禁采集和销售发菜切实加强甘草麻黄草管理的通告》，《内蒙古政报》2000 年第 10 期，第 33—34 页。

② 《国务院关于加强草原保护与建设的若干意见》，《内蒙古政报》2002 年第 11 期，第 12—14 页。

③ 《中华人民共和国草原法》，《内蒙古政报》2003 年第 2 期，第 4 页。

顺应草原管理与保护形势的变化，2004 年 11 月 26 日，内蒙古自治区第十届人民代表大会常务委员会第十二次会议修订通过了《内蒙古自治区草原管理条例》，规定 2015 年 1 月 1 日起实施。这是继 1965 年制定的《内蒙古自治区草原管理暂行条例》以来，第 4 次修订。本次修订的《内蒙古自治区草原管理条例》共九章五十二条，对草原的权属、规划、建设、利用、保护、监督管理、法律责任等进行了规定。该条例与修订前的 1991 年条例比较，增加了诸如“自治区依法实行退耕、退牧还草和禁牧、休牧制度”等新的内容，特点是强化了对草原生态环境保护的内容。1991 年关于在草原采集野生植物只要征得使用单位和主管机关同意即可，本次修订则规定“禁止采集、加工、收购和销售发菜”，“禁止采集和收购带根野生麻黄草”，政策明显收紧。此外对于超载放牧，在禁牧、休牧的草原上放牧，以及其他违反条例的现象，都规定了具体的处罚金额。①

2007 年 11 月 28 日，内蒙古自治区人民政府下发了《关于进一步加强草原监督管理工作的通知》，通知要求：第一，强化对草原监理工作的组织领导；第二，依法加强征占用草原的管理；第三，保障草原承包者的合法权益；第四，大力开展基本草原划定工作；第五，依法规范草原承包和流转工作；第六，坚决制止乱开滥垦和乱采滥挖行为；第七，积极稳妥地推进禁牧休牧与草畜平衡工作；第八，加强草原监督管理队伍建设。②

2011 年 9 月 28 日，内蒙古自治区第十一届人民代表大会常务委员会第二十四次会议通过了《内蒙古自治区基本草原保护条例》，该条例由总则、规划与划定、保护与利用、监督管理、法律责任、附则等六章组成。其中第十五条明确地规定了各种禁止行为，包括开垦草原、擅自改变草原用途、毁坏草原设施、在草原擅自钻井、破坏草原植被、在草原建造坟墓、向草原排放污染物等等。规定该条例 12 月 1 日起施行，同时废止 1998 年制定并施行的《内蒙古自治区基本草原牧场保护条例》。③

---

① 《内蒙古自治区草原管理条例》，《内蒙古政报》2005 年第 1 期，第 14—18 页。

② 《内蒙古自治区人民政府关于进一步加强草原监督管理工作的通知》，《内蒙古政报》2008 年第 1 期，第 23—24 页。

③ 《内蒙古自治区基本草原保护条例》，《内蒙古自治区人民政府公报》2011 年第 24 期，第 4—7 页。

根据财政部和国家发展改革委员会下达的《关于同意收取草原植被恢复费有关问题的通知》和《关于草原植被恢复费收费标准及有关问题的通知》，中共内蒙古自治区委员会、内蒙古自治区人民政府结合内蒙古的实际，于 2012 年 1 月 20 日，制定并印发了《内蒙古自治区草原植被恢复费征收使用管理办法》，对草原植被恢复费的征收、使用等方面进行了严格规定，宣布自即日起施行，同时废止 1999 年制定的《内蒙古自治区草原养护费征收管理办法》。①

6. 实施草原保护奖补政策

2010 年 10 月，国务院做出对草原牧区实施“草原生态保护补助奖励机制”的决定。

2011 年 5 月 23 日，内蒙古自治区人民政府办公厅下发了《关于印发草原生态保护补助奖励机制实施方案》，涉及内蒙古草原基本状况、总体思路及原则、分区与布局、奖补方案、保障措施等四个方面。②6 月 16 日，在锡林郭勒盟正式启动了“全区草原生态保护补助奖励机制”。全区实施草原生态保护补助奖励机制的总面积为 10.2 亿亩；其中，阶段性禁牧 4.04 亿亩，草畜平衡 6.16 亿亩，涵盖了内蒙古所有牧区和半农半牧区。从 2011 年起，国家每年投资 40.4 亿元用于我区草原生态保护补助奖励。其中，阶段性禁牧 24.24 亿元，草畜平衡 9.24 亿元，牧草良种补贴 4.52 亿元，牧民综合生产资料补贴 2.4 亿元。自治区财政每年支出 9 亿元，各盟市旗县每年投入 6 亿元左右。③“草原生态保护补助奖励机制”是草原生态环境保护的一个重要的具有实质性的激励措施，解决了多年来草原保护与建设投入不足的关键问题，中央财政与地方财政每年投入的经费达到 54.4 亿元，平均每亩草原投入保护补助奖励 5.33 元，与 2001 年全国人大常委会布赫副委员长所掌握的草原建设投资每亩只有 0.06 元相比，提高了 87.8 倍。

---

① 《内蒙古自治区人民政府关于印发自治区草原植被恢复费征收使用管理办法的通知》，《内蒙古自治区人民政府公报》2012 年第 4 期，第 4—5 页。

② 《内蒙古自治区人民政府办公厅关于印发草原生态保护补助奖励机制实施方案》，《内蒙古自治区人民政府公报》2011 年第 13 期，第 13 —19页。

③ 王国英：《我区对 10.2 亿亩草原实施生态补奖政策》，《内蒙古日报》2011 年 6 月 16 日，第 1 版。

四、水土保持

内蒙古自治区是全国水土流失严重的省区之一。中共内蒙古自治区委员会、内蒙古自治区人民政府充分抓住西部大开发的有利时机，不断加大对水土流失的治理力度。

1998年2月25日，内蒙古自治区人民政府批转了《内蒙古自治区水政监察实施细则（试行）》。该实施细则所称水政监察是指“对水资源管理、水土保持、水域及水工程管理、河道堤防管理、水文和防汛设施保护方面的有关行政执法活动”①。

1999年5月20日，内蒙古自治区人民政府发出《关于划分水土流失重点防治区的通告》，决定将水土流失重点防治区划分为三类，即重点预防保护区、重点治理区及重点监督区。通告要求：各有关单位和个人要“严格按照有关水土保持的法律、法规的规定，办理相关手续，严禁发生任何新的造成水土流失的活动，一旦发现存在违法违纪行为的单位和个人，有关部门要依照有关法律、法规严肃处理，直至追究刑事责任。”②该“通知”是内蒙古自治区全面贯彻《中华人民共和国水土保持法》《中华人民共和国水土保持实施条例》，以及落实《内蒙古自治区实施〈中华人民共和国水土保持法〉办法》的一个具体措施。

治理开发农村集体所有的荒山、荒沟、荒丘、荒滩，有利于防治水土流失。1999年国务院下达了《关于进一步做好治理开发农村“四荒”资源工作的通知》。2000年9月15日内蒙古自治区人民政府转发了《国务院办公厅关于进一步做好治理开发农村“四荒”资源工作的通知》，要求各有关部门严格按照国务院1999年102号文件界定“四荒”资源，把“四荒”资源的治理开发纳入生态环境保护与建设的总体规划，严格按照国务院1999年102号文件规定的程序开展承包、租赁、拍卖或划拨“四荒”资源，加强对“四荒”使用权承包、租赁、股份合作或拍卖资金的管理，加强综合协调和管理工作。③

2001年内蒙古自治区制定了《内蒙古自治区水土保持生态建设项目管理办法

---

① 《内蒙古自治区水政监察实施细则（试行）》，《内蒙古政报》1998年第5期，第14—15页。

② 《内蒙古自治区人民政府关于划分水土流失重点防治区的通告》，《内蒙古政报》1999年第7期，第29页。

③ 《内蒙古自治区人民政府转发国务院办公厅关于进一步做好治理开发农村“四荒”资源工作的通知》，《内蒙古政报》2000年第11期，第25—26页。

（试行）》。9月26日，内蒙古自治区人民代表大会常务委员会、内蒙古自治区人民政府联合召开了纪念《中华人民共和国水土保持法》实施10周年座谈会，会议认为自治区水土流失治理工作比较缓慢，任务十分艰巨，要求各级政府及有关部门进一步加大对《中华人民共和国水土保持法》的执行力度，加快治理步伐，使内蒙古自治区水土保持工作步入规范化、法制化的轨道。[①]

2004年11月5日，内蒙古自治区人民政府下发《关于加强生态自我修复促进环境保护和建设的意见》，指示各地要坚持从实现可持续防治战略的高度出发，充分认识生态修复在水土保持治理中的重要作用；坚持以“预防为主、保护优先、防治结合”为基本原则，完善水土保持治理思路；“要把充分依靠大自然修复和小流域综合治理放在同等重要的位置，要把小流域治理、淤地坝、坡面水系整治等措施同生态自我修复有机结合，共为主动力，实现小开发大保护，小治理大封禁，为大面积生态恢复提供必要的基础条件”。[②]

从2007年开始，内蒙古自治区水利厅按照国家水利部的部署，在全区范围内组织开展了开发建设项目水土保持监督执法专项行动，历时近3年。专项行动期间，全区共组织开展了5次规模比较大的执法检查，共检查各类生产建设项目8979个，查处违法违规项目1878个。[③]

2010年12月17日内蒙古自治区人民政府办公厅下发《关于切实做好今冬明春农田草牧场水利基本建设和水利普查工作的通知》，其中关于水土流失治理工作，明确规定：“要坚持预防为主、保护优先的方针，强化水土流失预防监督措施，推进重点流域和区域水土流失综合防治，加强荒漠化治理。搞好京津风沙源治理项目水土保持工程、黄河流域淤地坝工程、东北黑土区水土流失治理工程、水土保持生态修复工程建设。”[④]内蒙古自治区人民政府办公厅2011年下发的《关于加

---

① 石卫锋、涛娅：《自治区纪念〈水土保持法〉颁布座谈会要求依法加速治理开创生态新局》，《内蒙古日报》2001年9月27日，第2版。

②《内蒙古自治区人民政府关于加强生态自我修复促进环境保护和建设的意见》，《内蒙古政报》2004年第12期，第32页。

③ 自治区水利厅水土保护处：《水土保持功在当代利在千秋——全区“十一五”水土保持生态建设综述》，《内蒙古日报》2011年3月21日，第3版。

④《内蒙古自治区人民政府办公厅关于切实做好今冬明春农田草牧场水利基本建设和水利普查工作的通知》，《内蒙古自治区人民政府公报》2011年第2期，第24页。

强今冬明春农田草牧场水利基本建设的通知》和2012年下发的《关于加强今冬明春农田草牧场水利基本建设的通知》，都强调各地要把水土流失综合治理作为冬春农田草牧场水利基本建设的重点工作之一。

根据水土保持工作的进展情况和生态环境建设的新要求，2012年3月31日，内蒙古自治区第十一届人民代表大会常务委员会第二十八次会议审议修订了《内蒙古自治区实施〈中华人民共和国水土保持法〉办法》，对预防与保护、治理与开发、管理与监督、法律责任等方面进行了明确的规定。[①]该办法于1993年通过，此次系第三次修正。

第四节　西部大开发战略实施以来内蒙古防治荒漠化的效果

借着国家实施西部大开发战略的东风，内蒙古自治区在荒漠化防治工作上取得了显著的成绩，全区荒漠化环境呈现“整体遏制，局部改善”的良好态势。

一、荒漠化土地面积持续减少

根据内蒙古自治区第四次荒漠化和沙化调查结果显示：截至2009年底，全区荒漠化土地为61.77万平方公里，占自治区总土地面积的52.2%，与2004相比荒漠化土地总面积减少了4671平方公里，降低了0.75%。[②]

从荒漠化程度来看，2009年内蒙古自治区轻度荒漠化土地面积为24.26万平方公里，与2004年相比增加了1.2754万平方公里；中度荒漠化土地面积为20.28万平方公里，与2004年相比减少了1.1078万平方公里；重度荒漠化土地面积为7.91万平方公里，与2004年相比减少了0.5097万平方公里；极重度荒漠化土地面积为9.12万平方公里，与2004年相比减少了0.1251万平方公里。轻度荒漠化面

① 《内蒙古自治区实施〈中华人民共和国水土保持法〉办法》，《内蒙古自治区人民政府公报》2012年第22期，第6—9页。

② 方弘：《我区荒漠化沙化面积持续双减》，《内蒙古日报》2011年3月26日，第1版。

积增加的原因是极重度荒漠化、重度荒漠化和中度荒漠化的土地得到有效治理后发生逆转的结果。[①]

从荒漠化类型来看，2009 年风蚀荒漠化是内蒙古荒漠化类型中数量最大的一类，面积为 56.08 万平方公里，与 2004 年相比减少了 0.2816 万平方公里；水蚀荒漠化面积为 2.69 万平方公里，盐碱荒漠化面积为 3 万平方公里，与 2004 年相比分别减少了 0.056 万平方公里、0.1295 万平方公里。[②]

据内蒙古第四次荒漠化及沙化监测结果显示，截至 2009 年底，沙化土地总面积 41.47 万平方公里，占自治区总土地面积的 35.05%，与 2004 年相比减少了 0.1253 万平方公里。[③]

首先，从沙化程度上看，与 2004 年相比，轻度沙化土地面积增加 8460 平方公里，中度沙化土地面积减少 3304 平方公里，重度沙化土地面积减少 2701 平方公里，极重度沙化土地面积减少 3708 平方公里。其次，从沙化土地类型上看，2009 年全区流动沙地（丘）面积为 8.48 万平方公里，占全区沙化土地总面积的 20.45%，与 2004 年相比减少了 2687 平方公里；半固定沙地（丘）面积为 5.85 万平方公里，占全区沙化土地总面积的 14.11%，与 2004 年相比减少了 158 平方公里；固定沙地面积为 12.24 万平方公里，占全区沙地总面积的 29.52%，与 2004 年相比增加了 387 万平方公里。[④]

20 世纪 90 年代末至今，全区的荒漠化及沙化土地出现较大逆转，从分布上看赤峰、锡林郭勒、呼伦贝尔、通辽、鄂尔多斯等盟市逆转的幅度较为明显。

根据内蒙古自治区林业厅的遥感监测数据统计分析，在赤峰市的巴林右旗、阿鲁科尔沁旗和翁牛特旗三旗交界地带的 13.81 万公顷范围内，2004 年与 2001 年相比，流动沙地、半固定沙地分别减少了 5900 公顷和 7000 公顷，固定沙地增加了 1.43 万公顷。由于沙地减少，该地区内的草原植被也得到较大恢复。[⑤]

锡林郭勒盟是浑善达克沙地的分布主体。遥感数据显示，2004 年锡林郭勒盟

---

① 《内蒙古荒漠化和沙化土地面积持续“双减少”》，《内蒙古林业》2011 年第 5 期，第 4—5 页。

② 庞俊锋：《我区加快构筑祖国北疆生态安全屏障》，《内蒙古日报》2011 年 6 月 15 日，第 1 版。

③ 方弘：《我区荒漠化沙化面积持续双减》，《内蒙古日报》2011 年 3 月 26 日，第 1 版。

④ 《内蒙古荒漠化和沙化土地面积持续“双减少”》，《内蒙古林业》2011 年第 5 期，第 4—5 页。

⑤ 王君厚：《近 50 年来我国沙化土地动态变化分析》，《林业资源管理》2008 年第 2 期，第 25 页。

共有沙化土地面积为 594.28 万公顷，与 1999 年相比减少了 4.95 万公顷，平均每年减少 0.99 万公顷。[①]据 2000 年和 2009 年遥感数据对比，该时间内未变化植被覆盖类型是该区植被盖度动态变化类型中数量最大的一类，总面积为 5489.5 平方公里，占全区总面积的 54.8%左右，而植被退化面积和植被恢复的面积基本相当，面积大约为 2200 平方公里，占全区总面积的 22%左右。[②]植被退化面积和植被恢复面积基本持平的态势，表明本地区生态环境持续恶化的趋势得到遏制。

据 2000 年和 2006 年遥感调查数据显示，2000～2006 年，呼伦贝尔市的草原沙化土地也出现了较快的逆转，沙化土地总面积由 2000 年的 4053.9 平方公里降到 2006 年的 3859.7 平方公里，年均减少了 32.4 平方公里。其中轻度沙漠化由 2000 年的 1244.3 平方公里减少到 2006 年的 994.8 平方公里，年均减少 41.58 平方公里；中度沙化土地和重度沙化土地，与 2000 年相比分别减少了 110.6 平方公里和 128.3 平方公里。需要指出的是该盟严重沙化土地仍以每年 49.03 平方公里的速度扩展，但从总体上看，这 6 年期间呼伦贝尔的沙化土地得到较大恢复。[③]

通辽市地处科尔沁沙地腹地，全市沙化土地分布较为广泛。根据第四次荒漠化及沙化监测结果分析，全市荒漠化及沙化得到有效遏制。数据显示，2009 年全市沙化土地总面积为 194.0726 万公顷，与 2004 年相比沙化土地面积减少了 1.3505 万公顷，平均每年减少 2701.16 公顷，逆转速率为 0.14%。其中固定沙地逆转的幅度最大，由 2004 年的 156.486 万公顷，增加到 2009 年的 165.8058 万公顷，平均以每年 1.7814 万公顷的速度增加，增长速率为 0.92%。与 2004 年相比，流动沙地、半流动沙地年均分别减少了 6892.74 公顷和 9791.29 公顷，其减少速率分别为 0.35% 和 0.5%。[④]

据全国第四次荒漠化和沙化土地监测结果显示，鄂尔多斯市 2009 年荒漠化土地面积较 2004 年减少了 262 万亩，年均减少 52.4 万亩。沙化土地面积减少 16.92

① 王君厚：《近 50 年来我国沙化土地动态变化分析》，《林业资源管理》（北京）2008 年第 2 期，第 27 页。

② 马娜、胡云峰、庄大方，等：《基于遥感和像元二分模型的内蒙古正蓝旗植被覆盖度格局和动态变化》，《地理科学》2012 年第 2 期，第 254 页。

③ 郭坚、薛娴、王涛，等：《呼伦贝尔草原沙漠化土地动态变化过程研究》，《中国沙漠》2009 年第 3 期，第 399 页。

④ 邹继峰、刘伟杰、郭卫东，等：《浅谈通辽市沙化土地现状及防治对策》，《内蒙古林业调查设计》（呼和浩特）2012 年第 2 期，第 46 页。

万亩，年均减少 3.38 万亩。具有明显沙化趋势的土地面积减少 36.37 万亩，年均减少 7.27 万亩。流沙面积由 2004 年的 1715.96 万亩减少到 2009 年的 1581.75 万亩，年均减少 26.8 万亩。[①]

二、各沙地生态状况有所好转

（一）科尔沁沙地

科尔沁沙地是我国四大沙地中恢复程度较好的沙地之一，进入 21 世纪逆转幅度再次增大，绿化速度超过了沙化速度，在全区四大沙地中率先实现了沙化总体逆转，实现了荒漠化及沙化土地“双减少”。

1999 年，科尔沁沙地已缩减至 4.23 万平方公里（6345 万亩）；2004 年，沙化面积进一步减少到 3.77 万平方公里（5655 万亩）。[②]到 2005 年，科尔沁沙地及其周边地区的沙化土地治理的成效更加明显，沙化土地面积为 2.422 万平方公里，与 2000 年相比较，轻度沙化土地增加了 653.8 平方公里，中度沙化土地减少了 195 平方公里，重度沙化土地减少了 313.8 平方公里，严重沙化土地减少了 145.6 平方公里[③]。从沙化土地类型上看，科尔沁沙地流动沙地、半固定沙地明显减少，固定沙地大面积增加，未利用土地面积减少。

科尔沁沙地的荒漠化土地总体上呈现减少趋势，2000～2007 年荒漠化土地共减少了 4.24%。其中，轻度荒漠化土地略有增加，七年增加了 1.56%，但中度荒漠化、重度荒漠化、严重荒漠化土地，七年分别减少了 2.8%、2.53%、0.47%。[④]

（二）毛乌素沙地

毛乌素沙地是内蒙古自治区典型的逆转型沙地。进入 21 世纪，毛乌素沙地好转的趋势逐步加大，已经实现了整体逆转。

---

① 王国英、方弘、李禹墨：《绿染北疆——我区生态建设综述》，《内蒙古日报》2013 年 8 月 2 日，第 3 版。

② 陈永平：《三大沙地现绿颜》，《内蒙古日报》2006 年 6 月 19 日，第 6—7 版。

③ 李爱敏、韩致文、黄翠华，等：《21 世纪初科尔沁沙地沙漠化程度变化动态监测》，《中国沙漠》2007 年第 4 期，第 548 页。

④ 杜子涛、占玉林、王长耀，等：《基于 MODIS NDVI 的科尔沁沙地荒漠化动态监测》，《国土资源遥感》（北京）2009 年第 2 期，第 16 页。

从沙化土地面积看，2004 年毛乌素沙地面积为 3.95 万平方公里（5925 万亩），与 1999 年的 4.06 万平方公里（6090 万亩）相比减少了 1100 平方公里（165 万亩），5 年间沙化土地面积平均每年减少 220 平方公里（33 万亩）。[①]毛乌素沙地的治理成效比较显著，到 2009 年毛乌素沙地的治理率已达 70%。[②]地处毛乌素沙地腹地的乌审旗，从 1999 年到 2004 年 5 年间流动沙地占沙化土地的比例由 23.1%降到 19.6%，降低了 3.5 个百分点；半固定沙地占沙化土地的比例由 25.3%降低到 18.8%，降低 6.5 个百分点；固定沙地占沙化土地的比例由 51.6%升高到 61.6%，升高 10 个百分点，表明沙化扩展的趋势得到遏制。[③]

从植被覆盖率的角度看，2007 年毛乌素沙地低覆盖度植被面积为 3.0672 万平方公里，与 1990 年相比低植被覆盖度减少了 2505.09 平方公里。2007 年中、高植被覆盖度面积分别是 3342.34 平方公里和 476.26 平方公里，比 1990 年分别增加了 2223.38 平方公里和 281.71 平方公里。1990～2007 年这 17 年的时间里，毛乌素沙地中、高植被的年变化率明显快于低植被覆盖率，表明毛乌素沙地植被盖度整体上呈良性循环态势。[④]

（三）浑善达克沙地

在 20 世纪后半叶，浑善达克沙地一直处在发展与逆转交替发生之中。20 世纪末，沙地扩展占主导，其表现是固定沙地、沙丘活化，草原大面积沙化。20 世纪初实施的京津风沙源治理、退牧还草等重点生态工程，使浑善达克沙地的生态得到较大恢复，呈逆转趋势。

2000 年和 2007 年浑善达克沙地遥感统计数据显示，2000 年浑善达克沙地的荒漠化土地面积为 368.1242 万公顷，到 2007 年荒漠化面积减少到 3582.2 万公顷。其中，未荒漠化和极重度荒漠化土地面积变化较为明显，动态度分别是年 4.36%和-2.72%；未荒漠化土地以年均 1.5716 万公顷的速度增加，极重度荒漠化以年均

---

① 陈永平：《三大沙地现绿颜》，《内蒙古日报》2006 年 6 月 19 日，第 6—7 版。

② 方弘：《毛乌素沙地治理率达 70%》，《内蒙古日报》2009 年 2 月 11 日，第 2 版。

③ 陈永平：《三大沙地现绿颜》，《内蒙古日报》2006 年 6 月 19 日，第 6—7 版。

④ 刘静、银山、张国盛，等：《毛乌素沙地 17 年间植被覆盖度变化的遥感监测》，《干旱区资源与环境》（呼和浩特）2009 年第 7 期，第 165 页。

1.1443万公顷的速度递减。中度和重度荒漠化土地也不同程度的在减少。[①]一半以上的流动沙地转变成了固定、半固定沙地，1999至2004年间，流动沙地平均每年减少8200公顷。[②]2000～2009年草地覆盖改善区面积超过草地盖度下降区面积，浑善达克沙地南缘植被恢复状况总体较好。[③]“十一五”期间，浑善达克沙地生态状况已呈现了整体逆转态势，其南缘长400公里、宽2～10公里林灌草结合的边防护林体系和阴山北麓长300公里、宽50公里的绿色生态屏障基本形成。[④]

（四）呼伦贝尔沙地

呼伦贝尔沙地是内蒙古自治区四大沙地中生态恢复最慢的沙地。从20世纪50年代至21世纪初，呼伦贝尔沙地及呼伦贝尔草原生态环境一直呈恶化的态势，沙漠化土地面积持续增长。到2009年，呼伦贝尔沙地沙化土地面积才有所缩减，是有监测史以来呼伦贝尔沙地出现的首次逆转。[⑤]

国家林业局第三次荒漠化和沙化监测数据显示，截至2004年底，呼伦贝尔沙化土地总面积为130.52万公顷，其中流动和半流动沙地面积超过11.92万公顷。[⑥]2002年呼伦贝尔市启动了“樟子松”行动，使该地的生态环境出现了好转。据全国第四次荒漠化及沙化监测结果显示，2009年呼伦贝尔沙地沙化土地总面积为128.08万公顷，与2004年相比，5年间沙化土地减少了2.436万公顷，年均减少0.487万公顷。其中，流动沙地面积比2004年缩减了1.914万公顷。[⑦]

---

① 银山：《内蒙古浑善达克沙地沙漠化动态研究》，内蒙古农业大学博士学位论文，2010年，第64页。

② 王君厚：《近50年来我国沙化土地动态变化分析》，《林业资源管理》（北京）2008年第2期，第27页。

③ 马娜、刘越、胡云峰，等：《内蒙古浑善达克沙地南部草地盖度探测及其变化分析》，《遥感技术与应用》（兰州）2012年第1期，第128页。

④ 阚丽梅、阎静：《内蒙古给力生态建设构建祖国北疆生态安全屏障》，《中国林业》（北京）2011年第4期，第11页。

⑤ 方弘：《呼伦贝尔沙化土地面积首次出现缩减》，《内蒙古日报》2011年4月19日，第2版。

⑥ 万勤琴：《呼伦贝尔沙地沙漠化成因及植被演替规律的研究》，北京林业大学硕士学位论文，2008年，第1页。

⑦ 邹继峰、徐永民、刘伟杰，等：《呼伦贝尔沙地现状及变化分析》，《内蒙古林业调查设计》（呼和浩特）2011年第6期，第38页。

三、草原生态环境明显改善

经过西部大开发近10年的草原生态建设，草原生态得到明显改善。截至2010年，全区草原植被盖度平均为38%左右，与21世纪初相比提高了近8个百分点。据监测，2008～2010三年草原植被指数平均数与21世纪初期三年平均数相比，整体上变好的占33.18%，持平的占52.06%，变差的占14.76%。禁牧、休牧实施力度较大的中西部地区草原生态趋于好转，东部的草甸草原和典型草原退化依然严重。全区草原生态处于退化趋缓、局部好转的恢复起步阶段。[①]

据统计，截至2013年7月，高产优质苜蓿示范建设任务基本完成，以赤峰市阿鲁科尔沁旗、巴彦淖尔市、鄂尔多斯市、呼和浩特市、包头市等为代表的黄河流域、敕勒川平原、西辽河与嫩江流域等苜蓿主产区，已完成人工种草15.27万亩。[②]

截至2006年，锡林郭勒草原植被已经得到一定程度的恢复。锡林郭勒盟休牧区与非休牧区相比，草群高度增加6.5厘米至20厘米，盖度提高8.2至50个百分点，亩产鲜草增加12.8公斤至114.5公斤。[③]与四年前的平均值相比，该盟草原植被的平均盖度、平均高度、平均产草量，分别由23.1%、22.2厘米、318.6公斤/公顷（干重），增加到51%、34.5厘米、660公斤/公顷（干重）。[④]

自2006年以来，呼伦贝尔市每年完成季节休牧4000万亩，退牧还草2040万亩，牧区牲畜由600万头（只）减少到400万头（只），农区牲畜由400万头（只）增加到1000万头（只）。在天然草原“退牧还草”项目区内，植被高度平均提高10至15厘米，产草量每亩平均提高20至90公斤，草群中优良牧草的比例也明显增加。[⑤]

2006年与2000年相比，鄂尔多斯市草原的平均产草量也提高了35%，部分地

---

① 《内蒙古自治区人民政府办公厅关于印发草原生态保护补助奖励机制实施方案的通知》，《内蒙古自治区人民政府公报》2011年第13期，第13页。

② 王国英，方弘，李禹墨：《绿染北疆——我区生态建设综述》，《内蒙古日报》2013年8月2日，第3版。

③ 王关区、文明：《内蒙古生态建设的现状、经验及其对策》，《理论研究》（呼和浩特）2009年第4期，第15页。

④ 李晓兰：《内蒙古京津风沙源治理工程建设成效评价》，《内蒙古林业调查设计》（呼和浩特）2011年第6期，第57页。

⑤ 刘宇：《内蒙古地区退牧还草工程的效益评价及问题探析》，《内蒙古农业科技》（呼和浩特）2009年第5期，第6页。

区多年生的牧草达到了 50 厘米以上。[①]其植被覆盖率也由过去的不到 20%提高到现在的 70%。[②]

全区草场面积有了显著增加。据内蒙古统计年鉴显示，截至 2010 年，内蒙古草场总面积达 8800 万公顷，与 1999 年（8666.7 万公顷）相比，增加了 133.3 万公顷。其中，2010 年的草库伦面积（围栏草场面积）为 2826.37 万公顷，与 1999 年（649.76 万公顷）相比提高了 2176.61 万公顷，年均增长 181.38 万公顷；人工种草保有面积与 1999 年（160.06 万公顷）相比提高了 278.35 万公顷。[③]

四、森林生态建设成效显著

西部大开发战略实施以来，随着森林资源保护与建设的力度的加大，全区森林面积和蓄积量实现持续“双增长”。[④]根据 2008 年森林资源清查结果显示，2008 年森林面积为 2366 多万公顷，与 1998 年（1740 多万公顷）相比增长了 626 万多公顷；林木蓄积从 1998 年的 116859 多万立方米增加到 2008 年的 135776 多万立方米，10 年净增 18917 多万立方米；森林覆盖率也从 14.82%提高到 20%，提高了 5.18 个百分点。森林面积、蓄积和覆盖率分别是 1980—1998 年年均增速的 6.36 倍、1.53 倍和 5.82 倍。[⑤]到 2013 年全区累计完成林业生态建设面积 1.18 亿亩，森林覆盖率已超过 20%。[⑥]

鄂尔多斯市是西部大开发战略实施以来森林生态建设效果突出的典型地区之一。鄂尔多斯市第二次森林资源二类调查显示，2000 年全市森林面积为 1588 万亩，森林覆盖率仅为 12.16%。鄂尔多斯市以西部大开发战略的实施为契机，截至 2012 年底，鄂尔多斯市森林资源面积达到 3266 万亩，森林覆盖率达到 25.06%。[⑦]

---

① 王关区、文明：《内蒙古生态建设的现状、经验及其对策》，《理论研究》（呼和浩特）2009 第 4 期，第 15 页。

② 王国英：《全区草原植被盖度达 38.85%》，《内蒙古日报》2010 年 6 月 10 日，第 1 版。

③ 内蒙古自治区统计局编：《内蒙古统计年鉴（2011 年）》，北京：中国统计出版社，2011 年，第 296 页括号中的数字见内蒙古自治区统计局编：《内蒙古统计年鉴》，北京：中国统计出版社，2001 年，第 345 页。

④ 阚丽梅、阎静、雷霞：《内蒙古给力生态建设　构建祖国北疆生态安全屏障》，《中国林业》（北京）2011 年第 4 期，第 11 页。

⑤ 谭玉兰、方弘：《我区第六次森林清查结果显示—森林覆盖率持续增长沙漠扩展得到遏制》，《内蒙古日报》2009 年 11 月 28 日，第 1 版。

⑥ 王国英，方弘，李禹墨：《绿染北疆——我区生态建设综述》，《内蒙古日报》2013 年 8 月 2 日，第 1 版转第 3 版。

⑦ 王国英，方弘，李禹墨：《绿染北疆——我区生态建设综述》，《内蒙古日报》2013 年 8 月 2 日，第 1 版转第 3 版。

退耕还林工程开始于 2000 年，截至 2013 年，国家向内蒙古累计安排退耕还林工程总任务 4261 万亩，累计投资 295.29 亿元。退耕还林工程的实施，使工程区内林草植被的覆盖度显著提高。截至 2013 年，退耕还林工程区林草盖度由退耕前的 15%提高到 80%以上，工程区的水土流失和风蚀沙化状况初步得到遏制，局部地区生态环境明显改善。①2002 年通辽市启动林业生态建设工程，到 2007 年累计完成退耕还林 487.7 万亩，森林覆盖率达 22%。②到 2008 年通辽市退耕还林工程区内的沙化土地面积减少了 1155 万亩。③锡林郭勒盟的太仆寺旗 2000 年实施退耕还林工程，2005 年太仆寺旗的荒漠化土地面积为 25.91 万公顷与 2000 年相比（28.01 万公顷）减少了 2.7 万公顷。④

根据退耕还林工程效益监测点数据显示，毛乌素沙地伊金霍洛旗苏布尔嘎镇森林覆盖率由退耕前的 27.5%增加到 2007 年的 32.2%，增加了 4.7 个百分点。黄河水土流失区的呼和浩特市清水河县森林覆被率由退耕前的 25.4%增加到了 2007 年的 31%，增加了 5.6 个百分点，生态环境明显好转；水土流失、风蚀沙化面积由退耕前的 412.5 万亩，下降到了 2007 年的 302 万亩，减少了 110.5 万亩，而且水蚀、风蚀程度明显下降。兴安盟突泉县退耕地已被林草覆盖，生长茂密旺盛，林草覆盖率自退耕以来逐年增加，水土流失和风蚀沙化状况初步得到遏制。⑤

“十一五”期间，内蒙古在国家 272.77 亿元林业建设资金支持下，大力推进“三北”防护林、天然林保护、京津风沙源治理、退耕还林等林业重点生态建设工程，生态建设取得了整体恶化趋缓、局部治理区趋于好转的良好效果。森林面积和林木蓄积量实现“双增长”，荒漠化和沙化土地实现“双减少”，2.4 亿亩风沙危害土地和 1.5 亿亩水土流失土地得到初步治理，6000 多万亩农田、8000 多万亩基本草牧场受到林网保护。⑥

2000 年启动的京津风沙源治理工程，截至 2012 年，共完成林业建设任务

---

① 方弘、敖东、阎静：《退耕还林绿了山富了民》，《内蒙古日报》2013 年 10 月 18 日，第 1 版。

② 李玉琢：《通辽森林覆盖率达 22%》，《内蒙古日报》2007 年 10 月 10 日，第 1 版。

③ 郭昌：《通辽市减少沙地 1155 万亩》，《内蒙古日报》2008 年 2 月 20 日，第 2 版。

④ 白海花、银山、包玉海，等：《基于遥感 GIS 的北方环境敏感区荒漠化动态研究——内蒙古太仆寺旗为例》，《干旱区资源与环境》（呼和浩特）2010 年第 1 期，第 65 页。

⑤ 多化豫、贺喜、包雪源，等：《浅析内蒙古自治区退耕还林工程建设效益》，李育才主编：《中国北方退耕还林工程建设管理与效益评价实践》，北京：蓝天出版社，2009 年，第 246 页。

⑥ 井觉：《内蒙古今年将完成林业生态建设面积 1200 万亩》，《生态文化》（北京）2011 年第 4 期，第 43 页。

4322.26 万亩，其中退耕还林 1744.7 万亩，人工造林 744.62 万亩，飞播造林 432.24 万亩，封山育林 1395.45 万亩，种苗基地建设 5.25 万亩。[①]

多伦县是京津风沙源治理工程的发端地之一，到 2008 年该县的森林覆盖率达到 20.33%，与 2000 年相比提高了 13.53 个百分点。工程区内林草植被综合盖度由不足 30%提高到 80%以上。全县 210 万亩严重沙化面积已经完成围封 191.5 万亩，新增林地面积 130.5 万亩，有林面积占全县总面积的 32%。[②]

国家森林资源连续清查结果显示，“天保工程”一期（1998—2010 年）内蒙古自治区累计完成公益林建设 2925 万亩，建成管护森林面积 2.1 亿亩。[③]工程实施以来，工程区森林面积增加了 4616 万亩，约占全国“天保工程”区森林面积增加量的 30%；林木蓄积增加了 1.75 亿立方米，约占全国天保工程区森林蓄积增加量的 24%；“天保工程”区森林覆盖率提高了 7.56 个百分点，森林碳汇增加了 3.2 亿吨。“天保工程”二期（2010—2011）实施两年来，又完成公益林建设任务 336.7 万亩。[④]

---

① 焦玉海：《构筑祖国北方坚不可摧的绿色生态屏障——内蒙古自治区京津风沙源治理工程综述》，《中国绿色时报》（北京）2012 年 6 月 15 日，第 1 版。

② 白喜辉、红艳、王国英：《誓为荒沙披绿装——多伦县京津风沙源治理工程建设巡礼》，《内蒙古日报》2008 年 7 月 17 日，第 1 版。

③ 方弘：《实施天保工程构筑北方生态屏障——访自治区林业厅厅长高锡林》，《内蒙古日报》2011 年 9 月 29 日，第 1 版。

④ 王国英、方弘、李禹墨：《绿染北疆——我区生态建设综述》，《内蒙古日报》2013 年 8 月 2 日第 3 版。

结　语

从 1947 年内蒙古自治政府成立至今已经 70 多年了，从 70 多年的长时段的历史角度观察内蒙古自治区防治荒漠化工作，有助于我们更加深刻地认识内蒙古自治区的荒漠化问题。在本书完成之际，意犹未尽，感觉有几点认识需要进一步提炼出来。

第一，70 多年来内蒙古自治区的广大人民群众，在党和政府的领导下，同环境恶化问题做了顽强的抗争。

第二，内蒙古自治区防治荒漠化的政策和措施是对广大人民群众防治荒漠化实践的总结，政策的成熟和措施的完善经历了一个痛苦的认识升华的过程，也付出了沉重的代价。

第三，70 多年来内蒙古自治区环境整体遏制或局部逆转的效果表明，只要坚持不懈地努力，荒漠化的环境就能够得到治理。

第四，产权制度改革后，广大人民群众自觉地投入防治荒漠化的工作表明，正确处理环境保护与经济发展的关系、长远利益与眼前利益的关系，是荒漠化防治成功的保证。

第五，荒漠化防治政策体系需要不断地维护，才能保证防治政策的完善。

后　记

《内蒙古自治区荒漠化防治史》是在笔者2010年获批的教育部人文社科基金项目“内蒙古自治区荒漠化防治史”的结题成果基础上修改完成的。20世纪90年代末，当中国西部的沙尘暴愈演愈烈的时候，其中萦绕在笔者头脑中的一个问题是在这个地区繁衍生息的人们，为什么没有保护好自己的生存环境，为什么未治理好恶劣的生态环境？带着这个疑问，从2001年开始，笔者便一直致力于近现代内蒙古环境史研究。伴随着先后完成的几个相关课题，笔者感觉能够解开这个疑惑了，于是申请并获批“内蒙古自治区荒漠化防治史研究”项目。

《内蒙古自治区荒漠化防治史》的核心思想是勾画并阐释内蒙古自治区各族人民在中共内蒙古各级组织和内蒙古自治区各级人民政府的领导下，与生态环境恶化做斗争的历史。

本书能够成稿，得益于笔者指导的几名硕士研究生的大力协助。他们参与了课题相关研究，完成了相关章节初稿的撰写，并以此为基础完成了自己的硕士学位论文。其中贾一凡完成了第一章初稿的撰写，赵红羽完成了第四章初稿的撰写，邱小寒完成了第五章部分内容初稿的撰写，宋文慧参与了《内蒙古日报》文献的核对工作。其他章节的撰写任务和全书最后的修改定稿工作均由笔者完成。

于永

二〇一八年十一月十五日